物联网与人工智能应用开发丛书

U0321762

电机和电源控制中的
最新微控制器技术

工业和信息化部人才交流中心
恩智浦（中国）管理有限公司 编著

电子工业出版社
Publishing House of Electronics Industry
北京·BEIJING

内 容 简 介

本书全面介绍了当前主流的电机和电源数字控制系统的基本原理、相关控制技术理论和市场应用场景，并针对电机和电源数字控制系统的架构，分享了电机和电源数字控制用的微控制器的基本资源需求，以及市场上主流厂商的最新技术发展状况。此外，对基于微控制器的控制软件编程技术及相关调试技术也进行了总结阐述。除了理论介绍，本书从工程实践的角度出发，介绍基于恩智浦半导体微控制器实现的主流电机类型和电源拓扑的控制案例，分享了实际工程开发中有关微控制器控制的应用经验和方法。其中，电机控制的应用内容包括永磁同步电机（PMSM）的无位置传感器矢量控制（FOC）和有位置传感器的伺服控制、基于转子磁链定向的交流异步电机（ACIM）矢量控制、无刷直流电机（BLDCM）的无位置传感器控制、开关磁阻电机（SRM）的无位置传感器峰值电流检测控制、步进电机的位置开环细分控制和位置闭环伺服控制；电源控制部分则包括以图腾柱无桥式PFC变换器和LLC DC/DC谐振变换器为例的AC/DC控制，以及符合无线充电联盟（WPC）Qi标准的15W感应式无线充电系统的控制。本书面向已具备一定电机、电源、自动控制和微控制器基本知识的读者，可供高校电气、电力电子专业的研究生和企业工程技术人员参考和借鉴。

未经许可，不得以任何方式复制或抄袭本书之部分或全部内容。

版权所有，侵权必究。

图书在版编目 (CIP) 数据

电机和电源控制中的最新微控制器技术/工业和信息化部人才交流中心，恩智浦（中国）管理有限公司编著. —北京：电子工业出版社，2018.7

（物联网与人工智能应用开发丛书）

ISBN 978-7-121-34587-6

I. ①电… II. ①工… ②恩… III. ①微控制器 IV. ①TP332.3

中国版本图书馆 CIP 数据核字（2018）第 137480 号

策划编辑：徐蔷薇
责任编辑：米俊萍　　特约编辑：刘广钦　刘红涛
印　　刷：天津千鹤文化传播有限公司
装　　订：天津千鹤文化传播有限公司
出版发行：电子工业出版社
　　　　　北京市海淀区万寿路 173 信箱　　邮编：100036
开　　本：720×1000　1/16　印张：22.5　字数：320 千字
版　　次：2018 年 7 月第 1 版
印　　次：2018 年 7 月第 1 次印刷
定　　价：79.00 元

凡所购买电子工业出版社图书有缺损问题，请向购买书店调换。若书店售缺，请与本社发行部联系，联系及邮购电话：（010）88254888，88258888。

质量投诉请发邮件至 zlts@phei.com.cn，盗版侵权举报请发邮件至 dbqq@phei.com.cn。

本书咨询联系方式：xuqw@phei.com.cn。

物联网与人工智能应用开发丛书
指导委员会

物联网与人工智能应用开发丛书
专家委员会

主　任：李　宁

委　员（按姓氏笔画排序）：

《电机和电源控制中的最新微控制器技术》

作　者

叶万富　　刘华东　　周序伟　　丁文双

李树楠　　王德昌　　高　翔　　王玲玲

物联网与人工智能应用开发丛书

总　策　划：任　霞

秘　书　组：陈　劼　　刘庆瑜　　徐蔷薇

序 一

中国经济已经由高速增长阶段转向高质量发展阶段，正处在转变发展方式、优化经济结构、转换增长动力的攻关期。习近平总书记在党的十九大报告中明确指出，要坚持新发展理念，主动参与和推动经济全球化进程，发展更高层次的开放型经济，不断壮大我国的经济实力和综合国力。

对于我国的集成电路产业来说，当前正是一个实现产业跨越式发展的重要战略机遇期，前景十分光明，挑战也十分严峻。在政策层面，2014年《国家集成电路产业发展推进纲要》发布，提出到2030年产业链主要环节达到国际先进水平，实现跨越发展的发展目标；2015年，国务院提出"中国制造2025"，将集成电路产业列为重点领域突破发展首位；2016年，国务院颁布《"十三五"国家信息化规划》，提出构建现代信息技术和产业生态体系，推进核心技术超越工程，其中集成电路被放在了首位。在技术层面，目前全球集成电路产业已进入重大调整变革期，中国集成电路技术创新能力和中高端芯片供给水平正在提升，中国企业设计、封测水平正在加快迈向第一阵营。在应用层面，5G 移动通信、物联网、人工智能等技术逐步成熟，各类智能终端、物联网、汽车电子及工业控制领域的需求将推动集成电路的稳步增长，因此集成电路产业将成为这些产品创新发展的战略制高点。

展望"十三五"，中国集成电路产业必将迎来重大发展，特别是党的十九大提出要加快建设制造强国，加快发展先进制造业，推动互联网、大数据、人工智能和实体经济深度融合等新的要求，给集成电路发展开拓了新的发展空间，使得集成电路产业由技术驱动模式转化为需求和效率优先模式。在这样的大背景下，通过高层次的全球合作来促进我国国内集成电路产业的崛起，将成为我们发展集成电路的一个重要抓手。

在推进集成电路产业发展的过程中，建立创新体系、构建产业竞争力，最终都要落实在人才上。人才培养是集成电路产业发展的一个核心组成部分，我们的政府、企业、科研和出版单位对此都承担着重要的责任和义务。所以我们非常支持工业和信息化部人才交流中心、恩智浦（中国）管理有限公司、电子工业出版社共同组织出版这套"物联网与人工智能应用开发丛书"。这套丛书集中了众多一线工程师和技术人员的集体智慧和经验，并且经过了行业专家学者的反复论证。我希望广大读者可以将这套丛书作为日常工作中的一套工具书，指导应用开发工作，还能够以这套丛书为基础，从应用角度对我们未来产业的发展进行探索，并与中国的发展特色紧密结合，服务中国集成电路产业的转型升级。

工业和信息化部电子信息司司长

2018 年 1 月

序 二

随着摩尔定律逐步逼近极限，以及云计算、大数据、物联网、人工智能、5G 等新兴应用领域的兴起，细分领域竞争格局加快重塑，围绕资金、技术、产品、人才等全方位的竞争加剧，当前全球集成电路产业进入了发展的重大转型期和变革期。

自 2014 年《国家集成电路产业发展推进纲要》发布以来，随着"中国制造 2025""互联网+"和大数据等国家战略的深入推进，国内集成电路市场需求规模进一步扩大，产业发展空间进一步增大，发展环境进一步优化。在市场需求拉动和国家相关政策的支持下，我国集成电路产业继续保持平稳快速、稳中有进的发展态势，产业规模稳步增长，技术水平持续提升，资本运作渐趋活跃，国际合作层次不断提升。

集成电路产业是一个高度全球化的产业，发展集成电路需要强调自主创新，也要强调开放与国际合作，中国不可能关起门来发展集成电路。

集成电路产业的发展需要知识的不断更新。这一点随着云计算、大数据、物联网、人工智能、5G 等新业务、新平台的不断出现，已经显得越来越重要、越来越迫切。由工业和信息化部人才交流中心、恩智浦（中国）管理有限公司与电子工业出版社共同组织编写的"物联网与人工智能应用开发丛书"，是我们产业开展国际知识交流与合作的一次有益尝试。我们希望看到更多国内外企业持续为我国集成电路产业的人才培养和知识更新提供有效的支撑，通过各方的共同努力，真正实现中国集成电路产业的跨越式发展。

丁文武

2018 年 1 月

序 三

　　尽管有些人认为全球集成电路产业已经迈入成熟期，但随着新兴产业的崛起，集成电路技术还将继续演进，并长期扮演核心关键角色。事实上，到现在为止还没有出现集成电路的替代技术。

　　中国已经成为全球最大的集成电路市场，产业布局基本合理，各领域进步明显。2016 年，中国集成电路产业出现了三个里程碑事件：第一，中国集成电路产业第一次出现制造、设计、封测三个领域销售规模均超过 1000 亿元，改变了多年来总是封测领头、设计和制造跟随的局面；第二，设计业超过封测业成为集成电路产业最大的组成部分，这是中国集成电路产业向好发展的重要信号；第三，中国集成电路制造业增速首次超过设计业和封测业，增速最快。随着中国经济的增长，中国集成电路产业的发展也将继续保持良好态势。未来中国将保持世界电子产品生产大国的地位，对集成电路的需求还会维持在高位。与此同时，我们也必须认识到，国内集成电路的自给率不高，在很长一段时间内对外依存度仍会停留在较高水平。

我们要充分利用当前物联网、人工智能、大数据、云计算加速发展的契机，实现我国集成电路产业的跨越式发展，一是要对自己的发展有清醒的认识；二是要保持足够的定力，不忘初心、下定决心；三是要紧紧围绕产品，以产品为中心，高端通用芯片必须面向主战场。

产业要发展，人才是决定性因素。目前我国集成电路产业的人才情况不容乐观，人才缺口很大，人才数量和质量均需大幅度提升。与市场、资本相比，人才的缺失是中国集成电路产业面临的最大变量。人才的成长来自知识的更新和经验的积累。我国一直强调产学研结合、全价值链推动产业发展，加强企业、研究机构、学校之间的交流合作，对于集成电路产业的人才培养和知识更新有非常正面的促进作用。由工业和信息化部人才交流中心、恩智浦（中国）管理有限公司与电子工业出版社共同组织编写的这套"物联网与人工智能应用开发丛书"，内容涉及安全应用与微控制器固件开发、电机控制与 USB 技术应用、车联网与电动汽车电池管理、汽车控制技术应用等物联网与人工智能应用开发的多个方面，对于专业技术人员的实际工作具有很强的指导价值。我对参与丛书编写的专家、学者和工程师们表示感谢，并衷心希望能够有越来越多的国际优秀企业参与到我国集成电路产业发展的大潮中来，实现全球技术与经验和中国市场需求的融合，支持我国产业的长期可持续发展。

魏少军　教授

清华大学微电子所所长

2018 年 1 月

序　四

千里之行　始于足下

人工智能与物联网、大数据的完美结合，正在成为未来十年新一轮科技与产业革命的主旋律。随之而来的各个行业对计算、控制、连接、存储及安全功能的强劲需求，也再次把半导体集成电路产业推向了中国乃至全球经济的风口浪尖。

历次产业革命所带来的冲击往往是颠覆性的改变。当我们正为目不暇接的电子信息技术创新的风起云涌而喝彩，为庞大的产业资金在政府和金融机构的热推下，正以前所未有的规模和速度投入集成电路行业而惊叹的同时，不少业界有识之士已经敏锐地意识到，构成并驱动即将到来的智能化社会的每个电子系统、功能模块、底层软件乃至检测技术都面临着巨大的量变与质变。毫无疑问，一个以集成电路和相应软件为核心的电子信息系统的深度而全面的更新换代浪潮正在向我们走来。

　　如此的产业巨变不仅引发了人工智能在不远的将来是否会取代人类工作的思考,更加现实而且紧迫的问题在于,我们每一个人的知识结构和理解能力能否跟得上这一轮技术革新的发展步伐?内容及架构更新相对缓慢的传统教材以及漫无边际的网络资料,是否足以为我们及时勾勒出物联网与人工智能应用的重点要素?在如今仅凭独到的商业模式和靠免费获取的流量,就可以瞬间增加企业市值的 IT 盛宴里,我们的工程师们需要静下心来思考在哪些方面练好基本功,才能在未来翻天覆地般的技术变革时代立于不败之地。

　　带着这些问题,我们在政府和国内众多知名院校的热心支持与合作下,精心选题,推敲琢磨,策划了这一套以物联网与人工智能的开发实践为主线,以集成电路核心器件及相应软件开发的最新应用为基础的科技系列丛书,以期对在人工智能新时代所面对的一些重要技术课题提出抛砖引玉式的线索和思路。

　　本套丛书的准备工作始终得到了工业和信息化部电子信息司刁石京司长,国家集成电路产业投资基金股份有限公司丁文武总裁,清华大学微电子所所长魏少军教授,工业和信息化部人才交流中心王希征主任、李宁副主任,电子工业出版社党委书记、社长王传臣的肯定与支持,恩智浦半导体的任霞女士、张伊雯女士、陈劼女士,以及恩智浦半导体各个产品技术部门的技术专家们为丛书的编写组织工作付出了大量的心血,电子工业出版社的董亚峰先生、徐蔷薇女士为丛书的编辑出版做了精心的规划。著书育人,功在后世,借此机会表示衷心的感谢。

　　未来已来，新一代产业革命的大趋势把我们推上了又一程充满精彩和想象空间的科技之旅。在憧憬人工智能和物联网即将给整个人类社会带来的无限机遇和美好前景的同时，打好基础，不忘初心，用知识充实脚下的每一步，又何尝不是一个主动迎接未来的良好途径？

郑力

写于 2018 年拉斯维加斯 CES 科技展会现场

前　言

　　物联网和人工智能应用的热潮已经袭来，万物互联和智能化运行将是未来世界的发展趋势。作为供电系统的电源设备和作为执行机构的电机系统，更需要进行网络化和智能化的管理与操作，要实现这个目标，必须基于微控制器设计数字控制的电机和电源系统。

　　本书是"物联网与人工智能应用开发丛书"中的一本，主要从工程实践的角度出发，结合恩智浦半导体用于电机和电源控制的微控制器产品介绍了主流电机类型和电源拓扑的控制。除了理论介绍，本书在篇幅上着墨于实际工程开发，分享基于恩智浦半导体微控制器控制的经验和方法。电机控制部分包括永磁同步电机（PMSM）的无位置传感器矢量控制（FOC）和有位置传感器的伺服控制、基于转子磁链定向的交流异步电机（ACIM）的矢量控制、无刷直流电机（BLDCM）的无位置传感器控制、开关磁阻电机（SRM）的无位置传感器峰值电流检测控制、步进电机的位置开环细分控制和位置闭环伺服控制；电源控制部分包括以图腾柱无桥式PFC变换器和LLC DC/DC谐振变换器为例的AC/DC控制，以及符合无线充电联盟（WPC）Qi标准的15W感应式无线充电系统的控制。

本书的读者需要具备电机/电源及其控制的相关知识和微控制器的基本知识。本书可以为高校电气、电力电子专业的研究生和企业工程技术人员提供参考和借鉴。

全书共11章，第1、4章由王玲玲执笔，第2章由周序伟、高翔和王德昌共同执笔，第3章由叶万富执笔，第5章由刘华东执笔，第6、8章由丁文双执笔，第7章由周序伟执笔，第9章由李树楠执笔，第10章由高翔执笔，第11章由王德昌执笔。全书由叶万富负责策划统稿。张阳杰、江登宇、王力、赵萍和毛欢参与了前期的材料准备和后期的校对工作，在此一并表示衷心的感谢。

感谢本丛书专家指导委员会的各位专家对本书大纲给予的宝贵建议，感谢在本书的编写过程中给予指导和建议的老师和工程师同事们。书中不足之处，恳请广大读者批评指正。

物联网与人工智能应用开发丛书

《电机和电源控制中的最新微控制器技术》作者团队

2018年2月

缩 略 语

A4WP：Alliance for Wireless Power，无线电力联盟

AC：Alternating Current，交流电

ACIM：Alternating Current Induction Motor，交流感应异步电机

ACK：Acknowledge，接收应答

ACMP：Analog Comparator，模拟比较器

ADC：Analog-to-Digital Converter，模/数转换器

APF：Active Power Filter，有源滤波器

APFC：Active Power Factor Correction，有源功率因数校正

ASK：Amplitude-Shift Keying，振幅键控

BDM：Background Debugging Mode，在线调试接口

BEMF：Back Electromotive Force，反电动势

BLDCM：Brushless Direct Current Motor，无刷直流电机

BOM：Bill of Material，物料清单

BPP：Baseline Power Profile，基础功率协议

CAN：Controller Area Network，控制器局域网络

CEP：Control Error Packet，控制误差包

CLA：Control Law Accelerator，平行加速器

CPU：Central Processing Unit，中央处理器

DAC：Digital-to-Analog Converter，数/模转换器

DC：Direct Current，直流电

DCM：Discontinuous Conduction Mode，断续导通模式

DDM：Digital Demodulation，数字解调

DMA：Direct Memory Access，直接存储器存取

DSC：Digital Signal Controller，数字信号控制器

DTC：Direct Torque Control，直接转矩控制

EMC：Electro Magnetic Compatibility，电磁兼容性

EPP：Extended Power Profile，扩展功率协议

EPT：End Power Transfer，停止功率传输

EtherCAT：Ethernet Control Automation Technology，以太网控制自动化技术

Ethernet：以太网

EV：Electronic Vehicle，电动汽车

FACTS：Flexible AC Transmission System，柔性交流输电系统

FHA：Fundamental Harmonic Approximation，基波近似

FOC：Field-Oriented Control，磁场定向控制

FOD：Foreign Object Detection，异物检测

FSK：Frequency-Shift Keying，频移键控

GaN：氮化镓

GDU：Gate Drive Unit，门极驱动单元

GPIO：General Purpose Input/Output，通用输入/输出

GTO：Gate Turn-off Thyristor，门极可关断晶闸管

GTR：Giant Transistor，电力晶体管

HEMT：High Electron Mobility Transistor，高电子迁移率晶体管

HSCMP：High Speed Comparator，高速比较器

HVDC：High Voltage Direct Current Transmission，高压直流输电

I/O：Input/Output，输入/输出

IDE：Integrated Development Environment，集成开发环境

IGBT：Insulated Gate Bipolar Transistor，绝缘栅双极型晶体管

IGCT：Integrated Gate Commutated Thyristor，集成门极换流晶闸管

IIC：Inter-Integrated Circuit，集成电路总线

IIR：Infinite Impulse Response，无限冲击响应

IPM：Intelligent Power Module，智能功率模块

IPMSM：Interior Permanent Magnet Synchronous Motor，内嵌式永磁同步电机

IT：Information Technology，信息技术

JTAG：Joint Test Action Group，联合测试组

KMS：Kinetis Motor Suite，Kinetis 电机控制套件

LDO：Low Drop-Out Regulator，低压差调节器

LED：Light Emitting Diode，发光二极管

LIN：Local Interconnect Network，本地互联网络

LLC：LLC Resonance，双电感单电容谐振

MCU：Microprogrammed Control Unit，微控制器

MOSFET：Metal-Oxide-Semiconductor Field-Effect Transistor，金属-氧化物半导体场效应晶体管

MRAS：Model Reference Adaptive System，模型参考自适应法

MTPA：Maximum Torque Per Ampere，最大转矩电流比

NAK：Not-Acknowledge，没有应答

ND：Not-Defined，无定义

NFC：Near Field Communication，近场通信

PCI：Peripheral Component Interconnection，周边元件扩展接口

PDB：Programmable Delay Block，可编程延时模块

PF：Power Factor，功率因数

PFC：Power Factor Correction，功率因数校正

PFM：Pulse Frequency Modulation，脉冲频率调制

PI：Proportional-Integral，比例积分

PID：Proportion Integration Differentiation，比例积分微分

PM：Power Management，电源管理

PMA：Power Matters Alliance，电力事业联盟

PMSM：Permanent Magnet Synchronous Motor，永磁同步电机

PRC：Parallel Resonant Converter，并联谐振变换器

PSRR：Power Supply Rejection Ratio，电源电压抑制比

PWM：Pulse Width Modulation，脉冲宽度调制

QC：Quick Charge，快充

RAM：Random Access Memory，随机存取存储器

RC：Resistor Capacitor，电阻电容

ROM：Read-Only Memory，只读存储器

RPM：Revolution Per Minute，每分钟转速

Rx：Receiver，接收器

SCI：Serial Communications Interface，串行通信接口

SiC：碳化硅

SIP：System In Package，系统级封装

SM0：Sub-Module 0，子模块 0

SM1：Sub-Module 1，子模块 1

SM2：Sub-Module 2，子模块 2

SM3：Sub-Module 3，子模块 3

SPI：Serial Peripheral Interface，串行外设接口

SPMSM：Surface Permanent Magnet Synchronous Motor，表贴式永磁同步电机

SRC：Series Resonant Converter，串联谐振变换器

SRM：Switch Reluctance Motor，开关磁阻电机

SVC：Static Var Compensator，静止无功补偿器

SVG：Static Var Generator，静止无功发生器

THD：Total Harmonic Distortion，总谐波失真

TMU：Trigonometric Math Unit，三角函数算术单元

Tx：Transmitter，发射器

UART：Universal Asynchronous Receiver/Transmitter，通用异步收发器

UPS：Uninterrupted Power Supply，不间断电源

USB：Universal Serial Bus，通用串行总线

V2G：Vehicle-to-Grid，电动汽车与电网的交互

WCT：Wireless Charging Transmitter，无线充电发射器

WPC：Wireless Power Consortium，无线充电联盟

WPID：Wireless Power Identifier，无线充电设备标识

ZVS：Zero Voltage Switch，零电压开通

目　　录

第 1 章
Chapter 1

电力电子技术应用综述

电力电子技术是电气工程、电子科学与技术、控制理论三大学科的交叉学科，其主要是利用电力电子器件进行电能变换和运动控制。电力电子技术的应用领域涉及国民经济和社会生活的方方面面，已然成为传统工业（电力、机械、交通、化工、矿冶等）革命和战略性新兴产业（通信、激光、航天、人工智能、电动汽车、新能源等）发展的重要手段和基础技术之一。特别是近年来，清洁低碳、安全高效、智能互联的强烈诉求给了电力电子技术千载难逢的发展机遇，成为推动其快速发展的原动力。

只有充分了解电力电子技术及其市场应用需求，把握其未来发展趋势，才能持续完成这一领域的不断突破和发展。本章介绍了电力电子技术的发展现状，分析了当前热门领域的市场应用并总结了几点其未来的发展趋势。

1.1 电力电子技术发展现状

电力电子技术包括三大部分：电力电子器件、电力电子（功率）变换技术和控制技术。电力电子器件是电力电子技术的核心和基础，对电力电子技术的发展起着决定性的作用，每一代新型电力电子器件的出现都将带来一场电力电子技术的革命。

从 20 世纪 50 年代第一个晶闸管问世至今，半个多世纪的时间，功率器件的发展日新月异，经历了从半控型器件（晶闸管）到全控型器件（GTO、GTR、功率 MOSFET 等），再到复合型器件（IGBT）的发展历程，90 年代又出现了智能功率模块（IPM），总体向着大功率、易驱动、高频化和高功率密度的方向发展。在这个过程中，有些器件被逐渐淘汰，有些器件仍然在结构、制造工艺和材料方面不断探索和改良，对电力电子器件的现状综述如下。

（1）功率 MOSFET 是一种单极型电压驱动型器件，所需驱动功率小，开关速度快（可工作于100kHz），并且没有二次击穿，但其标准工艺下开关频率和功率容量的乘积、器件耐压和电流容量之间的矛盾受材料限制。高压功率 MOSFET 导通电阻较大，限制了其使用范围。1998 年英飞凌（INFINEON）公司提出超级结概念，突破材料极限，在保持阻断电压的基础上，使 MOSFET 的导通电阻大大降低，有效解决了长期以来的耐压和导通电阻之间的矛盾，该技术称为 CoolMOS 技术。最新一代的 CoolMOS 技术阻断电压覆盖 500～800V，兼具极低的导通电阻和超快的开关速度。

（2）IGBT 兼具场控器件的快速性和双极型器件的低导通损耗，主要工作频率为几十千赫兹，是目前市场上的主流电力电子器件。事实上，IGBT 的阻断电压上限不断被刷新。1985 年人们认为 IGBT 的极限耐压为 2kV，而目前商业化的 IGBT 耐压已经达到 6.6kV，并且还在不断提升。

（3）IGBT 耐压耐流的不断提升，逐渐蚕食着晶闸管、GTO 的传统领地，ABB 与三菱公司通过分布集成门极驱动、浅层发射极等技术，合作开发了 GTO 的更新换代产品——集成门极换流晶闸管（IGCT），减少了门极驱动功率，提高了开关速度。目前 IGCT 已达到 9kV/6kA 研制水平，6.5kV 或者 6kA 的器件已经开始供应市场，其有望成为高压高功率场合优选的电力电子器件之一。

（4）随着工艺和制作技术不断突破，依照最优的结构，将一个或多个功率器件及其驱动、保护等电路集成在一个硅片或基板上，然后封装成一个智能功率模块，这样减小了器件体积，方便使用，并大大降低了电路引线电感，从而抑制了噪声和寄生振荡，在同样的场合可以选择更小容量的功率器件，提高了整个系统的效率和可靠性。

（5）当前，硅基电力电子器件的功率频率水平基本上稳定在 $10^9 \sim 10^{10}$W·Hz，已经逼近了由于寄生二极管制约而能达到的硅材料极限，如图 1-1 所示。而电力电子设备指标不断提升，传统硅材料器件显得力不从心，以碳化硅（SiC）和氮化镓（GaN）为代表的宽禁带半导体材料迅速发展，以此为基材的电力电子器件开关速度快、寄生电容小、芯片面积小，成为超高效电力电子设备的主要推动力。其中，SiC 电力电子器件最为成熟，各种 SiC 电力电子器件被研发出来，但是由于受成本、产量及可靠性限制，目前产业化产品主要集中在低压领域，高压 SiC 器件也有一些成熟产品并在不断进入市场。GaN 材料具有独特的异质结构和二维电子气，可以实现超快的开关速度，从而使一些不可能实现的电路成为可能，目前全球都在不断加大 GaN 半导体器件的研发，已经有 650V 以下的平面型高电子迁移率晶体管（HEMT）问世。

目前，市场上电力电子器件的主力军仍然是硅基功率 MOSFET 和 IGBT 等，具体应用场景主要以电压和功率等级来划分：在超大功率（电压为 3.3kV 以上、容量为 1～45MW）领域，晶闸管和 IGCT 具有巨大市场；在中大功率（电压为 1.2～6.5kV）领域，IGBT 是主流产品；在中小功率（电压为 900V 以下）领域，功率 MOSFET 是应用最广泛的电力电子器件。

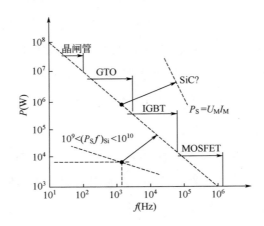

图 1-1　电力电子器件的功率频率乘积和相应半导体材料极限

　　电力电子技术的高速发展，除了得益于电力电子器件的更新换代，新的功率变换技术和控制技术也功不可没。电力电子功率变换技术是电力电子技术的具体设计和应用，是伴随着电力电子器件同步发展的，更高性能的电力电子器件可以提升原有功率变换电路拓扑的性能，甚至突破原有电路拓扑的限制并发展出新的功率变换电路拓扑。然而，在器件性能瓶颈和成本压力下，为了满足越来越苛刻的市场需求和越来越广泛的应用场景，功率变换技术不断发展突破，除了从不控、半控强迫换流技术发展到现今普遍使用的脉冲宽度调制（PWM）控制外，还派生了多重化、软开关、多电平等技术。

　　在控制技术方面，最初的分立元件模拟控制，逐渐发展成集成芯片控制、专用电源管理芯片和通用微控制器相结合的混合信号控制，以及专用微控制器或数字信号控制器的全数字控制。全数字控制技术的诸多优势相应地推动着数字控制用的微控制器技术的迅速发展，在功能完善的前提下提高性能、增加片上系统集成度、减小封装尺寸、降低运行功耗等。由于市场需求的不断变化和大规模生产的不断发展，对产品平台化设计的需求日益迫切，传统的模拟控制技术正在逐步让位给数字控制技术，高端电源和运动控制领域已经完全进入了数字化控制时代。

1.2　市场应用场景

　　电力电子技术是电子技术在电力行业的应用，也称为节能技术，应用非常广泛，覆盖从发电、输电到用电的各个环节，如图 1-2 所示。

　　现代社会电力电子产品无处不在，90%以上的电能都经过电力电子技术的处理。下面主要介绍几个近年来比较热门、发展比较迅速的典型应用场景。

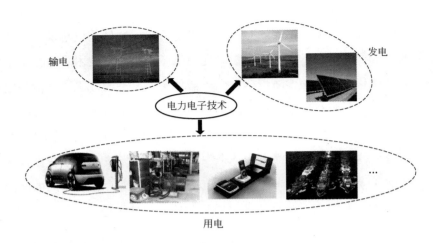

图 1-2　电力电子技术应用场景

1．电网

世界范围内，传统电网正在发生着革命性的改变，其依靠现代信息、通信和控制技术变得更加清洁智能。另外电力市场由垄断逐渐走向社会，不断推动着能源结构、能源效率及能源质量的革新。先进电力电子技术是智能电网建立的核心技术。

1）新能源

现代社会，越来越多的能源需求与逐渐枯竭的化石能源之间的矛盾日益尖锐，社会发展与自然环境的关系引起国际社会的普遍关注。推广可再生绿色能源势在必行，很多国家都已经将其正式列入国家发展计划。我国国家能源发展行动计划预计 2020 年非化石能源占一次能源的消费比重将降至 15%。目前商业化发展前景较大的低碳发电方式为风力发电和光伏发电，其核心技术之一就是功率变换技术和并网技术。先进的功率变换技术和并网技术可以实现发电装置的高效率、大容量、小体积、低重量和高可靠性，如变速恒频风力发电系统，其耗电量可以比传统的控制方式减少 30%左右，交直交或交交变频器使风力发电机输出达到并网要求的同时实现最大风能捕获，光伏逆变器可以直接将光伏阵列的直流电转换为交流电并入电网。另外，由于大规模、分散性的可再生能源所固有的间歇性、不确定性等问题，必须通过使用先进的电力电子技术来保证可再生能源发电的大规模、分布式接入和远距离输送，使电网对可再生能源具有容纳性和适应性，从而提高清洁能源比重，有效应对全球气候变化。

2）电能输送

我国 2/3 的煤炭基地在山西、陕西和内蒙古，大型陆上风能和太阳能发电基地分布在西北、东北、华北地区，能源基地与消费中心分布严重失配，而消费中心能量需求逐年增长，这就必须通过可靠的电力电子装置来提高现有输电线路的输送能力和稳定性。基于电力电子技术的柔性交流输电系统（FACTS）、超高压直流输电及柔性直流输电等将成为未来电网发展的主要技术领域，有望从根本上改变电网的质量。目前，国际上已经有了 FACTS、超高压直流输电及柔性直流输电技术的实际应用，可以有效降低系统损耗、提高输电经济性和稳定性，从而在不增加现有输电走廊的基础上，满足迅速增长的电力需求。除此之外，积极发展分布式发电、构建能源互联网也是解决能源与消费分布失配的重要手段。

3）电能质量控制

随着分布式发电和可控电力负载等的大规模发展，大量电力电子装置被引入电网，电能质量问题日益突出，一方面，电力电子技术改变了现代社会生产和生活用电模式，对电能质量的要求不断提高；另一方面，大量的电力电子装置给电网带来了严重的污染问题。相关统计数据表明，美国每年由电能质量造成的损失高达上千亿美元。同时，随着电力市场化的不断推进，电能作为一种商品也需要接受按质定价，这必然带动电能质量控制技术的发展，产生大量改善电能质量的电力电子装置，如 UPS、SVC、SVG、APF、电力储能装置等。

2．电动汽车

电力电子技术如电动机牵引、变频装置、自动控制系统、磁悬浮技术等，在交通工具中的应用是比较常见的。近年来，随着社会经济不断发展，全球私家车保有量逐年上升，汽车尾气已经成为温室气体和有害气体的主要贡献者之一，汽车和环境的协调性成为未来汽车产业发展的主要方向。电动汽车（EV），顾名思义，以电力作为动力源，通过电动机将电能转化为机械能。由于上游能源结构的改变、技术进步和政策不断激励，电动汽车作为清洁、高效的交通工具的市场认可度不断提升，不少国家和汽车制造企业都相继制订了燃油车停售时间表，电动汽车的未来市场份额还将呈现高速发展态势。电动汽车根据动力源分为 3 类：纯电动汽车、燃料电池汽车和混合动力汽车，这 3 类汽车都需要电动机驱动的变频器、能量管理的双向 DC/DC 转换器、辅助电源、动力电池充电器等电力电子装置，并对其提出了更严格的效率、体积、安装、电磁兼容及可靠性等要求。

3．无线充电

无线充电技术常采用电磁感应原理或电磁共振原理，将能量从发射端转移到接收端。利用固定的发射端服务于移动的接收端的无线充电技术，具有便捷、安全、空间利用率高等特点，非常适合咖啡厅、机场、办公室、公交站、停车场等公共场所，可有效解决智能设备充电线的束缚，以及电动汽车充电桩短缺、续航能力不够等问题，是未来充电技术升级的方向。目前，无线充电技术在小功率场合发展已经成熟，特别是在智能手机行业，行业龙头苹果公司、三星公司的最新产品都支持无线充电。预计到 2020 年，具备无线充电功能的电子设备出货量将超过 10 亿部。

4．信息技术（IT）产业

21 世纪是信息网络的时代，网络开辟了一个新的空间，网络连着地球上几乎每个国家和地区。近年来，IT 设备的需求量呈爆发式增长，功能大量增加，随之而来的应用丰富多彩，电子商务、社交网络、网络游戏、视频、直播等行业的业务规模持续扩大，新技术应用物联网、虚拟现实、增强现实等不断渗透，在云计算、大数据的推动下，数据中心数量呈指数增长。据 Cisco 预测，2015 年至 2020 年，全球数据中心数量预计增长 3 倍。因此，IT 设备和数据中心的电力消耗也在逐年激增，高效率的供电电源体量大、前景良好。移动及小功率的 IT 设备供电电源均由功率因数校正（PFC）和 DC/DC 模块组成，数据中心能量消耗非常高，除了常规电网供电外，还需要不间断电源来提高供电可靠性。

5．电机节能

电力系统中大约 50%的电能是被电机消耗掉的，电机的效率与电机本体结构和控制方法有关，为了提高能源利用率，变频调速控制的电机在家用和工业领域得到了广泛的应用，这些变频调速电机系统大多由电力电子变换器来驱动。随着半导体技术的发展，高性价比的微控制器和电力电子器件的出现使得电机的高效率控制能够实现并推向市场。例如，家电领域中最早流行的是单相异步电机和通用电机（交直两用电机），其控制简单但整体效率不高，而现在越来越多的家电（空调、冰箱压缩机、滚筒洗衣机等）已经普遍使用无刷直流电机（BLDCM）/永磁同步电机（PMSM）并配合矢量控制来达到较高的控制精度和效率。

6．国防装备

国防装备是国家安全和发展的重要支撑，电力电子技术是现代国防装备发展的核心技术之一，航母、舰船、坦克、战机、激光炮等国防装备的特种电源、驱动、推进、控制等均涉及电力电子技术。例如，新一代航空母舰的电磁弹射采用变频直线电机驱动，400MW 大功率变频器可在 3 秒内将 30 吨重的飞机加速到起飞速度。

1.3 未来发展方向展望

在清洁低碳、安全高效、智能互联的社会需求推动下，电力设备从源端到负荷端的电力电子化大环境已经形成，并且将不断深化、完善，朝着应用技术高频化、硬件结构集成模块化、全数字控制和产品绿色化的方向发展。

在应用层面，源端可再生能源、电动汽车、储能系统等将得到更广泛的应用，化石能源逐步让位给可再生能源，集中式发电逐步向分布式发电转变，社区微网、工厂微网、商业区微网、电动汽车充电站、新能源电站等构成城市能源互联网，电能流动从传统单向流动变为多向流动。面对未来智能电网的电压源直流输电装置、双向 DC/DC 变换器、固态变压器、即插即用的能源路由器，以及电动汽车与电网的交互（V2G）、虚拟同步机控制、需求侧控制、安全保护等技术还处于研究的初级阶段，到大规模市场化还有很大的发展空间。负荷端所需的电能形式丰富多样，应用领域持续拓展，小体积及高功率密度是其主要发展趋势，电池充电、通信电源、变频传动、无线充电、特种电源等是其当前研究热点。

在技术层面，电力电子技术的未来发展方向主要有以下几个方面。

（1）高效化。电力电子装置是连接能源源端和负荷端的中间处理环节，这需要在功率变换过程中，利用先进的电力电子器件、优化的功率变换技术和自适应的控制技术尽可能地提高功率变换的效率，减少能源损耗，降低成本。

（2）高频化。为进一步提高功率变换器功率密度、减小体积，高频、超高频技术是主要的研究方向，其对器件、拓扑、驱动及控制都提出了更高的要求。硅基电力电子器件本身发展空间有限，SiC 和 GaN 宽禁带电力电子器件将在多领域获得应用，但是其材料和工艺上还有很多问题需要解决。

（3）集成化。集成化不再局限于功率器件，更多地拓展到一个功能块，将一个功能块甚至整个系统的硬件都以集成电路的形式封装在一个模块中，从而进一步减小体积，减轻重量，方便设计、制造，并有效拓展传统技术在高频、超高频应用中的限制范围。

（4）数字化。数字控制是现代电力电子技术的重要标志之一，为满足需求多样、调试方便、安全维护等需求，以数字控制器为核心的智能化管理控制应用范围不断拓宽。

（5）智能化。智能互联的大环境下，电力设备不再只是能量变换和传送的装置，还肩负着信息传递和交换的任务，类似于信息互联网。在能源互联网中如何将通信功能与功率变换部分有机地集成在一起，并使信息传递与功率处理在任何工况下均可协调工作是未来需要解决的关键问题。

总而言之，21 世纪电力电子技术将在应用需求推动下不断向前发展，新技术的出现会使许多应用产品快速更新换代，还会开拓更多的应用领域，实现高效率和高品质的发电、用电相结合。

1.4　小结

电力电子技术作为传统产业变革及新兴产业发展的基础技术之一，还存在很大的发展空间。本章对电力电子技术的发展现状、应用市场场景和未来技术发展方向进行了梳理和总结。电力电子器件、功率变换技术和控制技术都已经发展得相对成熟，在很多领域得到了广泛的应用，但是为了应对未来更加严格的要求，电力电子技术还要向着减小体积、降低成本、提高效率、提高功率密度和增强系统稳定性的方向不断发展。

第 2 章
Chapter 2

电机和电源控制简介

随着微控制器技术的发展，数字控制在电机和电源控制系统中得到了越来越广泛的应用。数字控制的软件实现和电路结构越来越简单，控制策略灵活多变，数字控制器可以消除由于分立元件的离散性和外界因素造成的不稳定性，简化了电路结构，降低了成本，同时可以利用微控制器强大的运算处理能力实现先进复杂的算法。通过数字控制可以方便地实现电机、开关电源和无线充电等电力电子功率变换应用的控制。

本章从总体上简单介绍了常见电机和电源的类型及其相应的控制技术，包括常见电机类型及其控制技术、常见电力电子变换拓扑及感应式无线充电技术。

2.1　常见电机类型及其控制技术

按激励电源频率可以将电机分为交流电机和直流电机，如图 2-1 所示。如今常用的电机种类主要有直流电机、交流异步电机、永磁同步电机、无刷直流电机、开关磁阻电机和步进电机等。

◼ 2.1.1　直流电机

图 2-1 中的直流电机是指有刷直流电机（Brushed DC Motor）。其定子上安装励磁绕组或永磁体。转子上有多组绕组与机械换相器（Commutator）连接，外部直流电源通过电刷（Brush）与换相器接触从而给转子绕组激励。定子励磁绕组施加激励后（或永磁体）在空间中产生一个位置固定的磁场，当

转子绕组施加电流后，定子磁场将吸引转子向其方向旋转。随着转子的旋转，电刷会通过机械换相器改变转子绕组内电流的方向，以保持转子磁场与定子磁场始终正交的位置关系，从而实现连续旋转运行，如图 2-2 所示。

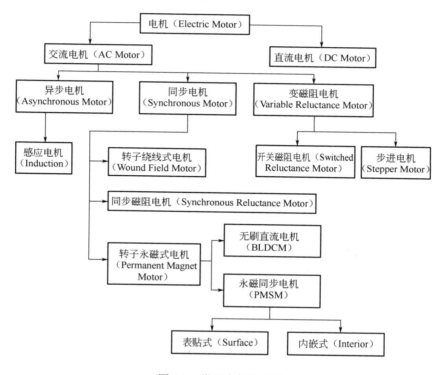

图 2-1　常见电机的分类

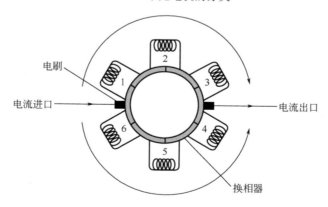

图 2-2　有刷直流电机示意图

根据定子励磁绕组的连接方式，有刷直流电机又可进一步分为他励式、串励式、并励式和复励式。串励式有刷直流电机中励磁绕组与转子绕组串联，因其在交流和直流电源下都能工作，故被称为通用电机（Universal Motor）。通用电机可以通过串联变阻器来调节绕组电压，或用 PWM 斩波、通过晶闸管调节开通相位角来控制绕组上施加的电压从而实现调速，控制简单。但有刷直流电机本体构造复杂，电刷会带来较差的 EMI 和可靠性。

■ 2.1.2　交流电机

驱动电源为交流信号的电机统称为交流电机，其种类繁多，常用的交流电机根据工作原理不同可分为异步电机（Asynchronous Motor）、同步电机（Synchronous Motor）和变磁阻电机（Variable Reluctance Motor）。变磁阻电机由于其定子、转子上都有齿极从而可以获得较大的凸极效应，由于它是靠磁阻转矩（转子齿极倾向于与定子齿极对齐来最大化定子绕组产生的磁链）来驱动转子，故转子上没有绕组。

1. 异步电机

三相交流感应电机（AC Induction Motor）是最具有代表性的异步电机，这是一种定转子之间通过电磁感应作用，在闭合的转子回路内产生感应电流以实现机电能量转换的装置。如图 2-3 所示，交流感应电机主要由定子、转子及基座 3 部分组成。定子由定子铁芯和定子绕组构成，定子铁芯是电机磁路的一部分，通常用薄硅钢片冲叠而成，以减小磁滞及涡流损耗。在定子铁芯的内圆均匀地冲有很多形状相同的齿槽，用以嵌入三相定子绕组。转子由转子铁芯、转子绕组及转轴构成。转子铁芯也是电机磁路的一部分，同样由薄硅钢片冲叠而成，固定在转轴或者转子支架上。转子绕组可以分为绕线型和鼠笼型。其中具有鼠笼型转子绕组的交流感应电机结构简单，制造方便，经济耐用，目前应用极广。

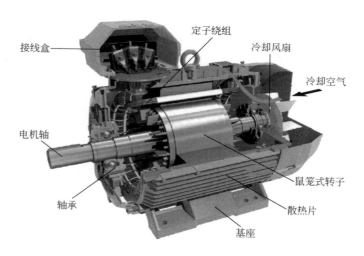

图 2-3　三相交流感应电机结构图

交流感应电机的主要运行原理如下：定子三相绕组通入三相相位互差120°的三相交流电，产生在空间旋转的定子磁场，转子切割定子旋转磁场，在闭合转子回路中产生感应电势及感应电流，转子导条受到安培力的作用使得转子跟随定子旋转磁场的方向旋转，如图 2-4 所示。

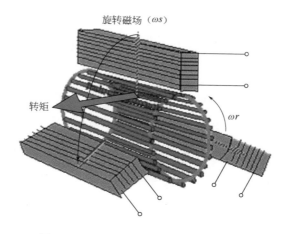

图 2-4　交流感应电机中电磁转矩的产生

交流感应电机发展至今，调速方法很多，包括变压、变频、变极及绕线型交流感应电机转子回路串电阻等方法。随着电力电子技术及电机控制技术的发展，具有良好动静态性能的变频控制方案成为交流感应电机控制的主流，其中以直接转矩控制和转子磁场定向控制方案最具特色。本书第 8 章将对转子磁场定向控制方案进行详细介绍。

2. 同步电机

由图 2-1 可知，同步电机主要包括转子永磁式电机、转子绕线式电机及同步磁阻电机。其中在中小功率领域转子永磁式电机应用最广泛。转子永磁式电机主要包括无刷直流电机（BLDCM）和永磁同步电机（PMSM），这两者的主要区别在于旋转时转子永磁体磁场在定子绕组中产生的反电动势波形。BLDCM 的反电动势为梯形波，PMSM 的反电动势则为正弦波。BLDCM 多采用集中式定子绕组结构，而 PMSM 多采用分布式定子绕组结构。BLDCM 由于在六步换相的方波控制下其机械特性和有刷直流电机类似，故被称为无刷直流电机并沿用至今。然而，实际应用中 BLDCM 和 PMSM 的界限并没有那么明确，比如，有些 BLDCM 的反电动势介于梯形波和正弦波之间，也可以采用 PMSM 的控制方法来控制。

永磁同步电机由定子、转子及基座构成。定子结构与交流感应电机一致。转子由稀土永磁材料永磁体及硅钢片组成。根据永磁体的安装方式其还可细分为内嵌式和表贴式永磁同步电机。由于永磁体材料的磁导率和空气接近，对于表贴式永磁同步电机，可以认为等效气隙宽度不随转子位置变化而变化，故其交直轴电感相等，没有磁阻转矩。内嵌式永磁同步电机的等效气隙宽度与转子位置相关，交直轴电感不相等，可以产生磁阻转矩。

与电励磁同步电机及感应电机相比，因为不需要励磁电流，永磁同步电机具有损耗少、效率高、功率密度大等优点，在中小功率领域特别是家电领域应用广泛。目前其广泛使用的高性能控制方案主要是直接转矩控制和转子磁场定向控制（矢量控制）。本书第 5 章将对转子磁场定向控制方案进行详细介绍。

无刷直流电机的控制主要是通过逆变器功率器件的开关状态随着转子位置的不同做出相应的改变来实现的，也称为六步换相控制（本书第 6 章将对其进行详细介绍）。与转子磁场定向控制相比，这种控制简单，但是存在转矩脉动大等缺点，适合一些对转矩脉动及运行噪声不太敏感的应用场合，如电动工具、无人机电调、风机和水泵等。

3．同步磁阻电机

同步磁阻电机是在 PMSM 的基础上将转子永磁体去掉，通过改变转子结构（如转子铁芯内部开槽）大幅度增加交直轴电感之间的差异，即增加凸极率。其定子结构与 PMSM 或交流感应电机类似。同步磁阻电机的电磁转矩完全由磁阻转矩组成，其控制方法与 PMSM 的相似，但一般需要使用最大转矩电流比（MTPA）算法来确定给定电磁转矩对应的气隙磁链参考或交直轴电流参考。

4．步进电机

步进电机结合了变磁阻电机和永磁电机的结构优势，在变磁阻结构的基础上，融入了永磁体。得益于其较简易的多极对数机械结构、高效率和高功率密度，其在制造材料成本和效率方面具有优势。步进电机主要分为反应式步进电机、永磁式步进电机和混合式步进电机。

反应式步进电机的定子与集中式绕组的同步电机类似，转子用软磁材料制成。其特点是结构简单、成本低、步距角小（可达 1.2°），但动态性能差、效率低、发热大、可靠性难保证。

永磁式步进电机的定子与集中式绕组的同步电机类似，转子用永磁材料制成，转子的极数与定子的极数相同。其特点是动态性能好、输出力矩大、但这种电机精度差、步距角大（一般为 7.5° 或 15°）。

混合式步进电机结合了反应式步进电机和永磁式步进电机的优点，其定子也类似于集中式绕组的同步电机，转子具有混合式结构，由一个永磁体分为两段，一段是 N 极，另一段是 S 极，每一段都分为多个小磁极，且两段之间的小磁极相互错开半个极距角。混合式步进电机具有双凸极、多极对数的结构特点，这虽然限制了其高速运行时的力矩，却带来了低速稳定运行、定位精准的优势。图 2-5 所示为一种广泛应用的两相混合式步进电机结构图，该电机有 50 对极对数，即步距角达 1.8°。

图 2-5　两相混合式步进电机结构图

2.2　常见电力电子变换拓扑

电力电子变换电路包括整流电路、逆变电路、直流-直流（DC/DC）变换电路、交流-交流（AC/AC）变换电路。

整流电路是电力电子变换电路中最早出现的一种，其作用是将交流电转换为直流电提供给直流用电设备使用。整流电路的应用非常广泛。整流电路可以按照组成的器件、电路结构、交流输入相数等进行分类，本书主要通过控制方式来对各种电路拓扑进行介绍。

DC/DC 变换电路可将一种直流电转换为另一种直流电，包括直接直流变换电路和间接直流变换电路。直接直流变换电路也称为斩波电路。

PWM 控制是对脉冲的宽度进行调制的技术。该技术通过将电能（电压或电流）"斩"成一系列脉冲，改变脉冲的宽度（占空比）来获取所需的电能。PWM 控制的理论依据是面积等效原理，即冲量相等而形状不同的窄脉冲加在具有惯性的环节上时，其效果基本相同。

软开关技术是相对于硬开关技术而言的。在功率器件实际的开通和关断过程中，电压和电流均不为零，因而会出现交叠部分，也就存在功率损耗，同时会有开关噪声，这样的开关过程称为硬开关。而软开关指的是通过谐振电路的引入，在功率器件开通前将电压先降至零或者在关断前将电流先降至零，如此就可以消除开关过程中电压和电流的交叠，减少开关损耗。

2.2.1　整流电路

1. 半波整流电路

图 2-6（a）所示为半波整流电路，由于二极管是不控器件，且具有单向导通性，因此，在输出负载上，电压的波形仅为正半波，如图 2-6（b）所示。

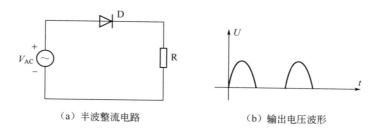

（a）半波整流电路　　　　　　　　　（b）输出电压波形

图 2-6　半波整流电路

2. 全波整流电路

图 2-7（a）所示为全波整流电路。可以看到二极管 $D_1 \sim D_4$ 形成整流桥，当电压为正半周时，导通路径通过 D_1、D_4 两个二极管；当电压为负半周时，导通路径通过 D_2、D_3 两个二极管；因此，其输出电压的波形如图 2-7（b）所示。

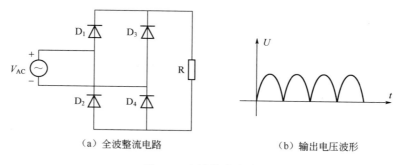

（a）全波整流电路　　　　　　　　　（b）输出电压波形

图 2-7　全波整流电路

3．无源功率因数校正变换器

根据是否含有有源功率器件，功率因数校正变换器可分为有源功率因数校正变换器和无源功率因数校正变换器两大类。

典型无源功率因数校正变换器的电路拓扑如图 2-8（a）所示，该方案是在整流桥和输出电容器之间放置一个滤波电感，用于对电流进行滤波。而在实际的应用中，会有一些改进，将滤波电感放置在交流电源和整流桥之间，如图 2-8（b）所示。改进后的无源功率因数校正变换器可以防止电流直流分量引起的电感饱和。无源功率因数校正变换器电路拓扑的优点如下：简单可靠，无须进行实时控制，成本低廉。此外，该拓扑电路可以通过抑制奇次谐波来将当前的总谐波失真含量（Total Harmonic Distortion，THD）限制在30%以下。THD 的大小与电感的设计息息相关，电感的感量越大，THD 越小，输入电压与输入电流的相位差越大；反之，THD 越大，输入电压与输入电流的相位差越小。

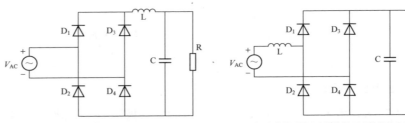

（a）典型无源功率因数校正变换器的电路拓扑　　　　　　（b）改进型无源功率因数校正变换器的电路拓扑

图 2-8　无源功率因数校正变换器的电路拓扑

无源功率因数校正变换器电路拓扑的缺点也比较明显：被动元件通常大而重，功率因数也较低；因为功率因数低导致无功含量较高，因而工作中，功率损耗较为严重，产生大量的热量，对系统散热有更多的要求；同时谐波含量高，会导致振动噪声，因而该拓扑电路适用于功率较小、对放置的空间大小无特殊要求、对成本较为敏感的场合。

4．有源功率因数校正变换器

图 2-9 所示为一种典型有源功率因数校正变换器电路拓扑。有源功率因

数校正变换器具有输入电流为正弦波、总谐波含量低、功率因数高等特点，可以从源头上解决电网污染问题（详见本书第 10 章的内容）。可以看出，有源功率因数校正变换器电路拓扑是在图 2-8 的基础上增加了有源全控功率开关器件，使得控制相对复杂，成本较高。

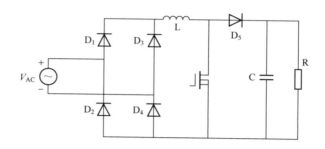

图 2-9　典型有源功率因数校正变换器电路拓扑

5. 无桥有源功率因数校正变换器

从图 2-9 中可以看出，传统的有源功率因数校正变换器电路拓扑中，无论输入电压为正半周期还是负半周期，导通回路中都有整流桥中两个二极管的导通压降，并且在全控功率开关器件关断的续流阶段，除了两个整流二极管的压降以外，还有前向续流二极管的导通压降带来的损耗，因而限制了系统的效率，特别是在低压大电流时，二极管上的导通损耗在系统输出总功率中的比重增大，损耗将变得不可忽略。在这种情况下，出现了无桥有源功率因数校正变换器。无桥有源功率因数校正变换器通过消除整流桥 $D_1 \sim D_4$ 来减小系统的功率损耗。

图 2-10 所示为一种典型的无桥有源功率因数校正变换器电路拓扑。无桥有源功率因数校正变换器的电路拓扑虽然能够减少导通路径中的功率开关元器件数量，从而减小系统功率损耗，却也带来了系统的噪声问题。具体原因分析如下：在输入电压位于负半周期时，功率开关器件 S_{D_2} 用于控制一个 PWM 周期中电流的走向，当 S_{D_2} 开通时，V_D 点电位为零电位；当 S_{D_2} 关断时，此时的 V_D 点电位为输出电压电位 V_o。因此，V_D 点的电位在输入电压负半

周时呈现 S_{D_2} 驱动的高频 PWM 波形。由于该电位相对大地之间存在寄生电容，在不断充放电的过程中，就会带来共模噪声。

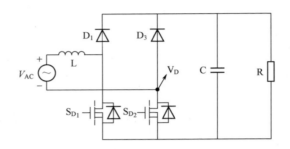

图 2-10 典型无桥有源功率因数校正变换器电路拓扑

2.2.2 降压斩波电路

降压斩波电路又称 BUCK 电路，原理如图 2-11 所示。图中包含一个输入电源（电压为 U_i）、一个开关器件 S（可以是 MOSFET）、一个续流二极管 D、一个电感 L、一个负载 R 和一个输出电容 C，其中负载电阻两端的电压为 U_o。

一个 PWM 周期内开关 S 闭合持续时间为 t_{on}，S 断开持续时间为 t_{off}，PWM 周期 $T = t_{on} + t_{off}$。忽略二极管导通压降且假定电感电流连续，t_{on} 时间内电感两端电压 $U_{L1} = U_i - U_o$，t_{off} 时间内电感两端电压 $U_{L2} = -U_o$。稳态时，根据电感伏秒平衡（Inductor Volt-second Balance 法则），$U_{L1}t_{on} + U_{L2}t_{off} = 0$，从而得到 $U_o = \dfrac{t_{on}}{T}U_i = dU_i$，其中 d 为 PWM 占空比。

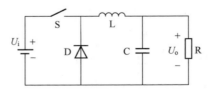

图 2-11 降压斩波电路原理

■ 2.2.3　升压斩波电路

升压斩波电路又称 BOOST 电路，原理如图 2-12 所示。图中包含一个电源（电压为 U_i）、一个开关器件 S（可以是 MOSFET）、一个续流二极管 D、一个电感 L、一个负载 R、一个输出电容 C，其中负载电阻两端的电压为 U_o。

一个 PWM 周期内开关 S 闭合持续时间为 t_{on}，S 断开持续时间为 t_{off}，PWM 周期 $T = t_{on} + t_{off}$。忽略二极管导通压降且假定电感电流连续，t_{on} 时间内电感两端电压 $U_{L1} = U_i$，t_{off} 时间内电感两端电压 $U_{L2} = U_i - U_o$。稳态时，根据电感伏秒平衡法则，$U_{L1}t_{on} + U_{L2}t_{off} = 0$，从而得到 $U_o = \dfrac{T}{t_{off}}U_i = \dfrac{1}{1-d}U_i$，其中 d 为 PWM 占空比。

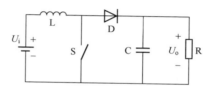

图 2-12　升压斩波电路原理

■ 2.2.4　升降压斩波电路

升降压斩波电路又称 BUCK-BOOST 电路，原理如图 2-13 所示。图中包含一个电源（电压为 U_i）、一个开关器件 S（可以是 MOSFET）、一个续流二极管 D、一个电感 L、一个负载 R、一个输出电容 C，其中负载电阻两端的电压为 U_o。

一个 PWM 周期内开关 S 闭合持续时间为 t_{on}，S 断开持续时间为 t_{off}，PWM 周期 $T = t_{on} + t_{off}$。忽略二极管导通压降且假定电感电流连续，t_{on} 时间内电感两端电压 $U_{L1} = U_i$，t_{off} 时间内电感两端电压 $U_{L2} = U_o$。稳态时，根据电感伏秒平衡法则，$U_{L1}t_{on} + U_{L2}t_{off} = 0$，从而得到 $U_o = \dfrac{t_{on}}{t_{off}} = -\dfrac{d}{1-d}U_i$。

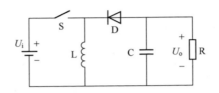

图 2-13　升降压斩波电路原理

■ 2.2.5　谐振变换器电路

传统的 PWM 功率开关器件通过外加脉冲控制其开通和关断，当功率开关器件动作时，同时存在较大的电流和电压，产生很大的瞬时开关损耗，大电流和大电压的瞬时切换还会产生严重的电磁干扰。这种在功率开关器件电流和电压不为零的状态下进行的开关切换就是硬开关，硬开关模式下功率开关器件的工作波形如图 2-14 所示。

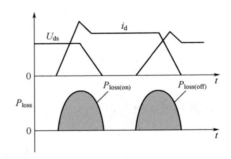

图 2-14　硬开关模式下功率开关器件的工作波形

通过在开关过程前后引入谐振过程，使功率开关器件开通前电压先降到零，功率开关器件开通时就不会产生损耗和噪声，这种开通方式称为零电压开通。同样地，关断前将电流先降到零，功率开关器件关断时也不会产生损耗和噪声，这种关断方式称为零电流关断。零电压开通和零电流关断可以消除开关过程中电压、电流的交叠，降低它们的变化率，从而大大减小甚至消除开关损耗和电磁干扰。谐振过程限制了开关过程中电压和电流的变化率，使得开关噪声也显著减小，这样的开关过程就是软开关。图 2-15 所示为软开关模式（零电流关断和零电压开通）下功率开关器件的工作波形。

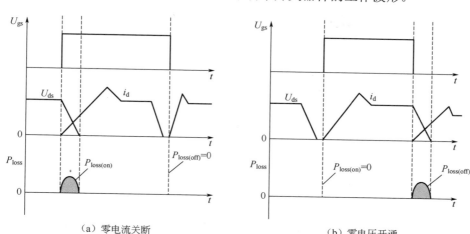

（a）零电流关断　　　　　　　　　　　　（b）零电压开通

图 2-15　软开关模式下功率开关器件的工作波形

1. 串联谐振变换器（SRC）

串联谐振变换器拓扑如图 2-16 所示。谐振腔包括一个串联的电感 L_r 和一个串联的电容 C_r。负载 R_L 也和谐振腔串联，两者组成了一个串联分压电路。由于谐振腔的阻抗是由开关频率决定的，在直流或者较低的开关频率下，谐振腔相对于负载的阻抗很大，输出端得到的电压比较低。提高开关频率的同时输出电压也随之上升，在谐振点上，谐振腔的阻抗接近零，几乎没有压降，这样输出电压和输入电压相等。尽管在谐振点的左半区和右半区都可以调节输出电压，但实际倾向于工作在谐振点的右半区，因为此时的电感特性使得功率开关器件能够实现零电压开通（ZVS），有利于降低功率开关器件的开关损耗。

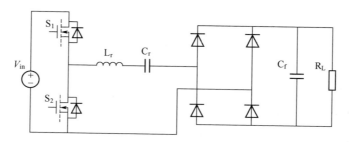

图 2-16　串联谐振变换器（SRC）拓扑

输出电压的调节同时还受负载的限制，如果负载很小，负载阻抗相对于谐振腔很大，则很难在输出端保持一个理想的电压。尽管从理论上来说开关频率可以到无穷大，但是在实际的应用场合，总是会有最大工作频率的限制。因此，输出电压在空载或者轻载条件下的调节是非常有限的。

2. 并联谐振变换器（PRC）

并联谐振变换器拓扑如图 2-17 所示。并联谐振变换器使用了和串联谐振变换器相同的谐振腔，谐振电感 L_r 和谐振电容 C_r 都是串联连接的。两者的区别在于负载和谐振腔的连接方式，在并联谐振变换器中，负载和谐振电容 C_r 并联。这种连接方式的输出电压等效于谐振电容 C_r 和负载并联后的阻抗与谐振电感 L_r 的阻抗进行分压，这也意味着分压电路的两端都可以通过调节频率来调节阻抗。在直流输入或者是非常低频的电压输入时，并联谐振变换器的输出电压和输入电压相等，随着开关频率的逐渐升高，输出电压也随之升高，电路呈现为电容特性。当开关频率到达谐振点时，输出电压可以达到最大值，此时的输出电压可以达到输入电压的 Q 倍，Q 是谐振腔的品质因数。开关频率继续升高越过谐振点后，输出电压开始下降，这时电路呈现为电感特性。

并联谐振变换器空载也能够控制输出电压，这时电路中仅包含谐振腔。从另一方面来看，在额定工作时，由于谐振腔一直连接在开关网络中，也带来了一些缺陷。在额定负载下，并联谐振变换器工作点靠近谐振点，谐振腔有最小的阻抗，这同时也意味着在谐振腔中有很大的环流。出于零电压开通（ZVS）的考虑，也常常建议并联谐振变换器的工作点高于谐振点。

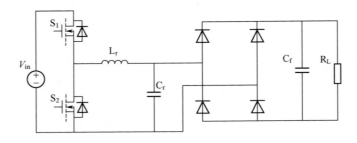

图 2-17　并联谐振变换器（PRC）拓扑

3．LLC 谐振变换器

除了以上由两个储能器件构成的谐振腔，还有 40 多种由 3 个元器件构成的谐振腔。目前最流行的 3 个元器件构成的谐振腔是 LLC 谐振变换器。LLC 谐振变换器的谐振腔由两个电感 L_r、L_m 和一个电容 C_r 组成，负载和电感 L_m 并联，如图 2-18 所示。

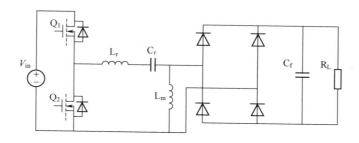

图 2-18　LLC 谐振变换器拓扑

LLC 谐振变换器可以解决所有串联谐振变换器和并联谐振变换器的缺陷。在空载条件下，输出电压可以通过控制电感 L_m 上的压降来进行调节。当开关频率在谐振点时，L_m 也可以用来进行限流，保证流过谐振腔电路的电流在一个可以接受的范围内。LLC 谐振变换器的另一个优点是可以在全负载范围内都工作在 ZVS 模式，降低开关损耗，提高系统效率。

2.3　感应式无线充电技术

常用的无线充电技术包括紧耦合的电磁感应式和松耦合的电磁共振式两种，目前市场上比较成熟的方案绝大部分为电磁感应式。其基本原理是在原边线圈施加高频的交流电流，通过电磁感应原理在次级线圈中感应出电压和电流，从而将能量从发射端传输到接收端。电磁感应式无线充电的工作原理与高频开关电源类似。同时为了提高系统效率，其功率变换拓扑多为 LC 谐振电路，这样可以使开关器件工作在软开关模式，从而减小开关功率器件的损耗，提高系统效率。在 LC 谐振电路中，原边线圈中的谐振电流接近正弦，若副边电路为闭合回路，就会感生出电流，实现能量从原边线圈到副边线圈的高效传输。目前此种电磁感应无线充电技术已广泛应用于中小功率、短距离的无线充电市场，如电动牙刷、智能手机、相机、笔记本电脑等小型便携式电子设备，一般由充电底座对其进行无线充电。电能发射线圈安装在充电底座内，接收线圈则安装在移动电子设备中。

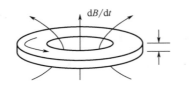

图 2-19 电磁感应式无线充电工作原理

图 2-19 所示为电磁感应式无线充电工作原理。

现阶段 Qi（发音为"气"）标准是全球最大的推动无线充电技术的标准化组织——无线充电联盟（Wireless Power Consortium，WPC）推出的"无线充电"标准。此标准协议最完整，实用性最强，对通用性和安全性都有非常完整的要求和规定，并有完整的认证流程和机构。现在 WPC 的注册会员超过 400 多家，不同品牌的产品，只要有一个 Qi 的标识（见图 2-20），就可以进行互相充电。现在主流的智能手机无线充电技术多采用 Qi 标准，如苹果、三星和 LG 等手机都是采用此标准来实现无线充电的。

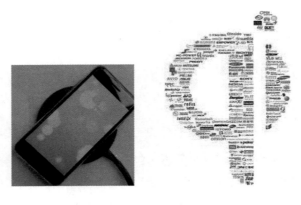

图 2-20 无线充电联盟 Qi 图标

另外一个感应式无线充电规范标准为 PMA（Power Matters Alliance），其功率传输的工作原理与 Qi 标准相似，但是在工作频率范围、通信协议等方面差异较大，特别是在异物检测、协议可扩展性上没有 Qi 标准完善。现在 PMA 与主推电磁共振技术的 A4WP（Alliance for Wireless Power）合并为 AirFuel Alliance，并同时研究电磁感应式和电磁共振式的无线充电技术。

2.4　小结

本章介绍了常见电机和电源的控制技术，包括常见的电机类型及其控制技术、常见的电力电子变换拓扑及感应式无线充电技术。利用微控制器强大的数据处理能力和丰富的片内外设资源，可以很方便地实现对电机、电源和无线充电控制系统进行数字控制，实现模拟控制难以实现的先进复杂控制算法，而且其开发周期短，控制性能高。

第 3 章
Chapter 3

电机和电源控制中的微控制器技术介绍

　　电机和电源控制技术的发展，很大程度上得益于半导体技术特别是微控制器技术的发展。微控制器是整个控制系统的中枢，高性能的 CPU 内核加上电机和电源控制专用的外围模块设计，可确保先进的控制算法得以实现和不断完善发展。相应地，随着科技的发展，电机和电源的应用市场细分度越来越高，系统架构越来越庞大和复杂，同时对实时性和智能化提出了严格的要求，这促使电机和电源控制的微控制器技术不断革新发展以适应不同应用的需求。本章主要介绍电机和电源控制中的微控制器技术的现状和未来的发展趋势。

　　本章首先介绍电机和电源数字控制的典型系统架构，从总体了解微控制器在电机和电源控制系统中的作用和需求；然后介绍电机和电源控制中的微控制器技术的发展现状及未来的发展趋势；最后以恩智浦半导体用于电机和电源控制的微控制器产品为例，分享产品路线设计如何满足当前和未来市场的需求。

3.1　典型电机和电源数字控制系统架构

　　如图 3-1 所示，典型的数字控制功率变换系统主要由 3 部分组成：执行数字控制的微控制器、功率变换硬件平台和控制对象。

　　对于电机数字控制系统，控制对象为电机及其负载；对于电源数字控制系统，控制对象则为用电设备负载。其中微控制器是整个系统的执行中枢，包括数字环路控制计算和系统事务管理。微控制器通过感知外界功率变换硬件平台和控制对象的信息，通过先进且优化的控制算法并根据算法结果进行决策，驱动功率变换硬件平台，进而实现对控制对象快速、准确和稳定的控制。此外，微控制器还负责系统内部事务规划和分配、故障安全处理、人机系统交互，以及与其他系统的信息通信和协调。

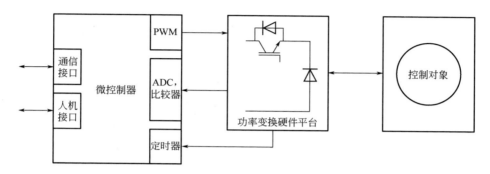

图 3-1　典型的数字控制功率变换系统架构

对于电机和电源数字控制系统，存在微控制器内部的数字离散域和微控制器外部的模拟连续域，要达到这两个域的无缝连接，进而实现高性能的控制系统，微控制器就要具备高保真的界面接口。与此同时，除了高性能的 CPU 内核，微控制器还需要配备以下基本的外围设备模块。

- ADC（模/数转换器）：模拟连续域到数字离散域的主要输入接口，用于将模拟信号离散转换为数字信号。要求具有高转换速度、高分辨率精度和任意同步触发转换的能力，以确保模拟信号采样的低失真。同时，也需要多个 ADC 模块设计来满足多个通道模拟信号同时采样/转换和独立灵活转换的需求。

- 模拟比较器：也是一种模拟连续域到数字离散域的输入接口，常用于将模拟信号整形为逻辑 1、0 电平及翻转边沿。要求具有低传输延时、输入迟滞特性和输出抗干扰能力，以满足可靠、快速模拟信号比较的需求。

- PWM（脉冲宽度调制器）：数字离散域到模拟连续域的主要输出接口，等效为数字式数模转换器，用于高频驱动功率开关器件以实现对电能的调制转换。高分辨率精度可以实现高开关频率、低电能纹波和高功率密度的系统，此外为保证系统控制稳定，作为控制系统输出的 PWM 有效精度，需要比作为控制系统输入的 ADC 有效精度更高；波形产生满足平台化设计的原则，一个平台可以产生适用于不同功率变换拓扑的任意模式 PWM，减少了开发和生产成本；功率变换系统要实现高安全可靠性，驱动功率开关器件的 PWM 模块是其中的关键，因此，PWM 模块需要完善的安全、可靠功能设计。

- 定时器：用于系统时序产生，也可以作为事件计数和事件时刻捕获。要求实现高时钟精度、多时基和多功能集成设计。

- 人机接口：用于机器与人的交互。需要丰富的、友好的人机交互接口设计，如键盘接口、显示接口、语音接口和摄像头接口等设计；同时人机接口要具备强壮的 EMC 性能和电气隔离。

- 通信接口：与外部系统或系统内部外围设备进行信息通信。常用的通信接口有 UART、SPI、IIC、CAN、USB 和 Ethernet 等。这些通信接口需要满足工业领域主流的协议规范标准。

3.2　电机和电源控制中的微控制器技术

在目前的电机和电源控制应用中，数字控制方案已经是主流。特别是在中高端应用市场，全部使用数字控制。由于数字控制方案天然的优势，这一趋势在未来会进一步扩大，因此，对作为数字控制核心的微控制器技术发展也提出相应的要求。

■■ 3.2.1　电机和电源控制中的微控制器技术发展现状

如 3.1 节所述，先进的电机和电源控制系统有着相似的架构，但因为控制对象的工作原理不同，对系统设计又有着不同的要求。先进电机的出现和应用要远远早于开关电源，而且随着 20 世纪电气化的进程，对高性能电机控制系统的需求越来越普遍。同时随着先进电机控制技术、半导体技术和计算机技术的飞速发展，数字电机控制系统应运而生，从而使电机控制成为微控制器应用非常重要的一个领域。自 20 世纪 90 年代以来，世界上著名的集成电路芯片制造商纷纷推出各自的产品，使得电机微控制器种类不断增多，功能日益增强，常见的有英特尔公司的 8CX196MC/MD/MH、德州仪器公司的 TMS320C24×系列、摩托罗拉公司的 M68HC08/16 和亚德诺公司的 ADMC×××系列微控制器等。

经过将近 30 年的发展，用于电机数字控制的微控制器技术相对成熟，功能日益完善，各家产品在控制功能的设计上基本趋同，差异主要体现在系统集成度、CPU 架构及性能、能效及成本、易开发性等因素上。下面以目前市场上几家主流的用于电机数字控制的微控制器厂商为例介绍微控制器技术的发展现状。

德州仪器公司主打自有 32 位 C2000 内核的微控制器产品，包括高性价比的 Piccolo^{TM} 系列（主频最高达到 120MHz）和高性能的 Delfino^{TM} 系列（单核主频高达 200MHz）。该产品以优异的电机控制功能资源和丰富的通信接口资源为特色，提供电机数字控制所必需的核心系统。此外，为加强微控制器系统的运算处理能力，C2000 内核还支持专用的算术单元（TMU 和 VCU），并配置一个频率等于主 CPU 的独立可编程协处理器（CLA，平行加速器）；同时更高端的系列产品还支持双 C2000 内核，进一步加强片上系统的运算处理性能。TMS320F2837×D 是目前德州仪器公司发布的 C2000 微控制器产品中最高性能的产品家族，其为单核 200MHz 主频的双 TMS320C28× CPU 架构，同时配备两个 200MHz 运行频率的独立可编程 CLA（具体特点可参看

TMS320F2837×D 的产品手册）。该系列产品最多可同时支持 3 个带位置传感器的交流伺服电机控制或 4 个无位置传感器的三相交流电机控制。与此同时，德州仪器公司为简化电机控制设计且改善控制性能，推出了基于有限 Piccolo™ 系列的 InstaSPIN™ C2000 微控制器产品，通过在片内 ROM（只读存储器）中预烧录三相电机控制专用算法库，使用户通过简单的配置和调试即可开发出电机控制系统，大大减少了开发时间，提高了平台的通用性，当然 InstaSPIN™ 支持的微控制器产品售价要高于同样设计的通用 Piccolo™ 微控制器产品。

意法半导体是最早推出基于 ARM Cortex-M™ 内核电机数字控制用的微控制器的芯片厂商。目前主推的用于电机数字控制的微控制器产品包括基于自有 8 位 STM8 内核的 STM8S 系列和基于 32 位 ARM Cortex-M™ 内核（M0、M3、M4 和 M7）的 STM32F 和 STM32H 系列产品。意法半导体以高性价比的微控制器产品及完善的支持大众市场开发的生态系统，获得了大客户和大众市场的认可，近十多年来成为电机控制市场重要的参与者和引领者。特别是于 2016 年年底对外宣布的 STM32H7 家族系列，是世界上第一款以工业物联网为目标应用的微控制器产品。STM32H7 基于 ARM Cortex-M7 内核，主频高达 400MHz，除了可以同时支持两个带位置传感器的交流伺服电机控制或两个无位置传感器的三相交流电机控制外，还集成了完善的安全加密功能、联网功能、语音/图像/视频处理功能和丰富的人机接口功能等（具体特点可参看 STM32H7 的产品手册），是一款高性能、高集成度的微控制器产品，这也把电机数字控制用的微控制器技术推到了一个新的高度。

瑞萨电子是目前世界上第二大微控制器生产厂商，有着悠久的电机数字控制用的微控制器开发历史，其用于电机数字控制的微控制器产品包括基于自有 16 位 RL78 内核的 RL78/1G 系列、基于自有 32 位 RX 内核的 RX 系列和基于 32 位 ARM Cortex-R4 内核的 RZ/T1 系列产品。瑞萨电子微控制器产品以其高可靠性和增强 EMC 性能，在家电、工业自动化和汽车等领域的电机控制中普遍使用。RZ/T1 系列微控制器是目前瑞萨电子最高端的用于电机数字控制的产品（具体特点可参看 RZ/T1 的产品手册），适合工厂自动化解决方案，最大可同时支持 1 个带位置传感器的交流伺服电机控制或 3 个无位置传感器的三相交流电机控制。RZ/T1 微控制器以 ARM Cortex-R4F 内核为核心构建，工作主频最高可达 600MHz；集成了 R-IN 引擎工业以太网通信加速器，支持包括 EtherCAT 在内的多种工业以太网通信标准；保留了获得行业认可的瑞萨微控制器外设功能，进一步提升了用于工业设备的新增外设功能和安全功能；新增的编码器接口，支持多种电机反馈协议（如 EnDat 2.2），以及传感器和执行器协议（如 BiSS 和 SSI），是业内首款含编码器接口的微控制器，可以真正实现单芯片的交流伺服控制解决方案。

恩智浦半导体是目前世界上第一大微控制器生产厂商，主要助力于摩托罗拉和飞思卡尔半导体的领先的电机数字控制用的微控制器产品，形成了包括基于自有 8 位 S08 内核的 S08P/SU 系列、基于自有 32 位 DSC 内核的 56F80000 系列和基于 32 位 ARM Cortex-M^{TM} 内核（M0+、M4 和 M7）的 KE/KV 和 IMXRT 系列产品。恩智浦半导体在注重产品和方案品质的同时，紧跟市场发展方向，提供完整的从低端到高端、既有基于自有特色内核又有基于大众市场 ARM Cortex-M 内核的产品组合，可以满足不同细分电机数字控制应用的需求。

- 为简化电机控制设计、改善控制性能，恩智浦半导体于 2016 年 2 月推出了基于有限 KV 系列的 KMS 微控制器产品，通过在片内闪存中预烧录三相电机控制专用算法库，使用户通过简单的配置和调试即可开发出电机控制系统，大大减少了开发时间并提高了平台的通用性，满足对电机控制知识有限甚至没有任何电机控制知识的客户开发电机控制系统的需求。

- 2017 年 3 月发布的基于自有 8 位 S08 内核的电机控制专用高集成度 MC9S08SU 微控制器产品（具体特点可参看 MC9S08SU16 的产品手册），除了通用微控制器功能外，还集成了高压 LDO（支持 4.5～18V 的操作电压）、三相全桥 MOSFET（3 个高边侧 P-MOSFET 和 3 个低边侧 N-MOSFET）预驱动器、两个低边侧电流检测用运算放大器、三相无刷直流电机的反电动势过零点检测电路和芯片供电过压检测电路。其主要定位于需要小尺寸、低系统物料成本、18V 以下供电的无刷直流电机（BLDCM）控制，如直流风扇、电动工具和无人机电调等的控制。

● 2017 年 10 月发布的基于 32 位 ARM Cortex-M7 内核的 IMXRT1050，定位于物联网和智能工业控制应用，是目前世界上最高性能的电机控制用微控制器产品，主频高达 600MHz，除了可以同时支持 4 个带位置传感器的交流伺服电机控制或 5 个无位置传感器的三相交流电机控制外，还集成了完善的安全加密功能、联网功能、语音/图像/视频处理功能和丰富的人机接口功能等（具体特点可参看 IMXRT1050 的产品手册），是一款高性能、高集成度且极具成本效益的微控制器产品。

对于电源数字控制用的微控制器技术，在复杂的大功率开关电源控制系统应用中，因其需求与电机数字控制用的微控制器相似，所以，其发展现状也相同。而对于中、小功率开关电源数字控制系统，因高效率、高功率密度、高可靠性、严苛的系统控制性能、低成本和模块化等设计需求，使得其数字控制用的微控制器技术发展相对单一，所有产品均以优异的开关电源控制功能资源和丰富的通信接口资源为特色，提供电源数字控制所必需的核心系统。目前市场上用于中、小功率开关电源数字控制的微控制器产品主要是德州仪器公司的 C2000 系列、微芯公司的 dsPIC33 系列和恩智浦半导体的 56F80000 系列。这 3 个系列的微控制器均基于各自厂商的自有内核，且目前占据几乎 100% 的市场份额。近年来，随着 ARM 内核的大众市场化，许多厂商也在尝试开发基于 ARM 内核的用于中、小功率开关电源数字控制的微控制器产品，如恩智浦半导体推出的基于 Cortex-M 的 KV 系列和意法半导体推出的基于 Cortex-M4 的 STM32F3×4 系列。但不管是主流的基于自有内核的 C2000、dsPIC33 和 56F80000 微控制器产品，还是新推出的基于 ARM Cortex-M 的 KV 和 STM32F3×4 微控制器产品，其技术特点基本相同。

- 具有强劲数字信号处理能力的内核架构。

- 超高精度 PWM，灵活的 PWM 功能配置。

- 丰富的模拟设备集成：高精度超快速 ADC、快速比较器、可编程的增益放大器和高精度 DAC。

- 灵活的片内外围设备信号互连功能。

- 输入 5V 容差的 GPIO。

- 必要的串行通信接口。

- 低运行功耗。

3.2.2　电机和电源控制中的微控制器技术发展趋势

随着绿色和智能能源的浪潮席卷全球，电机和电源控制及其微控制器技术也面临着新的挑战，主要表现在以下几个方面。

- 高性能：主要体现在更高的系统能效、更低的运行噪声和更优越的控制性能。

- 高集成度：不仅体现在不同控制技术的集成，而且是控制器与驱动器的集成、驱动系统和电机的集成，以及多个功率变换拓扑或电机系统的集成。

- 高可靠性：使用更可靠的电机类型/功率变换拓扑、电子部件、先进控制算法和提高系统可靠性的功能设计，此外还需通过各地区的安全标准认证。

- 结合功率因数校正（PFC）变换器功能：使得电机/用电设备设计可以统一化，同时支持全球不同电网系统，且可以节省电能，减少电网谐波污染。

- 成本优化：使用低成本材料的电机、删除外围传感器电路、使用更高集成度且经济有效的控制器等。

- 智能化：丰富的人机接口、智能控制、网络化管理（特别是与物联网的融合）。

为了迎合电机和电源控制系统所面临的新挑战，未来的电机和电源数字控制用的微控制器技术需要重点考虑以下发展趋势。

- 更高的性能：更强的数据运算能力、并行快速的数据处理，以及支持实时操作系统的多任务处理能力，并配置同等性能的专用外设。

- 更高的集成度：不仅集成更多与内核性能匹配的控制专用外设，用于同时控制多个电机及 PFC 变换器或多个功率变换拓扑，而且可能与驱动器、人机界面接口及功率变换器集成在一起，提供系统级封装（SIP）解决方案。

- 高可靠性：片内集成完善的可靠性电路设计，如多时钟源设计、成熟的片内电源管理、带窗口功能的看门狗技术、防篡改保护、安全加密功能的存储器和人工智能专家管理系统等。

- 低功耗：采用新的工艺和封装，在提高性能和集成度的同时降低自身的功耗。

- 具有竞争力的成本：未来微控制器的成本将不是单纯考虑控制器的成本，而是让整个电机/电源控制系统的总物料成本具有竞争力。

- 丰富的外围扩展性能：提供完善的安全加密功能、外部总线接口，提供丰富的人机接口、通信接口、联网功能、语音/图像/视频处理功能等。

- 简单易用的开发工具和稳定可靠的控制算法库：用来支持客户在最短的时间内实现各种先进的电机和电源控制系统，为客户产品开发赢得时间和成本上的双重优势。

◼◼ 3.2.3　恩智浦半导体电机和电源微控制器产品路线规划及主要特点

　　恩智浦半导体作为全球领先的电机和电源数字控制用微控制器供应商，具有丰富的创新历史，并一直致力于理解开发者当前面临的困难和市场发展趋势，提供完善的产品方案组合以满足不同市场的需求。恩智浦半导体微控制器产品组合跨越 8 位、16 位和 32 位从低端到高端的完整产品平台，不仅提供基于自有的 S08 和 DSC 内核的产品系列和基于当前大众市场的 ARM Cortex-M 内核的产品系列，而且还实现了从 8 位 S08 微控制器产品到 32 位 ARM Cortex-M0+微控制器产品的无缝兼容升级。除此之外，所有电机和电源微控制器产品设计都考虑电机和电源应用的特殊需求，例如，具有低运行功耗、必要的模拟外设、专用的高性能控制外设、丰富的人机接口和通信接口，以及符合安全和能源规范的软硬件设计等。这些为开发者开发有竞争力的数字电机和电源产品提供了有力的技术方案支持，同时恩智浦半导体总有一款产品方案可以满足不同数字电机和电源市场应用的要求，也给开发者的产品规划带来便利。图 3-2 所示为恩智浦半导体电机和电源数字控制的最新一代微控制器产品线路。

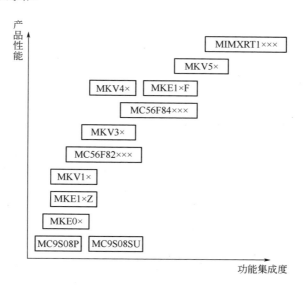

图 3-2　恩智浦半导体电机和电源数字控制的最新一代微控制器产品线路

从图 3-2 中可以看出，恩智浦半导体提供了从低功能集成度、低系统性能到高功能集成度、高系统性能的完整的微控制器产品系列组合，以满足不同电机和电源应用市场的需求。

- MC9S08P 系列是基于恩智浦半导体自有 8 位 S08 内核的增强 EMC 性能的 5 V 通用微控制器产品，除了电机和电源控制功能外，部分产品还集成了专用的触摸传感器接口（TSI），主要定位于带霍尔位置传感器或无位置传感器的无刷直流电机（BLDCM）控制、三相交流电机的标量控制、带位置传感器的开关磁阻电机（SRM）控制、全步/半步步进电机控制、低性能逆变器控制和离线式不间断电源（UPS）控制应用。

- MC9S08SU 系列是基于恩智浦半导体自有 8 位 S08 内核的专用高集成度微控制器产品，除了通用微控制器功能外，还集成了高压 LDO（支持 4.5～18V 的操作电压）、三相全桥 MOSFET（3 个高边侧 P-MOSFET 和 3 个低边侧 N-MOSFET）预驱动器、两个低边侧电流检测用运算放大器、三相无刷直流电机的反电动势过零点检测电路和芯片供电过压检测电路。主要定位于需要小尺寸、低系统物料成本、18V 以下供电的带霍尔位置传感器或无位置传感器的无刷直流电机（BLDCM）控制、全步/半步步进电机控制和电池管理控制应用。

- MKE0×系列是基于 32 位 ARM Cortex-M0+内核（48MHz 主频）的增强 EMC 性能的 5V 通用微控制器产品，主要定位于无位置传感器的无刷直流电机（BLDCM）控制、低性能的带位置传感器或无位置传感器的三相交流电机矢量控制、带位置传感器的开关磁阻电机（SRM）控制、全步/半步步进电机控制、低性能逆变器控制和离线式不间断电源系统（UPS）控制应用。

- MKE1×Z 系列是基于 32 位 ARM Cortex-M0+内核（主频为 72MHz）的增强 EMC 性能的 5V 通用微控制器产品，除了电机和电源控制功能外，部分产品还集成了专用的触摸传感器接口（TSI），主要定位于中低性能的带位置传感器或无位置传感器的三相交流电机矢量控制和低性能电源控制应用。

● MKV1×系列是基于 32 位 ARM Cortex-M0+内核（75MHz 主频）的 3.3V 通用微控制器产品，主要定位于中低性能的带位置传感器或无位置传感器的三相交流电机矢量控制和低性能电源控制应用。

● MC56F82×××系列是基于恩智浦半导体自有 32 位 DSC 内核的 3.3V 微控制器产品，主要定位于中高性能的带位置传感器或无位置传感器的三相交流电机矢量控制、无位置传感器的开关磁阻电机控制、微步步进电机控制、带有源功率因数校正的电机控制和高性能数字电源控制应用。

● MKV3×系列是基于 32 位 ARM Cortex-M4 内核（主频为 120MHz）的 3.3V 微控制器产品，主要定位于中高性能的带位置传感器或无位置传感器的三相交流电机矢量控制、无位置传感器的开关磁阻电机控制、微步步进电机控制、双电机/多相电机控制和大功率电源控制应用。

● MC56F84×××系列是基于恩智浦半导体自有 32 位 DSC 内核的 3.3V 微控制器产品，主要定位于中高性能的带位置传感器或无位置传感器的三相交流电机矢量控制、无位置传感器的开关磁阻电机控制、微步步进电机控制、带有源功率因数校正的双电机控制、多相电机控制和高性能数字电源控制应用。

● MKV4×系列是基于 32 位 ARM Cortex-M4 内核（主频为 168MHz）的 3.3V 微控制器产品，主要定位于中高性能的带位置传感器或无位置传感器的三相交流电机矢量控制、无位置传感器的开关磁阻电机控制、微步步进电机控制、双电机/多相电机控制和高性能数字电源控制应用。

- MKE1×F 系列是基于 32 位 ARM Cortex-M4 内核（主频为 168MHz）
  的增强 EMC 性能的 5V 微控制器产品，主要定位于中高性能的带位
  置传感器或无位置传感器的三相交流电机矢量控制、无位置传感器的
  开关磁阻电机控制、微步步进电机控制、带有源功率因数校正的双电
  机控制、多相电机控制和大功率电源控制应用。

- MKV5× 系列是基于 32 位 ARM Cortex-M7 内核（主频为 240MHz）的
  3.3V 微控制器产品，除了电机和电源控制功能外，还集成了安全加
  密功能和联网功能，主要定位于高性能的带位置传感器或无位置传感
  器的三相交流电机矢量控制、无位置传感器的开关磁阻电机控制、微
  步步进电机控制、4 个无位置传感器的无刷直流电机控制、多相电机
  控制和高性能数字电源控制应用。

- MIMXRT1××× 系列是基于 32 位 ARM Cortex-M7 内核（主频为 600MHz）
  的 3.3V 通用微控制器产品，除了电机和电源控制功能外，还集成了
  完善的安全加密功能、联网功能、语音/图像/视频处理功能，主要定
  位于高性能的带位置传感器或无位置传感器的三相交流电机矢量控
  制、无位置传感器的开关磁阻电机控制、微步步进电机控制、4 个交
  流伺服电机控制、5 个无位置传感器的三相交流电机控制、多相电机
  控制和大功率电源控制应用。

3.3　小结

本章介绍了典型的电机和电源数字控制系统架构，从总体阐述了微控制
器在电机和电源数字控制系统中的作用和需求。随着技术的发展，因为天生
的优势，数字控制技术已经成为电机和电源控制的主流技术。

经过将近 30 年的发展，电机和电源数字控制用微控制器技术相对成熟，

功能日益完善，各家产品在控制功能的设计上基本趋同，本章以目前市场上几家主流的电机和电源数字控制用微控制器厂商为例介绍当前微控制器技术的发展现状，以及各家产品规划的差异，给读者提供宏观的对微控制器技术的认识，进而有助于读者根据自己的需求选择最合适的微控制器产品。

随着绿色和智能能源全球浪潮的到来，电机和电源控制及其微控制器技术也面临着诸多新的挑战，未来电机和电源数字控制用微控制器技术将朝着更高性能、更高集成度、更高可靠性、超低功耗、更高成本效益、丰富的外围扩展性能和简单易用的方向发展，满足市场日益增长的需求。

第 4 章

Chapter 4

控制软件编程基础及相关调试技术

实时系统数字控制软件在微控制器中运行，可以控制具有连续工作状态的被控对象，控制软件的好坏直接决定了被控对象的性能。针对不同被控对象，除了选择合适的控制芯片外，还要采用合适的编程语言、周密地设计软件架构、选择合理有效的开发调试工具，以最大限度地发挥芯片的功能，降低成本，节省开发时间，提高软件的效率、性能、可扩展性、可维护性和可移植性。

电源和电机特性虽然不同，但是对于其控制软件的开发和调试，基本原理和技术是相通的。本章首先针对数字控制软件编程基础，介绍了数字控制软件中信号的处理方法；然后针对实时控制软件的架构实现，介绍了状态机和时序调度机制；最后介绍了芯片厂商提供的方便开发人员开发和调试的工具。

4.1 数字控制软件编程基础

■ 4.1.1 信号数字化处理

微控制器对数据的处理都是以二进制形式完成的，即被处理信号在数值和时间上都是不连续的，而实际被控系统的许多信号都是连续信号，记为 $x(t)$，因此，使用微控制器进行控制，首先必须对连续信号抽样，即按一定的时间间隔 Δ 进行取值，得到脉冲信号，然后对脉冲信号幅值进行量化编码，即可得到连续信号对应的二进制编码。图 4-1 所示为模拟信号的离散化过程。

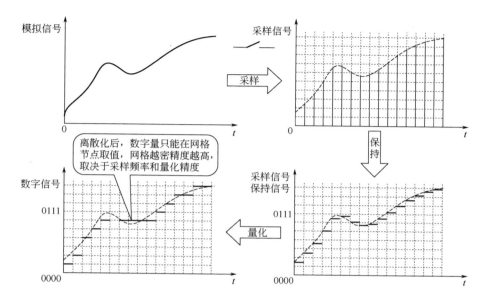

图 4-1 模拟信号离散化过程

目前，所有的数字控制微控制器都自带专用模/数转换器（ADC）模块，以实现模拟信号的离散化，不同芯片之间的主要区别在于采样转换速度和量化精度，实际使用时应根据具体应用需求选择合适的微控制器。

为保证数字化后信号不丧失原信号的特性，采样过程必须满足香农采样定理，即采样频率应大于或等于模拟信号频谱中最高频率的 2 倍：

$$f_s \geqslant 2f_{\max} \tag{4-1}$$

式中，f_s 表示采样频率，$f_{\max}$ 表示模拟信号频谱中的最高频率。

量化精度由 ADC 端口允许输入的电压范围 Range 和位数 n 决定。量化过程就是用一个量化单位 q 去度量 ADC 端口输入量，量化单位 q 大小为

$$q = \frac{\text{Range}}{2^n - 1}(\text{V}) \tag{4-2}$$

量化过程一般采用四舍五入归整法，必然存在误差，量化误差 e 与量化单位

之间的关系为

$$e = \pm \frac{1}{2}q \qquad (4\text{-}3)$$

例如，量程为 3.3V 的 12 位 ADC，其量化误差约为 0.403mV，若信号调理电路放大比例为 100，则量化误差对应的实际电压值约为 0.04V。因此，实际工程应用中，除了选用适当位数和量程的 ADC，还要配置适当的信号调理增益以满足精度要求。

■ 4.1.2 变量定标

数字控制软件中的数值主要分为定点数和浮点数两种类型。先前的微控制器仅支持定点运算，随着半导体技术的发展，越来越多的微控制器开始支持浮点运算，但是定点运算依然是目前的主流。定点运算中的操作数均为整型数或纯小数，但是实际应用算法中不可避免地存在小数，为此需要采用整数定标的方法来表示小数，通常采用 Q 格式表示，即整数与小数的区别在于小数点的位置。

对于一个 N 比特位的有符号二进制补码数据，可以将其看作 $Qx.y$ 格式的小数，x 表示整数部分的位数，y 表示小数部分的位数，$y=N-x$，其格式如下：

$$
\begin{array}{ll}
N\text{--}1 & 0 \\
S \quad I_{x\text{-}2}I_{x\text{-}3}\cdots I_1 I_0. & f_1 f_2 \cdots f_{y\text{-}1}f_y
\end{array}
$$

其中，S 为符号位，I 是整数部分，f 是小数部分，其表示的数值大小为

$$-2^{x\text{-}1} \cdot S + 2^{x\text{-}2} \cdot I_{x\text{-}2} + \cdots + 2^0 \cdot I_0 + 2^{\text{-}1} \cdot f_1 + 2^{\text{-}2} \cdot f_2 + \cdots + 2^{\text{-}y} \cdot f_y$$

即 $Qx.y$ 代表的数值为 $D / 2^y$，D 为该补码数据本身的值，反之，值为 m 的小数按 $Qx.y$ 格式定标的二进制补码数值为 $m \cdot 2^y$，例如，小数 0.25 用 Q1.15 表示则为 0x2000，0x6000 对应的 Q1.15 格式的小数为 0.75。这样就简单地实现了用整数格式来表示小数。

当 $y=0$ 时即表示整数，没有小数部分，此时 N 比特位补码数据数值 D 的范围为

$$-2^{N-1} \leqslant D \leqslant 2^{N-1}-1$$

当 $x=1$ 时，整数位只有一位，即符号位，其表示的纯小数数值 SF 的范围为

$$-1.0 \leqslant \text{SF} \leqslant 1.0 - 2^{-(N-1)}$$

对于字型和长字型变量，其表示最小负数-1.0 的数据分别为 0x8000 和 0x80000000，字型变量可以表示的最大正数是 $1.0-2^{-15}$，对应数据为 0x7FFF，长字型变量可以表示的最大正数是 $1.0-2^{-31}$，对应的数据为 0x7FFFFFFF。同一个二进制补码，如 0x4000，当为 Q1.15 格式小数时，其数值大小为 0.5，当为带符号整数时，其数值大小为 16384，因此控制软件中参数要如何解释，应根据具体应用场景决定。

■ 4.1.3　参数标幺表示

标幺制是相对单位制而言的，表示各物理量及参数的相对值。标幺值是相对某一基准而言的，当基准选择不同时，其标幺值也不同，具体关系为

$$标幺值 = \frac{实际值}{基准值} \tag{4-4}$$

在定点处理器中，按变量实际对应物理量值进行计算会带来很多问题：①定标过程烦琐，并且在计算过程中需要不断调整变量的定标值，计算过程复杂；②定标值与硬件结合非常紧密，必须按照硬件变化进行调整；③不便于算法移植，可读性也比较差。另外，各微控制器厂商针对自己的产品都提供了一套充分利用芯片资源的算法库，这些库函数的参数大多基于统一的定标方式。因此，为了使变量表示范围能够涵盖参数的动态变化，又能够满足精度需求，同时还要满足参数定标一致，通常需要引入基于标幺值的固定定标运算。

采用 Q1.y 定标格式，其表示范围为 $-1.0 \sim 1.0 - 2^{-(N-1)}$，也称物理量的归一化表示。物理量实际值和归一化的小数表示（标幺值）之间满足下式：

$$小数值 = \frac{实际值}{实际量化范围} \tag{4-5}$$

式中，"小数值"是物理量的归一化小数表示，"实际值"是用物理单位表示的物理量的实际值，"实际量化范围"是系统定义的用物理单位表示的物理量的最大值，通常为 ADC 采样允许的最大值。例如，系统中电压最大值为 36V，即选取 36V 为实际量化范围，当实际电压等于 27V 时，其标幺值为 0.75，经过标幺化的电压按 Q1.15 定标整数值为 24576。

4.2 实时控制软件架构实现简介

好的软件必须有好的架构，从而提高软件的可读性、可维护性和可重用性，方便算法裁剪添加、单元测试，实现软件快速开发，保证产品质量。电机和电源实时控制系统需要同时满足功能和时间的双重要求，控制效果的好坏不仅依赖于逻辑和计算的正确性，而且与任务时机、时序有关，需要保证在确定的时间内完成确定的任务。因此，实时控制软件架构需要考虑两个方面：系统状态调度监测和系统任务时机时序控制。

■ 4.2.1 状态机

状态机包含 3 个基本要素：状态、输入和输出。设计状态机的关键就是清楚地描述其基本要素，即确定被控对象的状态变量、如何进行状态转移、每个状态的输出是什么、状态转移是否和输入和输出条件相关等。状态机对于记录软件的运行状态、调试和故障定位都有巨大的作用。

最直观的状态机设计就是从被控对象运行逻辑的角度描述对象的状态，以及各状态之间的转化关系。针对电机和电源应用，其运行逻辑是相通的，可以使用相同的主状态机框架，包含如下 4 个主状态。

- Fault 状态：系统遇到过压、欠压、过流等错误所处的状态。

- Init 状态：系统初始化状态。

- Stop 状态：系统初始化完成，等待运行的状态。

- Run 状态：系统运行状态，电机和电源在此状态下运行。

各状态之间的转移需要一定的输入/输出条件，可通过标志进行标记，并且各状态之间还可以添加状态转移函数，如 Init->Stop、Stop->Run，可以在系统状态切换之前做一些必要的处理以满足下一状态运行条件。典型状态迁移图如图 4-2 所示。

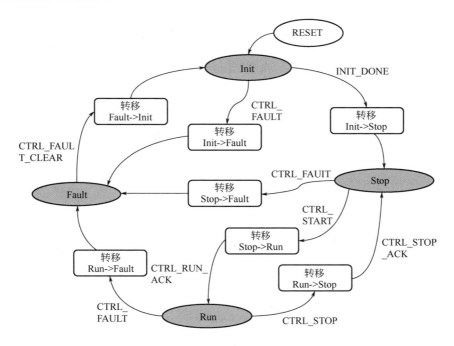

图 4-2 典型状态迁移图

- INIT_DONE：Init 状态中，初始化完成，此标志置位，系统将从 Init 状态切换到 Stop 状态。

- CTRL_START：Stop 状态中，外部输入或条件触发系统启机，这个标志置位，通知系统将从 Stop 状态切换到 Run 状态。

- CTRL_RUN_ACK：Stop 状态中，若 CTRL_START 标志置起，且该标志也置起，那么系统就从 Stop 状态切换到 Run 状态。这个标志就是承认系统满足 Run 条件，可以从 Stop 状态切换到 Run 状态。

- CTRL_STOP：Run 状态中，外部输入或条件触发系统停机，这个标志置位通知系统将从 Run 状态切换到 Stop 状态。

- CTRL_STOP_ACK：Run 状态中，若 SM_CTRL_STOP 标志置起，且该标志也置起，那么系统就从 Run 状态切换到 Stop 状态。这个标志就是承认系统可以从 Run 状态切换到 Stop 状态。

- CTRL_FAULT：系统检测到错误，此标志置位，系统将从当前状态（Init、Stop 或 Run）切换到 Fault 状态。

- CTRL_FAULT_CLEAR：系统确认错误消失，此标志置位，系统将从 Fault 状态切换到 Init 状态，系统可以重新开始运行。

各主状态的输出和状态之间的转移函数根据不同控制对象和应用工况而变化，即不同的电机和电源应用，可以在如上统一框架的基础上编写不同控制算法。例如，电源控制在 Run 状态需要先软启动，然后正常运行，而电机控制在 Run 状态一般需要校准、对齐，然后起动和运行。为使思路更清晰，主状态中还可以再设置子状态。状态机的应用提高了软件的可读性和可重用性，方便功能调试，从而实现软件快速开发。

4.2.2　时序调度机制

电机和电源控制为实时控制，实时控制软件的关键在于实时性，即需要实时采集数据、实时处理数据、实时发送控制信号，并且为达到特定的控制效果，各实时操作的施加时间及相互关系都必须遵循严格的时间约束。对实时操作信号施加时间控制称为时序调度，以此来保证在确定时间完成指定任务。

数字控制的实时性无一例外地都是采用中断系统来保证的，通过预先安排和选定各种内部或外部事件，并将受相同事件驱动的任务封装到一个独立的中断函数中，当驱动事件发生时，处理器将暂停当前任务而去执行相应的中断函数。发起中断请求的事件称为中断源，它可以来自芯片外部，如引脚上的信号，也可以来自芯片内部，如外设输出信号，或者是程序中断指令。另外，为了保证关键任务按时执行及处理并发的中断请求，中断管理系统也是必不可少的。通常采用基于优先级的任务调度策略管理中断，即系统会把处理器资源分配给优先级更高的中断任务，具体表现如下：当 CPU 响应某一中断过程中出现了更高优先级的中断请求时，系统将暂停当前中断转而去处理更高优先级的中断；当 CPU 响应某一中断过程中出现同级或更低优先级的中断请求时，系统将继续处理当前中断任务直到任务结束，然后才响应其他中断；当中断等待列表里中断优先级相同时，系统将根据中断请求时间的先后安排中断处理的顺序。因此，在配置中断时，应根据各中断任务的重要性或紧迫性进行排序，设置各自的优先级，确保对时刻非常严格的任务能够立即响应。

标准中断处理流程如图 4-3 所示，当 CPU 接收到中断请求并且仲裁机制允许响应此中断时，完成当前正在执行的指令后，程序控制器将获取中断向量表中相应的跳转指令，接着在执行中断服务程序前将保存当前任务上下文（如程序计数器和状态寄存器），然后执行中断服务程序。中断处理完毕后，将恢复被中断任务的上下文并使其继续执行。应当注意，中断的响应与恢复需要一定的时间，在测量中断服务时间评估软件的可行性时不能忽略这部分时间。当对程序运行时间要求非常严格时，可采用快速中断，不用经过中断向量表而直接跳转至中断服务程序，并且硬件会帮助其进行上下文保存和恢复，从而加快中断响应和恢复的速度。

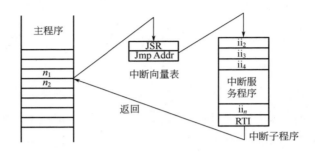

图 4-3　标准中断处理流程

4.3　实时控制软件开发及调试

4.3.1　实时控制软件库的应用

电机和电源控制对实时性要求非常高，对于不同任务采用分时控制，各任务的执行时间是有限的。因此，除了在选择芯片时考虑 CPU 等硬件速度外，还需要保证较高的编程质量。为帮助用户加快开发速度、提高软件效率，各微控制器厂商都提供了高度优化的实时控制软件库。实时控制软件库通常是一组从基础数学运算到高级数学变换及观测器的算法组合，库函数用汇编或 C 语言编写并经过高度优化，提供 C 语言调用函数接口，便于用户使用，库函数的使用如图 4-4 所示。对于高速度和高精度的实时运算，运用库函数比直接采用 C 语言更高效，基于标准的实时控制软件库，用户可以集中精力进行差异化开发。

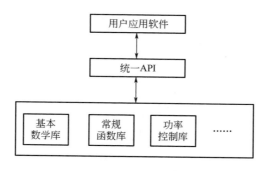

图 4-4　库函数的使用

　　恩智浦微控制器实时控制软件库支持的数据类型通常包括带符号/无符号整数、小数和累加器，具体如表 4-1 所示。整数数据类型在通用计算方面非常有用，小数数据类型可以实现强大的数字信号处理算法，累加器数据类型是两者的组合，同时包含整数和小数部分。

表 4-1　数据类型

类　　型	数值范围		精度
	十六进制	十进制	
无符号 16 位整数	0～FFFF	0～65535	1
带符号 16 位整数	8000～7FFF	−32768～32767	1
无符号 32 位整数	0～FFFFFFFF	0～4294967295	1
带符号 32 位整数	80000000～7FFFFFFF	−2147483648～2147483647	1
Q1.15 小数	8000～7FFF	$-1～1-2^{-15}$	2^{-15}
Q1.31 小数	80000000～7FFFFFFF	$-1～1-2^{-31}$	2^{-31}
Q9.7 累加器	8000～7FFF	$-256.0～256-2^{-7}$	2^{-7}
Q17.15 累加器	80000000～7FFFFFFF	$-65536.0～65536.0-2^{-15}$	2^{-15}

　　从表 4-1 中可以看出，同一个二进制补码对应不同数据类型，代表不同的数值大小，其主要区别在于小数点位置的不同，内存或寄存器中数据具体如何解释取决于程序的需要。对于同一功能，实时控制软件库通常会提供针对不同数据类型的库函数以满足各种应用需求，如果调用的库函数形参类型与实际参数类型不一致，应注意数据类型转换，以避免计算错误，特别是小

数格式。例如，函数需要 Q1.31 格式的参数，实际使用时传入 Q1.15 格式的参数大小为 0x4000，强制类型转换得到 Q1.31 参数大小为 0x00004000，显然参数缩小了 2^{16} 倍，计算结果自然也会缩小，因此，在使用前应将 Q1.15 格式参数左移 16 位得到正确的 Q1.31 格式参数。

使用实时控制软件库，首先需要将库文件添加到工程文件中。下面以恩智浦半导体的数字信号控制器（DSC）MC56F82748 芯片、集成开发环境（IDE）CodeWarrior 开发工具为例，逐步讲解如何快速地将实时控制软件库集成到一个空项目中并使用。

1. 新建项目

● 打开 IDE CodeWrriorTM Development Studio。

● 在主菜单中选择【File】→【Project】→【Bareboard Project】命令，弹出【New Bareboard Project】对话框，输入工程名称并设置工程路径，如果不使用默认地址，取消选择【Use default location】复选框，并输入要使用的工程文件夹路径，然后单击【Next】按钮进入下一步，如图 4-5 所示。

● 扩展芯片列表选择 MC56F82748，并选择工程类型为【Application】。单击【Next】按钮进入下一步，如图 4-5 所示。

● 选择用于下载和调试应用程序的连接方式，单击【Next】按钮进入下一步，如图 4-6 所示。

● 在给定选项中选择【C】单选按钮，选择要使用的编程语言，单击【Next】按钮进入下一步，如图 4-6 所示。

● 配置快速开发工具 Processor Expert，如果使用 Processor Expert 工具，选择【Processor Expert】单选按钮，并配置【Standalone】模式。单击【Finish】按钮，新建项目完成，如图 4-6 所示。

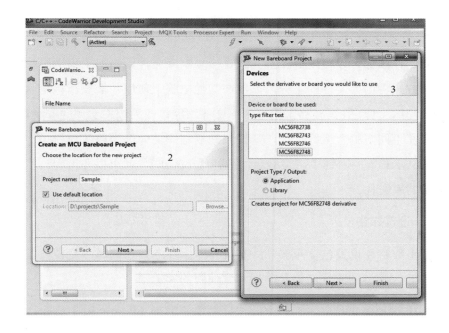

图 4-5　工程名、路径和处理器选择

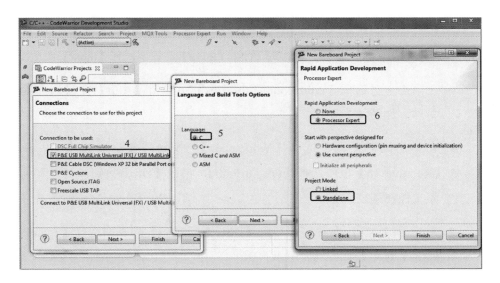

图 4-6　连接工具、语言和 Processor Expert 配置

2. 添加库文件

库文件添加可以使用链接方式或直接复制库文件到当前工程中。如果使用链接方式调用库文件的工程，以便在其他电脑上使用，需要在该电脑上也安装相同库文件，并需要将工程中的库文件路径修改为该库文件的安装路径。为方便在不同电脑上运行工程，建议直接复制库文件至当前工程目录，然后在 CodeWarrior 中右键单击工程名，选择【refresh】，就可以在工程列表中看到复制的库文件。

3. 设置库路径

库函数路径设置包含两部分：链接器库文件选择和编译器路径设置，以保证 IDE 在编译的时候能够正确搜索到使用的库函数。

- 右键单击工程名，在弹出的快捷菜单中选择【Properties】命令或者在主菜单中选择【Project】→【Properties】命令，弹出工程属性对话框。

- 在工程属性对话框左侧列表中展开【C/C++Build】节点并选择【Settings】选项，然后在右侧选择【Tool Settings】窗口。

- 为链接器添加库文件，在右侧【DSC Linker】节点下选择【input】选项。

- 在第三个对话框【Additional Libraries】中单击【Add】按钮添加库文件，如图 4-7 所示。

- 在弹出的对话框中选择【Workspace】，找到需要添加的库，并在【Relative To】框中选择【ProjDirPath】，单击【OK】按钮，可以看到库文件在列表中。

- 为编译器添加库路径，在右侧【DSC Compiler】列表中选择【Access Paths】选项，如图 4-8 所示。

- 在第一个对话框【Search User Paths（#include"…"）】中单击【Add】按钮，添加#include 搜索路径，在弹出的对话框中选择【Workspace】，

找到需要添加的库，并在【Relative To】框中选择【ProjDirPath】，单击【OK】按钮，可以看到库文件在列表中。

● 单击主对话框中的【OK】按钮，库路径设置完成。通过#include 语法添加要使用的头文件，如#include "mlib.h"，则可以在源代码中使用"mlib.h"中的库函数。

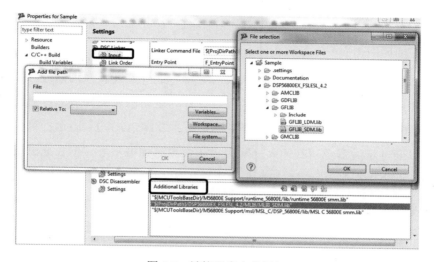

图 4-7　链接器库文件添加

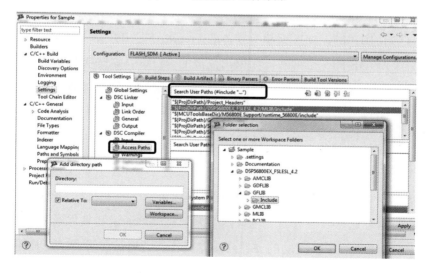

图 4-8　编译器#include 搜索路径添加

4.3.2 实时调试工具

软件开发过程也是一个不断调试（Debug）的过程，以确保所开发的软件程序能够按照预期执行并得到正确结果。一般来说，各个功能块的调试可以利用软件集成开发环境自带的调试工具，通过仿真器控制程序在目标 CPU 上运行，如单步执行、设置断点等，并获取信息。上述调试过程在查看信息时，通常都需要把目标 CPU 上运行的程序停下来，而在调试一个包含多个实时事件（如硬件中断、定时器等多个嵌套中断）的复杂系统时，一旦 CPU 被停止运行，将可能扰乱系统时序并丢失实时数据。此外，纯软件调试过程不能涵盖实际所有工况，并且软件除了要保证计算和逻辑的正确性外，针对其控制对象还要保证良好的控制性能。在被控对象，如 DC/DC 电源，运行过程中我们可以通过示波器观察其输入、输出电压电流等模拟信号，但在此过程中对应的控制逻辑变量、MCU 寄存器的变化却是无法观察到的，因为目标 CPU 一旦被停止运行甚至可能导致被控对象损坏，有任何异常情况我们都需要梳理控制逻辑、分析各种可能原因，这将严重影响软件开发进度。

为解决上述问题，各微控制器厂商都推出了针对其产品的实时调试工具，即可以在不停止目标 CPU 运行的情况下获取信息并控制其运行，这些工具有的是独立于 IDE 的，如恩智浦半导体的 FreeMASTER、英飞凌的 uc-probe；有的是作为 IDE 的一个插件，如德州仪器的 RTDX。这些实时调试工具多采用用户友好型图形化界面，可以实时跟踪程序中的变量，并通过文本或者虚拟化的仪表盘、示波器窗口实时显示。这样在被控对象运行过程中的任何现象，都可以通过当前变量值分析得到产生的原因，极大地方便了程序设计人员。

实时调试就是实时信息交换，需要在实时调试工具和目标 CPU 之间建立一条实时信息通道。信息通道包含两个方面：硬件通道和软件通道。硬件通道是主机和目标 CPU 之间的硬件连接器，软件通道是实时调试工具和 CPU 之间的通信代码。各微控制器厂商都提供了特定的软、硬件通道。下面以恩

智浦半导体的 FreeMASTER 为例，具体介绍实时信息通道的建立及实时调试
工具的作用。

1. 建立实时信息通道

FreeMASTER 支持串口 SCI、BDM、JTAG（针对 56F800 系列 DSC）、
USB、CAN、Ethernet 等多种硬件接口，在主机和目标 CPU 之间连接可支持
的硬件即可完成硬件通道的建立，如图 4-9 所示。

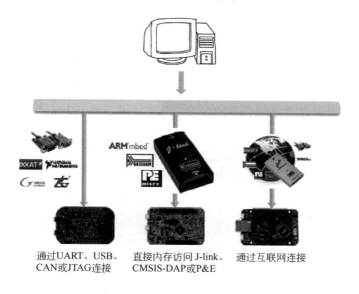

图 4-9　调试工具与目标 CPU 的硬件通道

软件通道建立包含两个方面：主机（FreeMASTER 工具）通信驱动和从
机（应用程序）通信代码。FreeMASTER 工具向应用程序重复发送请求信号，
应用程序代码需要解析通信协议、准备响应并处理通信外设。恩智浦半导体
提供了应用程序所需的通信代码，从官网上下载 FMASTERSCIDRV.exe 并安
装即可得到驱动源代码、例程和说明文档，使用时只需将源代码添加到应用
程序中并根据实际应用修改相应配置。如果应用程序开发使用了快速开发工
具 Processor Expert，添加 FreeMASTER 模块并通过图形化界面完成配置，编
译器会自动生成配置完成的通信代码。最后还需要将通信所需要的函数添加

到应用代码中，具体步骤可参照 https://www.nxp.com/docs/en/application-note/AN4752.pdf。

实时调试工具 FreeMASTER 端通信建立分 3 个步骤，如图 4-10 所示。

● 在 PC 上打开 FreeMASTER 后通过【Project】 →【Options】 →【Communication】选择要使用的通信接口。

● 在【Options】中选择【MAP File】添加需要通信工程的映射文件。

● 在硬件连接正确，目标 CPU 上电时，单击【STOP】按钮实现 FreeMASTER 与目标 CPU 的连接。

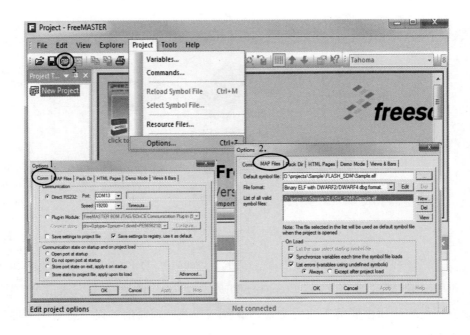

图 4-10　FreeMASTER 通信建立

2. 实时调试工具性能展示

● 应用代码中任意变量及芯片寄存器的值都可以在变量显示窗口（Variable Watch）通过文本形式显示，如图 4-11 所示。通过显示配置可以选择显示格式。可将变量的显示值转化为具有物理意义的直观数值，例如，将采样结果乘以采样量程，显示值即为实际模拟量大小；也可记录变量的最大值、最小值等。

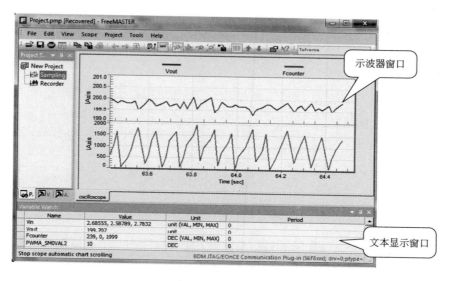

图 4-11　FreeMASTER 示波器视图

● 虚拟示波器（Scope）视图在线实时观察参数的变化、系统状态等。需要注意示波器窗口参数的刷新频率为毫秒级，对于从 0～1999 微秒级重复增量计数的 Fcounter 变量，在示波器窗口则显示为不规则的三角波，如图 4-11 所示。如果希望看到完整的计数值增量变化波形，需要使用 Recorder 功能。示波器功能适合观察变化频率较低的参数，如直流输出电压变量 V_{out}，以及观察变量长时间的变化趋势。

● 在需要记录的参数变化的每个循环中（如中断服务程序），调用 FMASTR_Recoder 函数即可将当前参数值缓冲到记录缓冲区，当设定的触发信号出现时，缓冲区记录即被一次性上传到 FreeMASTER 的 Recorder 窗口显示，可以观察到计数器从 0 到 1999 的所有值，如图 4-12 所示。Recoder 功能适合观察快速变化的参数。缓冲区长度受限于微处理器中可用的内存大小。

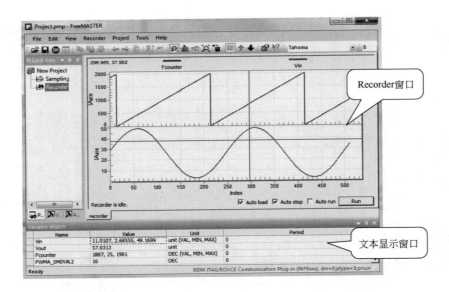

图 4-12 FreeMASTER Recorder 视图

● FreeMASTER 除了显示功能外，还可以作为一个图形控制界面。将代码中的变量添加到变量显示窗口，通过手动修改变量显示窗口中的变量值来直接修改代码中的变量值，从而控制系统运行。

4.3.3 相关调试技巧

对于实时数字控制系统，最难调试的是控制环路部分。本节以典型的电机调速控制系统为例，介绍控制环路调试的技巧，同样其也适用于数字电源控制系统。电机调速控制系统中通常有快速控制内环与慢速控制外环。快速控制内环中有电流控制环，慢速控制外环中有转速控制环。由于电流控制环是控制系统内环，是转速控制外环中的一部分，所以，先要调试电流控制环，然后调试转速控制环，才能保证整个控制系统的顺利调试。以 PMSM 的矢量控制为例，常用的环路调试技巧有如下几个。

● 将电流控制环和转速控制环控制器的增益设置为变量，这样可以在FreeMASTER 的显示窗口中手动修改控制器增益来观察其控制效果，而无须反复下载代码。

● 通过 FreeMASTER 来控制电机的起停以方便调试（在显示窗口中手动
修改控制状态流程的全局变量）。

● 用电流矢量来对齐转子，持续一段时间后（或通过 FreeMASTER）回
到 Stop 状态，即禁止 PWM 输出。这样可以在转子位置对齐时通过
FreeMASTER 观察电流的响应。例如，设置 d 轴参考电流为 1A，那
么在 Scope 中添加 d 轴参考电流与反馈电流这两个变量，大致观察一
下电流的跟踪性能。然后在 Recorder 中也添加这两个变量，Recorder
的触发信号选择为 d 轴参考电流变量的上升沿，门槛值设置为 1.2A。
在对齐时可以手动将 d 轴电流参考修改为 1.5A，这时将触发 Recorder
记录 d 轴参考电流值和反馈电流值，最后可以看到 d 轴电流的阶跃响
应曲线，以此为依据来调节电流环控制器。电机转速开环 I/F 运行时
也可以通过这种方法来查看电流的响应特性。

● 无位置传感器控制中，在转速开环运行阶段执行转子位置观测器算法
并在 FreeMASTER 的 Scope 中观察观测器输出的转速是否与开环转速
的变化一致；在 Recorder 中通过观察观测的转子位置与开环给定的转
子位置的相位差来大致判断观测器的控制性能。

● 灵活使用 Recorder 功能来辅助调试。当转速开环向闭环切换时，转子
位置信号会从开环给定的转子位置向观测器输出的转子位置切换，此
时可以用 Recorder 来观察切换过程中观测器输出的转速和位置的变
化、d、q 轴参考电流和反馈电流的变化。一个 Recorder 可以同时观
察 8 个变量，相当于一个 8 通道的示波器。

● 转速开环切闭环之后会使能转速控制器，此时可以在 Scope 中观察 d、
q 轴参考电流和反馈电流，以及参考转速和反馈转速。若 q 轴参考电
流在剧烈的变化而电机负载并没有多大变化时，则说明转速环控制器
参数设计不合理；若观察到电流反馈并没有紧随着电流参考，则说明

电流环控制器还没有调节好。

4.4　小结

本章针对实时数字控制软件开发，介绍了以下几个方面的内容。

（1）数字微控制器控制模拟系统对象，需要通过 ADC 模块离散化模拟信号，选择合适的微控制器、数值定标方法和模拟信号调理增益可保证转换后的数字信号满足精度要求，方便运算。

（2）数字软件通过状态机形象、直观地模拟被控系统的运行状态，通过中断机制实现控制实时性。

（3）充分利用微控制器厂商提供的软件算法库、开发和调试工具，可以有效提高软件开发效率及质量。

第 5 章
Chapter 5

永磁同步电机的数字控制

永磁同步电机（PMSM）结构简单、功率密度大、效率高、功率因数高。采用矢量控制的永磁同步电机能够实现高精度、高动态性能、宽范围的调速或定位控制。永磁同步电机的一个基本特征是其反电动势的波形为正弦波。学习和研究永磁同步电机的各种控制算法必须很好地了解其数学模型和控制结构，理解电机模型是设计高性能、高效率控制结构的基础。

本章首先介绍了永磁同步电机的动态理论模型，接着介绍了磁场定向控制（又称矢量控制）。磁场定向控制将定子电流解耦成一个控制转矩的电流分量和一个控制磁场的电流分量，然后分别独立控制。这种策略最终引出两个问题：在逆变器供电能力一定的条件下，单位电流如何产生最大转矩？在反电动势幅值被限定的条件下，如何得到更高的转速？本章通过介绍最大转矩电流比和弱磁控制来解决这些问题。另外，本章还介绍了磁场定向控制所需的微控制器资源，以及恩智浦半导体各个系列微控制器产品通过提供丰富的各具特色的片上资源支持各种基于永磁同步电机的不同应用；最后通过对永磁同步电机的典型方案分析，介绍如何通过恩智浦半导体的微控制器实现性能优异的永磁同步电机磁场定向控制系统。

5.1 永磁同步电机的数学模型

尽管永磁同步电机的数学模型已经很完善了，为了完整性，这里仍然先介绍其三相电机模型，然后介绍基于两相正交轴的不同参考坐标系下的永磁同步电机的数学模型。本章接下来的内容都是基于这些电机模型方程进行讨论的。本章数学模型基于内嵌式永磁同步电机（IPMSM），除特别说明外，讨论同样适用于表贴式永磁同步电机（SPMSM）。另外，本章中"电机"一词如果没有特别说明，即等同于"永磁同步电机"。

5.1.1　三相永磁同步电机数学模型

三相绕组的永磁同步电机的电压方程用矩阵表示如下：

$$\begin{bmatrix} u_A \\ u_B \\ u_C \end{bmatrix} = R_s \begin{bmatrix} i_A \\ i_B \\ i_C \end{bmatrix} + \frac{d}{dt}\begin{bmatrix} \psi_A \\ \psi_B \\ \psi_C \end{bmatrix} \tag{5-1}$$

式中，每相的总磁链 ψ_A、ψ_B、ψ_C 可以表示为

$$\begin{bmatrix} \psi_A \\ \psi_B \\ \psi_C \end{bmatrix} = \underbrace{\begin{bmatrix} L_{AA} & L_{AB} & L_{AC} \\ L_{BA} & L_{BB} & L_{BC} \\ L_{CA} & L_{CB} & L_{CC} \end{bmatrix}}_{L}\begin{bmatrix} i_A \\ i_B \\ i_C \end{bmatrix} + \psi_{pm}\begin{bmatrix} \cos(\theta_e) \\ \cos\left(\theta_e - \dfrac{2}{3}\pi\right) \\ \cos\left(\theta_e + \dfrac{2}{3}\pi\right) \end{bmatrix} \tag{5-2}$$

式中，L_{AA}、L_{BB}、L_{CC} 是相绕组的自感，$L_{AB} = L_{BC}$、$L_{BC} = L_{CB}$、$L_{CA} = L_{AC}$ 是对应相绕组之间的互感，ψ_{pm} 是转子永磁体磁链，θ_e 是转子电角度。

式（5-1）和式（5-2）是对表贴式和内嵌式同样适用的永磁同步电机的电压和磁链方程，不同之处在于电感矩阵 L 中对应的每个元素有不同的特性。内嵌式永磁同步电机的自感可以表示为

$$L_{AA} = L_{A0} + L_2\cos(2\theta_e)$$

$$L_{BB} = L_{B0} + L_2\cos\left(2\theta_e - \frac{2}{3}\pi\right) \tag{5-3}$$

$$L_{CC} = L_{C0} + L_2\cos\left(2\theta_e + \frac{2}{3}\pi\right)$$

同样，互感可以表示为

$$L_{AB} = -L_{AB0} + L_2\cos\left(2\theta_e + \frac{2}{3}\pi\right)$$

$$L_{BC} = -L_{BC0} + L_2\cos(2\theta_e) \tag{5-4}$$

$$L_{CA} = -L_{CA0} + L_2\cos\left(2\theta_e - \frac{2}{3}\pi\right)$$

式中，$L_{A0} = L_{B0} = L_{C0}$，$L_{AB0} = L_{BC0} = L_{CA0}$，且自感和互感中的电感变换的幅度 L_2 是相等的。

表贴式永磁同步电机不具凸极性，所以，式（5-3）式（5-4）中的 L_2 的值很小或者等于 0。因此，其自感和互感分别简化为

$$L_{AA} = L_{BB} = L_{CC} = L_{A0} \tag{5-5}$$

$$L_{AB} = L_{BC} = L_{CA} = L_{AB0} \tag{5-6}$$

与直流电机类似，当电枢电流方向垂直磁链时，永磁同步电机产生最大转矩。如果只考虑定子磁动势基波分量，永磁同步电机的电磁转矩的矢量方程为

$$\boldsymbol{T}_e = \frac{3}{2} n_p \, \boldsymbol{\psi}_s \times \boldsymbol{i}_s \tag{5-7}$$

式中，n_p 是极对数，常数 $\frac{3}{2}$ 是因为使用了非功率守恒的变换。电机的机械运动方程为

$$J\frac{\mathrm{d}}{\mathrm{d}t}\omega_m(t) + B\omega_m(t) = T_e - T_1 \tag{5-8}$$

式中，J 表示整个系统的转动惯量（$kg \cdot m^2$），B 是阻尼系数（$N \cdot m \cdot s$），T_1 是负载转矩（$N \cdot m$）。

■ 5.1.2 两相静止坐标系的数学模型

两相静止坐标系是沿着定子定向的坐标系。将式（5-2）代入式（5-1），并将矢量 $\boldsymbol{u}$，$\boldsymbol{i}$ 和 $\boldsymbol{\psi}$ 分解到两相静止坐标系，化简得到

$$\begin{bmatrix} u_\alpha \\ u_\beta \end{bmatrix} = R_s \begin{bmatrix} i_\alpha \\ i_\beta \end{bmatrix} + \begin{bmatrix} L_0 + \Delta L \cos 2\theta_e & \Delta L \sin 2\theta_e \\ \Delta L \sin 2\theta_e & L_0 - \Delta L \cos 2\theta_e \end{bmatrix} \cdot \frac{d}{dt} \begin{bmatrix} i_\alpha \\ i_\beta \end{bmatrix} +$$
$$\frac{d\theta_e}{dt} \left(2\Delta L \begin{bmatrix} -\sin 2\theta_e & \cos 2\theta_e \\ \cos 2\theta_e & \sin 2\theta_e \end{bmatrix} \begin{bmatrix} i_\alpha \\ i_\beta \end{bmatrix} + \psi_{pm} \begin{bmatrix} -\sin \theta_e \\ \cos \theta_e \end{bmatrix} \right) \tag{5-9}$$

式中，

$$L_0 = \frac{L_d + L_q}{2}, \quad \Delta L = \frac{L_d - L_q}{2} \tag{5-10}$$

L_0 是电机的平均电感，ΔL 是转子空间各向异性的 d、q 轴电感差，又称凸极电感。表贴式电机的 ΔL 值很小或者等于 0。电机的电磁转矩可以分为两个部分：由转子永磁体磁链 ψ_{pm} 产生的同步转矩（又称励磁转矩）和由转子凸极性产生的磁阻转矩，即：

$$T_e = T_{syn} + T_{rel} \tag{5-11}$$

在静止坐标系下，它们分别为

$$T_{syn} = \frac{3}{2} n_p \left[\psi_{pm} i_\beta \cos \theta_e - \psi_{pm} i_\alpha \sin \theta_e \right] \tag{5-12}$$

$$T_{rel} = \frac{3}{2} n_p \left[-\left(L_d - L_q \right) i_\alpha i_\beta - \frac{1}{2} \left(i_\alpha^2 + i_\beta^2 \right) \sin 2\theta_e \right] \tag{5-13}$$

尽管相比三相电机模型，两相静止坐标系下的电机模型已经简化了，但是在它的电感矩阵中仍然含有位置变化信息，并且其电感和电压仍然是交流变量，这样难以对它们进行控制。因此，需要另一个简单且易于控制的正交模型来表示永磁同步电机。

■■ 5.1.3　两相转子同步坐标系的数学模型

转子同步坐标系的一个轴（d 轴）和转子磁场方向一致，且整个坐标系保持和转子转速一致的旋转（见图 5-1），又称旋转坐标系。该坐标系下的永磁同步电机模型在磁场定向控制中广泛应用。因为在此坐标系下被控对象，如电流和电压都是直流量，所以，采用简单的控制器就可以将电机电流控制到期望的状态。此外，由于对磁链和转矩控制完全解耦，这样可以对转矩、转速和位置进行动态控制。

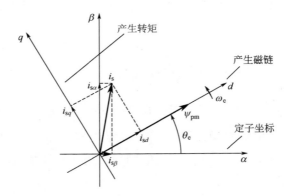

图 5-1　静止坐标系和旋转坐标系及电流沿着两个坐标系的分解

将式（5-9）进行变换分解到旋转坐标系（见图 5-1）并进行数学化简，得到新的电机电压方程：

$$
\begin{bmatrix} u_d \\ u_q \end{bmatrix} = \underbrace{R_s \begin{bmatrix} i_d \\ i_q \end{bmatrix} + \begin{bmatrix} L_d & 0 \\ 0 & L_q \end{bmatrix} \frac{\mathrm{d}}{\mathrm{d}t} \begin{bmatrix} i_d \\ i_q \end{bmatrix}}_{\text{线性部分}} + \underbrace{\omega_e \begin{bmatrix} -L_q i_q \\ L_d i_d \end{bmatrix}}_{\text{交叉耦合部分}} + \underbrace{\omega_e \psi_{\mathrm{pm}} \begin{bmatrix} 0 \\ 1 \end{bmatrix}}_{\text{反电动势}}
$$
$$
= \begin{bmatrix} R_s & -\omega_e L_q \\ \omega_e L_d & R_s \end{bmatrix} \begin{bmatrix} i_d \\ i_q \end{bmatrix} + \begin{bmatrix} L_d & 0 \\ 0 & L_q \end{bmatrix} \frac{\mathrm{d}}{\mathrm{d}t} \begin{bmatrix} i_d \\ i_q \end{bmatrix} + \begin{bmatrix} 0 \\ \omega_e \psi_{\mathrm{pm}} \end{bmatrix}
\tag{5-14}
$$

式（5-14）是一个非线性交叉耦合系统。如果用一个电压矢量 $\boldsymbol{u}_{dq_{\mathrm{comp}}}$ 来补偿，就会得到一个完全解耦的磁链和转矩的控制系统。此外，q 轴电压包含反电动势等效电压，它随着电机转子的角速度而变化。在高速情况下，反电动势会变大到不能简单把它作为扰动因素来通过控制器消除，这时也可以用一个前馈的电压 $u_{\mathrm{emf_{comp}}} = \omega_e \psi_{\mathrm{pm}}$ 来补偿反电动势。所以，总的前馈补偿电压矢量为

$$
\begin{bmatrix} u_{d_{\mathrm{comp}}} \\ u_{q_{\mathrm{comp}}} \end{bmatrix} = \begin{bmatrix} -\omega_e L_q i_q \\ \omega_e L_d i_d + \omega_e \psi_{\mathrm{pm}} \end{bmatrix}
\tag{5-15}
$$

电磁转矩和式（5-11）一样可以表示为同步转矩和磁阻转矩之和：

$$T_e = \frac{3}{2} n_p [\psi_{pm} i_q + (L_d - L_q)\, i_d i_q]$$ （5-16）

5.1.4　坐标变换

对应三相星形连接的电机，三相电磁物理量（电压、电流和磁链）具有一定的相关性，这种冗余的相关性使得三相系统可以转换为对应的两相系统。参考图 5-2，三相到两相的变换（Clarke 变换）如下：

$$\begin{bmatrix} i_\alpha \\ i_\beta \end{bmatrix} = \frac{2}{3} \begin{bmatrix} 1 & \cos\left(\dfrac{2\pi}{3}\right) & \cos\left(\dfrac{4\pi}{3}\right) \\ 0 & \sin\left(\dfrac{2\pi}{3}\right) & \sin\left(\dfrac{4\pi}{3}\right) \end{bmatrix} \begin{bmatrix} i_a \\ i_b \\ i_c \end{bmatrix} = \frac{2}{3} \begin{bmatrix} 1 & -\dfrac{1}{2} & -\dfrac{1}{2} \\ 0 & \dfrac{\sqrt{3}}{2} & -\dfrac{\sqrt{3}}{2} \end{bmatrix} \begin{bmatrix} i_a \\ i_b \\ i_c \end{bmatrix}$$ （5-17）

相应的定子电流空间矢量定义为如下形式：

$$\boldsymbol{i} = \frac{2}{3}(i_A + i_B \boldsymbol{a} + i_C \boldsymbol{a}^2)$$ （5-18）

式中，$\boldsymbol{a} = e^{j\frac{2}{3}\pi}$ 为空间算子；系数 $\dfrac{2}{3}$ 是为了保持变换的幅值不变。

定义的空间矢量可参见图 5-2。

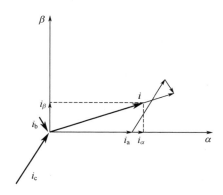

图 5-2　静止坐标系与三相物理量的关系

将静止 $\alpha\beta$ 坐标系投影到旋转的转子同步 dq 坐标系的变换称为 Park 变

换。通过 Park 变换，可以将电流空间矢量在 $\alpha\beta$ 坐标系的表示变换为 dq 坐标系表示，如下所示：

$$\begin{bmatrix} i_d \\ i_q \end{bmatrix} = \begin{bmatrix} \cos\theta & \sin\theta \\ -\sin\theta & \cos\theta \end{bmatrix} \begin{bmatrix} i_\alpha \\ i_\beta \end{bmatrix}, \quad 矢量形式为 \boldsymbol{i}_{dq} = e^{-j\theta_e} \cdot \boldsymbol{i}_{\alpha\beta} \quad （5-19）$$

很明显，这种变换是正交变换，其对应的逆变换（Park 逆变换）如下：

$$\begin{bmatrix} i_\alpha \\ i_\beta \end{bmatrix} = \begin{bmatrix} \cos\theta & -\sin\theta \\ \sin\theta & \cos\theta \end{bmatrix} \begin{bmatrix} i_d \\ i_q \end{bmatrix}, \quad 矢量形式为 \boldsymbol{i}_{\alpha\beta} = e^{j\theta_e} \cdot \boldsymbol{i}_{dq} \quad （5-20）$$

5.2 永磁同步电机的磁场定向控制

设计永磁同步电机控制系统结构的理论依据就是磁场定向控制。接下来关于磁场定向控制的内容都是基于式（5-14）所描述的 dq 坐标系下的永磁同步电机模型展开的。

电机控制要想取得高的动态性能，必须满足高效的转矩控制需求。磁场定向控制正是基于这个需求而发展起来的一种电机控制方法。由式（5-7）可知，当转子磁链矢量和定子电流矢量垂直时，产生的转矩最大。这和标准的直流电机产生转矩的方法是等效的。然而，在直流电机中，转子磁链和定子电流的垂直是通过机械换相实现的。永磁同步电机中没有机械换相装置，必须通过控制电流来实现电子换相功能。这也说明了电机的定子电流应该沿着某个方向定向，从而使得产生转矩的电流分量和产生磁化磁链的电流分量彼此隔离。为了实现这个定向，通过选择转子磁链矢量的瞬时转速作为旋转坐标系的转速，并锁定旋转坐标系的相位，使 d 轴和转子磁链矢量重合（见图 5-1）。这就要求不停地更新旋转坐标系的相位，使得其 d 轴始终和转子磁链矢量轴线重合。因为转子磁链矢量的轴线锁定于转子位置，可以通过位置传感器得到转子磁链轴线的位置。因为旋转坐标系的相位设置满足 d 轴和转子磁链矢量重合的条件，所以 q 轴上的电流仅仅表示产生转矩的电流分量。同时旋转坐标系的旋转速度设置为和转子磁链转速同步，这使得用旋转坐标系表示的 d 轴电流和 q 轴电流都是直流值，从而可以用简单的 PI 控制器来控制电机的转矩和弱磁，简化了控制结构的设计。

◼️ 5.2.1　电流控制环

图 5-3 所示为永磁同步电机的磁场定向控制的电流控制环结构。当采用磁场定向控制（FOC）时，式（5-14）中的交叉耦合项和反电动势感应电压项用前馈电压 $\boldsymbol{u}_{dq_{\text{comp}}}$ 和 $u_{\text{emf}_{\text{comp}}}$ 分别补偿后，可以得到完全解耦的 d 轴和 q 轴电流环路。这允许对 d 轴和 q 轴分量进行独立控制，式（5-14）可以简化为

$$u_d = R_s i_d + L_d \frac{\mathrm{d}i_d}{\mathrm{d}t} \tag{5-21}$$

$$u_q = R_s i_q + L_q \frac{\mathrm{d}i_q}{\mathrm{d}t} \tag{5-22}$$

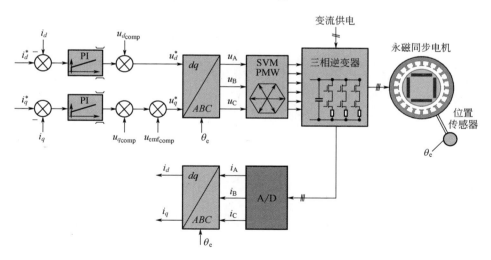

图 5-3　磁场定向控制的电流控制环结构

式（5-21）和式（5-22）描述了 d 轴和 q 轴电流环路的控制系统模型，两者具有相同的结构。因此，可以对 d 轴和 q 轴电流控制器采用相同的设计方

法。如果采用标准的 PI 控制器，唯一的区别就是两者模型中的 L_d 和 L_q 参数不同，也就是最终控制器的比例增益 K_P 和积分增益 K_I 不同。如果要准确表达电流控制环子系统，ADC 转换器和电压源逆变器的传递函数也须计算进来，此外采样保持时间和控制器的离散化也要考虑。为了简化 PI 控制器的设计，这里忽略 ADC 转换器和逆变器传输延时的影响。图 5-4 所示为简化后的经过交叉耦合和反电动势补偿后的电流控制环。

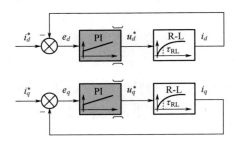

图 5-4　简化后的经过交叉耦合和反电动势补偿后的电流控制环

这是一个用 PI 控制器来控制 RL 模型对象的通用闭环系统，其闭环传递函数可以表示为如下形式：

$$G(s) = \frac{I(s)}{I^*(s)} = \frac{G_{PI}(s)G_{RL}(s)}{1 + G_{PI}(s)G_{RL}(s)} = \frac{\dfrac{K_P}{L}s + \dfrac{K_I}{L}}{s^2 + \dfrac{K_P + R}{L}s + \dfrac{K_I}{L}} \quad (5\text{-}23)$$

$$G_{PI}(s) = \frac{K_P s + K_I}{s}, \quad G_{RL}(s) = \frac{1}{Ls + R} \quad (5\text{-}24)$$

由传递函数 $G(s)$ 的特征多项式可知电流控制闭环是一个二阶系统。PI 控制器给闭环传递函数引入了一个位于 $-\dfrac{K_I}{K_P}$ 处的零点，零点增加了系统的超调量，降低了系统的闭环带宽。可以在前馈回路中加入零点消除功能来补偿 PI 控制器引入的零点，如图 5-5 所示。零点消除模块的传递函数 $G_{ZC}(s)$ 必须设计为 $-\dfrac{K_I}{K_P}$ 处有极点且直流增益为 1，这样既可以补偿闭环零点又可以保证闭环增益不变。零点消除模块的传递函数为

$$G_{ZC}(s) = \frac{\dfrac{K_I}{K_P}}{s + \dfrac{K_I}{K_P}} \qquad (5\text{-}25)$$

最后得到带零点消除功能的闭环传递函数为

$$G(s) = \frac{\dfrac{K_I}{K_P}}{s + \dfrac{K_I}{K_P}} \cdot \frac{\dfrac{K_P}{L}s + \dfrac{K_I}{L}}{s^2 + \dfrac{K_P + R}{L} + \dfrac{K_I}{L}} = \frac{\dfrac{K_I}{L}}{s^2 + \dfrac{K_P + R}{L} + \dfrac{K_I}{L}} \qquad (5\text{-}26)$$

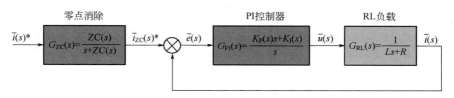

图 5-5　带前馈零点消除功能的电流控制闭环

式（5-27）将经过零点消除的闭环特征多项式和标准的二阶系统特征多项式比较，

$$s^2 + \frac{K_P + R}{L} + \frac{K_I}{L} = s^2 + 2\xi\omega_0 s + \omega_0^2 \qquad (5\text{-}27)$$

式中，ω_0 是系统的自然角频率，ξ 是系统的衰减系数。

通过比较特征多项式，可以计算得到 PI 控制器的比例增益和积分增益：

$$K_P = 2\xi\omega_0 L - R \qquad (5\text{-}28)$$

$$K_I = \omega_0^2 L \qquad (5\text{-}29)$$

式（5-28）和式（5-29）是在连续时域的结果，实际应用中电流控制环的计算都是离散的，所以，PI 控制器要离散化。要使离散控制器的性能达到连续控制器的性能，离散控制器的采样率至少应是闭环系统带宽的 20 倍。降低采样率或者增加环路带宽都会导致控制性能下降从而引起系统振荡。在数字域实现控制系统，采样保持电路也会增加控制环路的传输延时，影响控制性能。如果采用零阶保持器的离散化方法，数字 PI 控制器参数按照式（5-30）和式（5-31）来计算。

$$K_P(z) = K_P \qquad (5\text{-}30)$$

$$K_I(z) = K_I T_s \qquad (5\text{-}31)$$

式中，T_s 是系统的采样周期。

用式（5-30）和式（5-31）表示的后向欧拉方法代入式（5-25），从而得到离散域的零点消除传递函数：

$$s \approx \frac{1 - z^{-1}}{T_s} \qquad (5\text{-}32)$$

$$Z\{G_{ZC}(s)\} = \frac{\dfrac{K_I T_s}{K_P + K_I T_s}}{1 - \dfrac{K_P}{K_P + K_I T_s} z^{-1}} \qquad (5\text{-}33)$$

由式（5-33）得到零点消除的离散实现：

$$y(k) = \frac{K_I T_s}{K_P + K_I T_s} x(k) + \frac{K_P}{K_P + K_I T_s} y(k-1) \qquad (5\text{-}34)$$

式（5-34）具有一阶无限冲击响应（IIR）数字低通滤波器形式。所以，零点消除相当于一个低通滤波器，对输入量起到平滑作用，从而增加了闭环系统的带宽。

■ 5.2.2 转速控制环

转速控制环控制对象模型可以从电机的机械运动方程式（5-8）得到，其传递函数为

$$G_M(s) = \frac{k_T}{Js + B} \qquad (5\text{-}35)$$

式中，k_T 为转矩常数，表示电机的转矩与通过电机绕组电流之比。与电流控制环类似，通过一个 PI 控制器得到转速闭环，可以实现无稳态误差转速控制。转速控制器的输出直接作为电流控制环的电流给定值，因此，传递函数乘以 k_T。由于电机机械时间常数比电气时间常数要大，转速控制环的采样时间间隔比电流控制环

长，在两个转速采样点之间可以认为电流控制环的调节已经完成，因此，可以用一阶惯性系统来代替电流控制环。电机机械时间常数和电气时间常数的差异也使转速控制器大部分时间内将处于饱和状态，因为电流通过 PI 调节到达给定值的时间要比转速调节时间快，这就要求转速控制器要实现抗饱和（Anti-windup）功能。图 5-6 所示为永磁同步电机带电流控制环的转速控制环的级联结构。

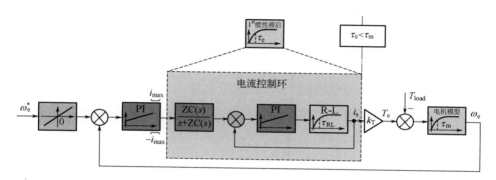

图 5-6　永磁同步电机带电流控制环的转速控制环的级联结构

与电流控制环相比，因为电机系统的每个机械装置的集中转动惯量是不一样的，导致转速控制环的对象模型的参数很难确定。此外，电机转轴上的负载作为转速控制环的扰动也造成环路特性非线性。虽然这些都使得转速控制器的增益很难用数学方法推导出来，但是还可以通过实验的方法来确定转速控制环的带宽。在实际工作中，一般通过手动调节转速控制器的阶跃瞬态响应来对转速控制环的 PI 参数进行调节。

5.3　最大转矩电流比和弱磁控制

在实际的应用中总是对电机的输出特性有特定要求，所以要以某种标准来控制永磁同步电机的定子电流。当永磁同步电机运行在恒转矩区时，转速随逆变器输出的电压值增大而增加。如果转矩一定并要求控制效率最高，可以将定子电流值控制到最小；也就是控制定子电流使固定矢量长度的定子电流产生的转矩最大。在恒转矩区，转速达到转折转速时，进入恒功率区，此时要继续增加转速，必须控制定子电流使其产生和永磁体相反的磁场，从而使整个气隙磁场磁链变小，进入弱磁控制。

5.3.1　最大转矩电流比控制

由式（5-7）可知，电机的转矩等于定子磁链和定子电流的矢量积。当磁链矢量和定子电流矢量垂直时，产生的转矩值最大。在磁场定向控制中，q 轴电流和 d 轴磁链相互作用产生转矩，同样，d 轴电流和 q 轴磁链相互作用产生转矩。如果永磁同步电机表现出空间凸极性，即 $L_d \neq L_q$，沿着 d 轴和 q 轴的定子感应磁链 $L_d i_d$ 和 $L_q i_q$ 分别和其正交的 i_q 和 i_d 相互作用产生磁阻转矩。

$$T_{\text{rel}} = \left(L_d - L_q\right)i_d i_q \tag{5-36}$$

这是旋转坐标系下的正交电机模型的磁阻转矩表达式。表贴式电机空间各向平滑，其 $L_d \approx L_q$，产生的磁阻转矩可以忽略不计。实际上，表贴式永磁同步电机的基于 FOC 的控制策略是让 $i_d = 0$，控制 i_q 来产生所要求的转矩。相反，凸极性高的 IPMSM 的磁阻转矩比较突出，继续保持 $i_d = 0$ 的控制策略不能有效利用电机的磁阻转矩性能。通常 IPMSM 的结构使得 $L_d < L_q$，所以，d 轴电流必须是负值，这样才能使磁阻转矩的效果是增大转矩值。最终的电机转矩包括同步转矩和磁阻转矩 [见式（5-16）]，如图 5-7 所示。

在满足 $i_d < 0$，$i_q \neq 0$ 且电流幅值 $\left|i_{dq}\right| = \sqrt{i_d^2 + i_q^2} < I_{\text{ph\_max}}$ 条件下，对于给定的转矩值，式（5-16）有无数个解。最大转矩电流比（MTPA）控制方法是对于给定的转矩值，要求 d、q 轴电流分量使得定子电流矢量的幅值 $\left|i_{dq}\right|$ 最小。也就是对于给定的电流矢量的幅值 $\left|i_{dq}\right|$，要求产生最大的转矩。根据式（5-16）画出网格图（见图 5-8），可见转矩是电流 i_d、i_q 的函数。对应每一个转矩值，找出满足式（5-16）的所有（i_d，i_q）中离原点（0，0）最近的点，连接这些点就是 MTPA 曲线。当 IPMSM 工作在恒转矩区时，可以完全利用最大转矩电流比（MTPA）

来控制定子电流，以输出最大转矩；当工作在恒功率区时，最大输出转矩值是由电机的转速和弱磁控制的输出（ d 轴电流给定值）共同决定的。从图 5-8 中可以看出，MTPA 曲线是非线性的，为了优化利用电压源逆变器，当转矩值较低时，同步转矩占主导作用，随着转矩值增加，磁阻转矩逐渐增加，所起作用变大。

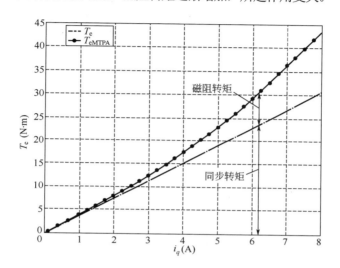

图 5-7 最大转矩电流比控制获得磁阻转矩和同步转矩

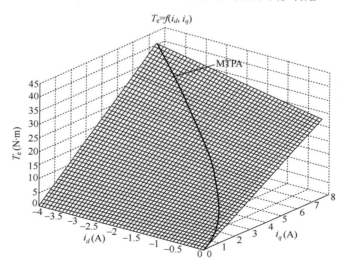

图 5-8 转矩为 i_d 和 i_q 的函数及 MTPA 曲线

MTPA 是用给定的电流幅值产生最大转矩值，基于这个条件可以得到 MTPA 特性的数学描述。如果电流控制环外面还有控制环，如转速控制环，则 MTPA 的推导可以简化为 i_q 由转速控制环输出，i_d 从 i_q 计算得到。由 5.1.3 节可知，IPMSM 的转矩如下：

$$T_e = \frac{3}{2} n_p [\psi_{pm} i_q + (L_d - L_q) i_d i_q] \tag{5-37}$$

当 i_q 已知时，T_e 对应的 i_d 的极小值可通过求解下面的方程得到

$$\frac{dT_e}{di_d} = 0 \tag{5-38}$$

又因为电流幅值满足

$$|i_{dq}| = \sqrt{i_d^2 + i_q^2} < I_{ph\_max} \tag{5-39}$$

代入式（5-38）得

$$\frac{dT_e}{di_d} = \frac{3}{2} n_p \left[-\psi_{pm} \frac{i_d}{\sqrt{|i_{dq}|^2 - i_d^2}} + (L_d - L_q) \left(\sqrt{|i_{dq}|^2 - i_d^2} - \frac{i_d^2}{\sqrt{|i_{dq}|^2 - i_d^2}} \right) \right] = 0 \tag{5-40}$$

注意到 $|i_{dq}| = \sqrt{i_d^2 + i_q^2}$，整理得

$$i_d^2 + \frac{\psi_{pm}}{L_d - L_q} i_d - i_q^2 = 0 \tag{5-41}$$

方程式（5-41）有两个根，由前面的讨论可知，只有负根才能产生增强效果的磁阻转矩。解方程并舍弃正根，得到 i_d 的计算表达式为

$$i_d = -\frac{\psi_{pm}}{2(L_d - L_q)} - \sqrt{\left[\frac{\psi_{pm}}{2(L_d - L_q)} \right]^2 + \frac{i_q^2}{2}} \tag{5-42}$$

式（5-42）给出了如何根据 MTPA 特性和转速控制器的输出 i_q 来计算 d 轴电流 i_d。可用得到的 i_q 和 i_d 值作为电流 PI 控制器的给定值。

5.3.2　弱磁控制

永磁同步电机每一相可以看作串联一个电压源的 R-L 模型。电压源代表由转子永磁体旋转产生的反电动势。因此，该模型可以用下式表示：

$$u_{\mathrm{ph}} = Ri_{\mathrm{ph}} + L\frac{\mathrm{d}i_{\mathrm{ph}}}{\mathrm{d}t} + \psi_{\mathrm{pm}}\omega_{\mathrm{e}} \tag{5-43}$$

由式（5-43）可以看出，随着转速增加，反电动势增大，逆变器提供的电压一部分用来抵消反电动势。逆变器的输出相电压和反电动势的电压差作用在电机的 R-L 上产生电流。由于逆变器输出相电压和电机的额定电压限制，要维持最大相电流，电机转速需要达到一定的速度，定义这个速度为基值转速，简称基速。如果转速超过基速，电机的相电压达到逆变器输出的极限，不能继续增加，相电压将无法补偿随转速增大而增加的反电动势，也就无法维持所需的相电压和反电动势之间的电压差，即无法维持相应的最大相电流，最后导致用 MTPA 得到最大转矩的控制策略失效。进一步增加转速，最终将导致反电动势接近或等于定子电压，这意味着电流接近零，最后将完全失去控制。转速超过基速且保持电流可控的唯一方法就是让定子电流在 d 轴负方向上产生和转子永磁体相反的磁链，使合成的 d 轴磁链变小，从而降低反电动势的值。内嵌式永磁同步电机由于气隙小、L_d 大，定子电流的弱磁能力较强。同时 L_d 和 L_q 差值大，可以有效利用磁阻转矩，弱磁降低了同步转矩，同时增加了磁阻转矩。因此，内嵌式永磁同步电机的弱磁能力比表贴式永磁同步电机的强。

基值转速将整个运行转速区分为两个部分：恒转矩区和恒功率区，如图 5-9 所示。在恒转矩区，输出最大转矩，输出功率随着转速增加而增加。相电压随着转速线性增加，电流维持在额定值对应的最大电流值。在恒功率区，输出转矩随着转速的增加而快速下降，输出恒功率基本保持不变。相电压达到逆变器输出极限，相电流随着转速增加相应地减小。

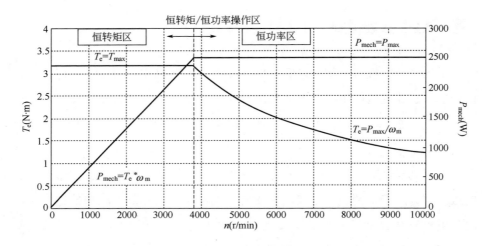

图 5-9　恒转矩和恒功率控制区域

当转速大于基速时，反电动势的值远大于 R-L 电路上的电压降，所以，在稳态时，旋转坐标系下的电压表达式（5-14）简化为

$$\begin{bmatrix} u_d \\ u_q \end{bmatrix} = \omega_e \begin{bmatrix} 0 & -L_q \\ L_d & 0 \end{bmatrix} \begin{bmatrix} i_d \\ i_q \end{bmatrix} + \omega_e \psi_{pm} \begin{bmatrix} 0 \\ 1 \end{bmatrix} \tag{5-44}$$

则电压矢量的幅值为

$$\left| \boldsymbol{u}_{dq} \right| = \sqrt{\left(-\omega_e L_q i_q \right)^2 + \omega_e^2 \left(\psi_{pm} + L_d i_d \right)^2} \tag{5-45}$$

整理得到电压极限椭圆表达式为

$$\frac{\left| \boldsymbol{u}_{dq} \right|^2}{\omega_e^2} = \left(L_q i_q \right)^2 + \left(\psi_{pm} + L_d i_d \right)^2 \tag{5-46}$$

由式（5-46）可以看出，电压极限椭圆的中点位于 $\left(0, -\dfrac{\psi_{pm}}{L_d} \right)$，长轴随着转速的增大逐渐变小。电压矢量的幅值不能超过最大相电压的极限，也就是逆变器输出极限值 $U_{ph\_lim} = \dfrac{U_{DC\_bus}}{\sqrt{3}}$（在空间矢量调制时）。电压极限椭圆定义了可实现的定子电流矢量的范围。同时由 5.3.1 小节的讨论可知，定子电流矢量的最大幅值被限定在式（5-39）定义的电流极限圆内。对于表贴式永磁同

步电机，电压极限椭圆变为电压极限圆。图 5-10 中当基速为 ω_{e3} 时，定子电流被限制在 0ABC 范围内。当电机的电流给定和转子转速 ω_{e2} 对应操作点 D 时，如果增大转子转速到 ω_{e3}，电压极限椭圆收缩，使得点 D 变为在允许的操作范围之外。由于逆变器输出电压的限制，电流控制器将达到饱和状态，失去对定子电流的控制能力。因此，q 轴电流给定 i_q^* 必须降低到操作点 E，从而恢复对定子电流的控制能力。可以看到，通过将 i_q^* 到降低 E 点处的输出转矩仍然比在转子转速为 ω_{e3} 的条件下运用 MTPA 控制策略得到的操作点 A 处的输出转矩大。当电机参数（L_d、L_q 和 ψ_{pm}）已知时，利用式（5-46）可以计算出进入弱磁控制时的 i_d^* 和 i_q^* 的值。但是实际中电感等参数受电枢反应的影响，会造成计算不准确，最终会导致失去对电流的控制能力。实际应用中，当电机转速超过某个设定值时，弱磁控制开始工作。常采用一个弱磁控制器输出负的电流值作为 d 轴电流给定 i_d^*，并用 i_d^* 来计算 q 轴电流控制器输出的限定值。弱磁控制器输出的正向限定值为 0，负向限定值必须大于电机的退磁电流，否则会损坏电机，造成永磁体不可恢复的退磁。在具体实现中，当系统需要进入弱磁控制时，有两种方法确定弱磁控制器的输入。

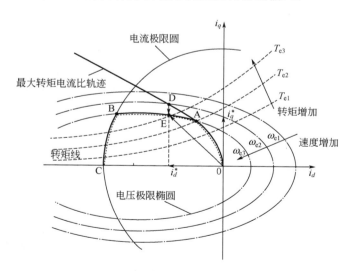

图 5-10　转速为 ω_{e3} 时电机的操作区域（0-A-B-C）

第一种方法是预先定义一个小于逆变器输出极限的电压值 $U_{\text{limit}} < \dfrac{U_{\text{DC\_bus}}}{\sqrt{3}}$，差值 $U_\Delta = \dfrac{U_{\text{DC\_bus}}}{\sqrt{3}} - U_{\text{limit}}$ 要小且能够保证电流正常的动态调节。将 $U_{\text{limit}} - |\boldsymbol{u}_s^*|$ 作为弱磁控制器的输入，$|\boldsymbol{u}_s^*| = \sqrt{u_d^{*2} + u_q^{*2}}$，其中 u_d^* 和 u_q^* 分别为 d 轴和 q 轴定子电流控制器的输出，如图 5-11 所示。当空间矢量调制的电压矢量幅值大于 U_{limit} 时，弱磁控制器输出负的 i_d^*，并由 i_d^* 来计算 q 轴电流控制器输出的限定值。由于电流控制器的自动调节功能，最终定子电流矢量被调节到允许的工作区域。当空间矢量调制的电压矢量幅值小于 U_{limit} 时，控制器的输入为正，进入退弱磁阶段，直到输出为 0，退出弱磁控制。

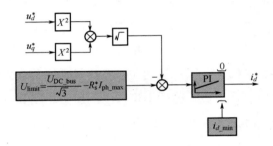

图 5-11　弱磁控制的实现

第二种方法是用式（5-47）定义的 Fw_{err} 作为弱磁控制器的输入。其中 $|\boldsymbol{u}_{dq}^*|$ 和 $|\boldsymbol{i}_{dq}^*|$ 分别为电流环控制器输出电压矢量的幅值和电流矢量给定的幅值。$|\boldsymbol{i}_{dq}^{\text{feed\_back}}|$ 为电机实测电流矢量的幅值。

$$\text{Fw}_{\text{err}} = \underbrace{\left(U_{\text{ph\_lim}} - |\boldsymbol{u}_{dq}^*|\right)\frac{I_{\max}}{U_{\max}}}_{\text{退出弱磁}} - \underbrace{\left(|\boldsymbol{i}_{dq}^*| - |\boldsymbol{i}_{dq}^{\text{feed\_back}}|\right)}_{\text{进入弱磁}} \qquad (5\text{-}47)$$

当转速持续增加时，受逆变器的输出电压限制，电流控制器达到饱和状态，定子电流矢量幅值的实测值要小于定子电流控制器的电流给定的幅值。此时 $|\boldsymbol{u}_{dq}^*| \approx U_{\text{ph\_lim}}$，$|\boldsymbol{i}_{dq}^*| > |\boldsymbol{i}_{dq}^{\text{feed\_back}}|$，$\text{Fw}_{\text{err}} < 0$，弱磁控制器输出负值作为 d 轴电流的给定 i_d^*，进入弱磁控制。当转速持续减小时，定子电流矢量给定幅值 $|\boldsymbol{i}_{dq}^*|$ 变小，电流环控制器的输出电压矢量幅值 $|\boldsymbol{u}_{dq}^*|$ 变小。此时 $U_{\text{ph\_lim}} > |\boldsymbol{u}_{dq}^*|$，

$\left|i_{dq}^{*}\right| \approx \left|i_{dq}^{\text{feed\_back}}\right|$，$\mathrm{Fw}_{\text{err}} > 0$。控制器的输入为正，进入退弱磁阶段，输出 i_d^* 由负值逐渐增加直到 0，退出弱磁控制。

由于电流环的控制频率远大于弱磁控制频率，d、q 轴的电压含有高频谐波成分。另外，弱磁控制中的相关电压极限值总是基于直流母线电压的实测值并与之成比例关系，而实测值中含有各种信号噪声引起的采样误差。因此，弱磁控制器的输入误差应先经过低通滤波处理，以增加弱磁控制的性能。

对于 IPMSM 电机，一种包括最大转矩电流比控制和弱磁控制的优化控制方案如图 5-12 所示，该图给出了 d 轴电流给定 i_d^* 选择的控制策略。如果弱磁控制得到的 i_{dFW}^* 的值小于 MTPA 控制得到的 $i_{d\mathrm{MTPA}}^*$（$i_{dFW}^* < i_{d\mathrm{MTPA}}^*$），选择 i_{dFW}^* 作为 d 轴电流给定 i_d^*。否则选择 $i_{d\mathrm{MTPA}}^*$ 作为 d 轴电流给定 i_d^*。

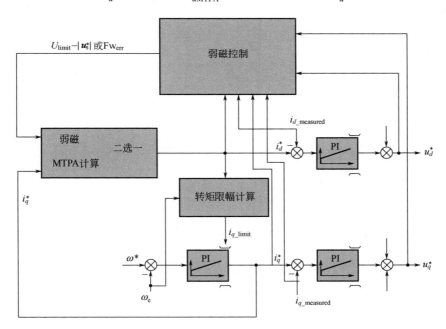

图 5-12　带 MPTA 和弱磁控制的一种优化控制方案

5.4 无位置传感器控制

5.4.1 基于反电动势的位置估计

在式（5-9）中，令 $L = L_d = L_q$，$\Delta L = 0$，可以得到表贴式永磁同步电机在两相静止坐标系的电压表达式为

$$
\begin{bmatrix} u_\alpha \\ u_\beta \end{bmatrix} = R_s \begin{bmatrix} i_\alpha \\ i_\beta \end{bmatrix} + L \frac{\mathrm{d}}{\mathrm{d}t} \begin{bmatrix} i_\alpha \\ i_\beta \end{bmatrix} + \frac{\mathrm{d}\theta_e}{\mathrm{d}t} \left(\psi_{pm} \begin{bmatrix} -\sin\theta_e \\ \cos\theta_e \end{bmatrix} \right)
$$

$$
= R_s \begin{bmatrix} i_\alpha \\ i_\beta \end{bmatrix} + L \frac{\mathrm{d}}{\mathrm{d}t} \begin{bmatrix} i_\alpha \\ i_\beta \end{bmatrix} + \omega_e \psi_{pm} \begin{bmatrix} -\sin\theta_e \\ \cos\theta_e \end{bmatrix} \tag{5-48}
$$

式中，最后一项是由于转子旋转产生的反电动势（BEMF），里面有转子的电角度位置信息。如果电机的定子电压和定子电流可测得，并且电机的参数已知，可以通过式（5-48）估算当前的转子位置信息。

将电压表达式（5-9）重写成式（5-49），可知凸极永磁同步电机的常规反电动势、磁阻反电动势和定子电感中都有转子位置信息。为了集中提取这些位置信息，需要进行一些数学变换处理。

$$
\left\{
\begin{aligned}
\underbrace{\begin{bmatrix} u_\alpha \\ u_\beta \end{bmatrix}}_{\substack{\text{定子} \\ \text{电压矢量}}} &= \underbrace{R_s \begin{bmatrix} i_\alpha \\ i_\beta \end{bmatrix}}_{\text{绕组压降矢量}} + \underbrace{\boldsymbol{L}(2\theta) \frac{\mathrm{d}}{\mathrm{d}t} \begin{bmatrix} i_\alpha \\ i_\beta \end{bmatrix}}_{\text{电感压降矢量}} + \underbrace{2\omega_e \Delta L \begin{bmatrix} -\sin 2\theta_e & \cos 2\theta_e \\ \cos 2\theta_e & \sin 2\theta_e \end{bmatrix} \begin{bmatrix} i_\alpha \\ i_\beta \end{bmatrix}}_{\text{磁阻反电动势}} + \\
&\quad \underbrace{\psi_{pm}\omega_e \begin{bmatrix} -\sin\theta_e \\ \cos\theta_e \end{bmatrix}}_{\text{常规反电动势}} \\
\boldsymbol{L}(2\theta) &= \begin{bmatrix} L_0 + \Delta L \cos 2\theta_e & \Delta L \sin 2\theta_e \\ \Delta L \sin 2\theta_e & L_0 - \Delta L \cos 2\theta_e \end{bmatrix}
\end{aligned}
\right. \tag{5-49}
$$

由旋转坐标系电压表达式（5-14）并改写电感矩阵，使得主对角线的元素相同，得到式（5-50），式中 p 是微分算子，i_q' 是 i_q 的微分。

$$\begin{bmatrix} u_d \\ u_q \end{bmatrix} = \begin{bmatrix} R_s + pL_d & -\omega_e L_q \\ \omega_e L_d & R_s + pL_q \end{bmatrix} \begin{bmatrix} i_d \\ i_q \end{bmatrix} + \begin{bmatrix} 0 \\ \omega_e \psi_{pm} \end{bmatrix}$$

$$= \begin{bmatrix} R_s + pL_d & -\omega_e L_q \\ \omega_e L_q & R_s + pL_d \end{bmatrix} \begin{bmatrix} i_d \\ i_q \end{bmatrix} + \begin{bmatrix} 0 \\ (L_d - L_q)(\omega_e i_d - i_q') + \omega_e \psi_{pm} \end{bmatrix} \quad （5-50）$$

通过坐标旋转变换，将对应的电压和电流矢量变换到两相静止坐标系，可得

$$\underbrace{\begin{bmatrix} u_\alpha \\ u_\beta \end{bmatrix}}_{\substack{\text{定子} \\ \text{电压矢量}}} = \underbrace{R_s \begin{bmatrix} i_\alpha \\ i_\beta \end{bmatrix}}_{\text{绕组压降矢量}} + \underbrace{\begin{bmatrix} pL_d & \omega_e(L_d - L_q) \\ -\omega_e(L_d - L_q) & pL_d \end{bmatrix} \begin{bmatrix} i_\alpha \\ i_\beta \end{bmatrix}}_{\text{扩展电感电压矢量}} + \underbrace{\begin{bmatrix} e_\alpha \\ e_\beta \end{bmatrix}}_{\text{扩展反电动势}} \quad （5-51）$$

$$\begin{bmatrix} e_\alpha \\ e_\beta \end{bmatrix} = \left[(L_d - L_q)(\omega_e i_d - i_q') + \omega_e \psi_{pm} \right] \begin{bmatrix} -\sin\theta_e \\ \cos\theta_e \end{bmatrix} \quad （5-52）$$

式（5-52）为扩展反电动势的定义，它不仅包括转子永磁体产生的反电动势，还包括与凸极相关的电压分量。扩展反电动势的位置信息包含电动势和电感中的所有位置信息。将式（5-51）改写成虚拟的表贴式电机的电压表达式如下：

$$\begin{bmatrix} u_\alpha \\ u_\beta \end{bmatrix} = R_s \begin{bmatrix} i_\alpha \\ i_\beta \end{bmatrix} + L_d \frac{\mathrm{d}}{\mathrm{d}t} \begin{bmatrix} i_\alpha \\ i_\beta \end{bmatrix} + \begin{bmatrix} \omega_e(L_d - L_q)i_\beta \\ -\omega_e(L_d - L_q)i_\alpha \end{bmatrix} + \begin{bmatrix} e_\alpha \\ e_\beta \end{bmatrix} \quad （5-53）$$

如果用式（5-53）中等号右边的前两项来观测表贴式电机的电流，则后两项可看作系统的扰动。最后一项扩展反电动势由式（5-52）定义，式中有电流的微分项，所以，电流是扩展反电动势的一阶惯性延时，可以用 PI 控制器来控制扩展反电动势，控制器的输入为电流真实值和估计值的误差，输出为扩展反电动势。虚拟的表贴式电机的电流观测器可以用 R-L 模型来实现。因此，可以得出图 5-13 所示的扩展反电动势观测器的框图。该观测器实质是龙贝格（Luenberger）类型的闭环电流观测器，它对扩展反电动势估计项起到状态滤波作用。扩展反电动势估计值的 s 域表达式如下：

$$\hat{E}_{\alpha\beta}(s) = \mathrm{PI}(s) \cdot [I_{\alpha\beta}(s) - \hat{I}_{\alpha\beta}(s)] \quad （5-54）$$

PI(s) 是 PI 控制器的传递函数。将 $I_{\alpha\beta}(s)$ 和 $\hat{I}_{\alpha\beta}(s)$ 根据式（5-53）描述的数学模型分别用理论和观察表达式代入，假设电机参数估计值和真实值一致，且电机的相电压就是逆变器桥臂输出电压，可得

$$\hat{E}_{\alpha\beta}(s) = -E_{\alpha\beta}(s)\left[\frac{\text{PI}(s)}{sL_d + R_s + \text{PI}(s)}\right] = -E_{\alpha\beta}(s)\frac{sK_P + K_I}{s^2 L_d + sR_s + sK_P + K_I} \quad (5\text{-}55)$$

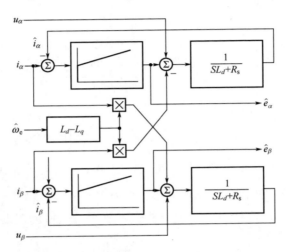

图 5-13　扩展反电动势的观测器框图

当整个系统稳定时，扩展反电动势观测器的估计值逐渐收敛于真实值。由式（5-55）得到扩展反电动势的等效闭环（单位反馈系数）传递函数为

$$-\frac{\hat{E}_{\alpha\beta}(s)}{E_{\alpha\beta}(s)} = \frac{sK_P + K_I}{s^2 L_d + sR_s + sK_P + K_I} \quad (5\text{-}56)$$

比较其闭环特征多项式和标准的二阶系统特征多项式，可以计算得到 PI 控制器的比例增益和积分增益，方法和前面电流控制环所述一致。

$$s^2 + s\frac{R_s + K_P}{L_d} + \frac{K_I}{L_d} = s^2 + 2\xi\omega_0 s + \omega_0^2 \quad (5\text{-}57)$$

在得到扩展反电动势的观测值后，可以计算当前的电角度位置值：

$$\hat{\theta}_e = \arctan\left(-\frac{\hat{e}_\alpha}{\hat{e}_\beta}\right) \quad (5\text{-}58)$$

　　这种方法中有除法运算，对误差敏感。此外，还需要估算转速值。更通用的方法是用角度跟踪观测器来估算转速和位置。图 5-14 所示为角度跟踪观测器的基本原理框图。利用角度跟踪观测器可以在系统带宽内滤除位置估计的噪声且没有相位延迟。工程中可以用图 5-15 来实现角度跟踪观测器。

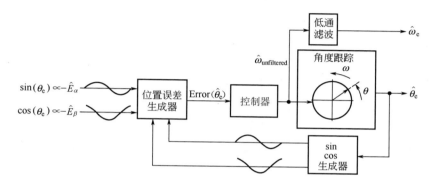

图 5-14　角度跟踪观测器的基本原理框图

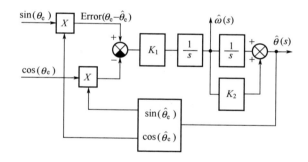

图 5-15　角度跟踪观测器的基本实现框图

$$\sin(\theta_e - \hat{\theta}_e) = \sin(\theta_e)\cos(\hat{\theta}_e) - \cos(\theta_e)\sin(\hat{\theta}_e) \approx \theta_e - \hat{\theta}_e \qquad （5-59）$$

　　注意到观测器的输入位置角度误差值很小时，误差可以由式（5-59）确定。根据角度误差，角度跟踪观测器可以看成输入为真实位置角度、输出为估计位置角度、反馈系数是 1 的控制系统。其传递函数为

$$\frac{\hat{\theta}(s)}{\theta(s)} = \frac{K_1(1 + K_2 s)}{s^2 + K_1 K_2 s + K_1} \qquad （5-60）$$

　　将其特征多项式设计成标准的二阶系统特征多项式，可以计算 K_1、K_2

的值。

由于位置信息包含在反电动势中，而反电动势的值随着转速的降低而减小。当转子转速很小或者静止时，反电动势太小或等于零，无法再用来估计位置。针对低速和静止条件下的位置估计，下面提出了基于高频信号注入的位置估计算法。

■ 5.4.2 基于高频信号注入的位置估计

1. 静止坐标系下的旋转高频电压注入法

因为 IPMSM 的凸极性，式（5-49）中的电感矩阵 $L(2\theta)$ 有转子位置信息。IPMSM 的转子的位置信息可以通过注入高频电压信号，然后测量电机的电流来得到。在注入高频电压信号时，如果注入电压的频率相比电机转速足够大，且电机的绕组阻值忽略不计，则电机电压的高频部分可以近似为

$$\begin{bmatrix} u_{\alpha h} \\ u_{\beta h} \end{bmatrix} \approx L(2\theta)\frac{\mathrm{d}}{\mathrm{d}t}\begin{bmatrix} i_{\alpha h} \\ i_{\beta h} \end{bmatrix} \tag{5-61}$$

假设注入的旋转高频电压如式（5-62）所示，其中 V_{inj} 和 ω_{h} 分别为注入信号的幅值和频率。

$$\boldsymbol{u}_{\alpha\beta h} = V_{\mathrm{inj}}\begin{bmatrix} -\sin\omega_{\mathrm{h}}t \\ \cos\omega_{\mathrm{h}}t \end{bmatrix} \tag{5-62}$$

由注入的旋转高频电压可以得到对应的电流方程为

$$\begin{bmatrix} i_{\alpha h} \\ i_{\beta h} \end{bmatrix} = \int L^{-1}(2\theta)\begin{bmatrix} u_{\alpha h} \\ u_{\beta h} \end{bmatrix}\mathrm{d}t = \frac{V_{\mathrm{inj}}}{L_0^2 - \Delta L^2}\begin{bmatrix} \dfrac{L_0}{\omega_{\mathrm{h}}}\cos\omega_{\mathrm{h}}t + \dfrac{\Delta L}{2\omega_{\mathrm{e}}-\omega_{\mathrm{h}}}\cos(2\theta_{\mathrm{e}}-\omega_{\mathrm{h}}t) \\ \dfrac{L_0}{\omega_{\mathrm{h}}}\sin\omega_{\mathrm{h}}t + \dfrac{\Delta L}{2\omega_{\mathrm{e}}-\omega_{\mathrm{h}}}\sin(2\theta_{\mathrm{e}}-\omega_{\mathrm{h}}t) \end{bmatrix}$$

$$\tag{5-63}$$

通过对电流表达式（5-63）做外差法信号解调处理，得到的解调信号再经过低通滤波。定义转子位置的估计误差为 $\tilde{\theta}_e = \theta_e - \hat{\theta}_e$，则低通滤波器的输出为

$$\varepsilon_f = \frac{-V_{inj}\Delta L}{\omega_h(L_0^2 - \Delta L^2)}\sin 2\tilde{\theta}_e \approx \frac{-2V_{inj}\Delta L}{\omega_h(L_0^2 - \Delta L^2)}\tilde{\theta}_e \equiv K_{err}\tilde{\theta}_e \qquad （5-64）$$

如果注入信号的频率和转子转速相比足够大（$\omega_h \gg \omega_e$），估计的转子位置和真实位置的直接误差会非常小，即 $\sin 2\tilde{\theta}_e \approx 2\tilde{\theta}_e$。$\varepsilon_f$ 可以作为龙贝格观测器或者状态滤波器的输入，通过将 ε_f 控制为零，观测器或者状态滤波器可以使得转子位置估计值跟随转子位置真实值。

图 5-16 所示为静止坐标系下的旋转电压注入法的位置和转速估计框图。

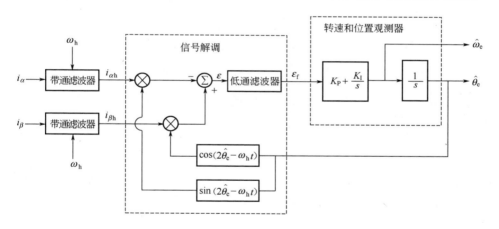

图 5-16　静止坐标系下的旋转电压注入法的位置和转速估计框图

2. 旋转坐标系下的脉动高频电压注入法

由式（5-14）可知，在高频条件下，主对角线含有正比于高频电流的成分，如果注入高频的频率远大于电机的转速，则交叉项的电压部分可以忽略不计。稳态时的高频电压表达式如下：

$$\begin{bmatrix} u_{dh} \\ u_{qh} \end{bmatrix} = \begin{bmatrix} R_{dh} + j\omega_h L_{dh} & 0 \\ 0 & R_{qh} + j\omega_h L_{qh} \end{bmatrix}\begin{bmatrix} i_{dh} \\ i_{qh} \end{bmatrix} = \begin{bmatrix} z_{dh} & 0 \\ 0 & z_{qh} \end{bmatrix}\begin{bmatrix} i_{dh} \\ i_{qh} \end{bmatrix} \qquad （5-65）$$

式中，z_{dh} 和 z_{qh} 分别为旋转坐标系下的 d 轴和 q 轴的高频阻抗值。

在实际操作中，总是由估计的旋转坐标系来代替真实的旋转坐标系，可以得到估计旋转坐标系下的高频电压表达式为

$$\begin{bmatrix} u_{\hat{d}h} \\ u_{\hat{q}h} \end{bmatrix} = \begin{bmatrix} \cos\tilde{\theta}_e & \sin\tilde{\theta}_e \\ -\sin\tilde{\theta}_e & \cos\tilde{\theta}_e \end{bmatrix}^{-1} \begin{bmatrix} z_{dh} & 0 \\ 0 & z_{qh} \end{bmatrix} \begin{bmatrix} \cos\tilde{\theta}_e & \sin\tilde{\theta}_e \\ -\sin\tilde{\theta}_e & \cos\tilde{\theta}_e \end{bmatrix} \begin{bmatrix} i_{\hat{d}h} \\ i_{\hat{q}h} \end{bmatrix}$$
$$= \begin{bmatrix} z_{h0} + \Delta z_h\cos2\tilde{\theta}_e & \Delta z_h\sin2\tilde{\theta}_e \\ \Delta z_h\sin2\tilde{\theta}_e & z_{h0} - \Delta z_h\cos2\tilde{\theta}_e \end{bmatrix} \begin{bmatrix} i_{\hat{d}h} \\ i_{\hat{q}h} \end{bmatrix} \tag{5-66}$$

式中，

$$z_{h0} = \frac{z_{dh} + z_{qh}}{2}, \quad \Delta z_h = \frac{z_{dh} - z_{qh}}{2} \tag{5-67}$$

由此很容易得到对应的高频电流表达式为

$$\begin{bmatrix} i_{\hat{d}h} \\ i_{\hat{q}h} \end{bmatrix} = \begin{bmatrix} z_{h0} + \Delta z_h\cos2\tilde{\theta}_e & \Delta z_h\sin2\tilde{\theta}_e \\ \Delta z_h\sin2\tilde{\theta}_e & z_{h0} - \Delta z_h\cos2\tilde{\theta}_e \end{bmatrix}^{-1} \begin{bmatrix} u_{\hat{d}h} \\ u_{\hat{q}h} \end{bmatrix} \tag{5-68}$$

由式（5-68）可以看出，阻抗矩阵的交叉项中含有转子的位置信息。在估计旋转坐标系下，可以沿着 $\hat{d}$ 轴方向注入高频电压，然后检测 $\hat{q}$ 轴的高频电流，提取转子位置信息；也可以沿着 $\hat{q}$ 轴方向注入高频电压，然后检测 $\hat{d}$ 轴的高频电流，提取转子位置信息。比较两种方法，沿着 $\hat{d}$ 轴方向注入高频电压的方法较好。因为从 $\hat{q}$ 轴方向注入高频电压会对转矩产生较大的影响。当沿着估计旋转坐标系的 $\hat{d}$ 轴方向注入如式（5-69）所示的脉动高频电压时，$\hat{q}$ 轴方向的高频电流值如式（5-70）所示。

$$\begin{bmatrix} u_{\hat{d}h} \\ u_{\hat{q}h} \end{bmatrix} = \begin{bmatrix} V_{inj}\cos\omega_h t \\ 0 \end{bmatrix} \tag{5-69}$$

$$i_{\hat{q}h} \approx \frac{V_{inj}}{2} \left[\frac{(R_{dh} - R_{qh})\cos\omega_h t}{\omega_h^2 L_{dh} L_{qh}} - \frac{(L_{dh} - L_{qh})\sin\omega_h t}{\omega_h L_{dh} L_{qh}} \right] \sin2\tilde{\theta}_e \tag{5-70}$$

因为 d、q 轴的高频阻值差近似为 0，所以，式（5-70）中第一项可以忽略不计。对式（5-70）中的高频电流进行如图 5-17 所示的信号处理，低通滤

波器的输出为

$$\varepsilon_{\mathrm{f}} \approx \frac{V_{\mathrm{inj}}(L_{dh} - L_{qh})}{4\omega_{\mathrm{h}} L_{dh} L_{qh}} \sin 2\tilde{\theta}_{\mathrm{e}} \approx \frac{V_{\mathrm{inj}}(L_{dh} - L_{qh})}{2\omega_{\mathrm{h}} L_{dh} L_{qh}} \tilde{\theta}_{\mathrm{e}} \equiv K_{\mathrm{err}} \tilde{\theta}_{\mathrm{e}} \qquad (5\text{-}71)$$

低通滤波得到的转子位置角度误差可以用前面的龙贝格观测器或者状态滤波器的方法，得到转子位置和转速的估计值。旋转坐标系下的脉动电压注入法的位置和转速估计框图如图 5-17 所示。

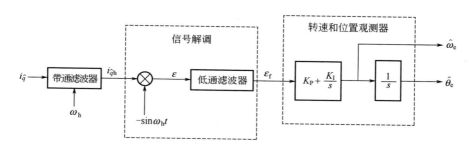

图 5-17　旋转坐标系下的脉动电压注入法的位置和转速估计框图

比较旋转高频电压注入和脉动高频电压注入两种方法，可以看出，d 轴和 q 轴高频阻抗的差值是高频注入位置估计算法有效性的基础。当沿着旋转坐标轴注入脉动高频电压时，由于转子永磁体使得 d 轴和 q 轴方向的定子线圈的饱和程度不同，即使是表贴式永磁同步电机，其 d 轴和 q 轴高频阻抗也是不同的。所以，旋转坐标系下的脉动高频电压注入法对表贴式永磁同步电机也是有效的。同基于反电动势的转子位置估计算法相反，高频信号注入法的数学模型是基于低转速推导的。所以，当转速增加时，算法效果逐渐变差甚至失效。

■ 5.4.3　基于定子磁链的位置估计

将两相旋转坐标系下的电磁转矩表达式(5-16)重写为式(5-72)。定义 ψ_{ext} 为扩展转子磁链。可以看出 ψ_{ext} 和转子永磁体磁场方向一致，都沿着 d 轴方向。

$$T_e = \frac{3}{2} p[\psi_{pm}i_q + (L_d - L_q)i_d i_q] = \frac{3}{2} p\psi_{ext}i_q \tag{5-72}$$

$$\psi_{ext} = \psi_{pm} + (L_d - L_q)i_d \tag{5-73}$$

ψ_{ext} 在两相静止坐标系中的分量为

$$\begin{cases} \psi_{ext,\alpha} = \psi_{ext}\cos\theta_e \\ \psi_{ext,\beta} = \psi_{ext}\sin\theta_e \end{cases} \tag{5-74}$$

如果估计出 ψ_{ext}，可以计算转子位置的电角度为

$$\theta_e = \arctan\left(\frac{\psi_{ext,\beta}}{\psi_{ext,\alpha}}\right) \tag{5-75}$$

两相转子同步坐标系下的定子磁链表达式为

$$\begin{bmatrix} \psi_d \\ \psi_q \end{bmatrix} = \begin{bmatrix} L_d & 0 \\ 0 & L_q \end{bmatrix}\begin{bmatrix} i_d \\ i_q \end{bmatrix} + \begin{bmatrix} \psi_{pm} \\ 0 \end{bmatrix} = \begin{bmatrix} L_q & 0 \\ 0 & L_q \end{bmatrix}\begin{bmatrix} i_d \\ i_q \end{bmatrix} + \begin{bmatrix} \psi_{pm} + (L_d - L_q)i_d \\ 0 \end{bmatrix}$$
$$= \begin{bmatrix} L_q & 0 \\ 0 & L_q \end{bmatrix}\begin{bmatrix} i_d \\ i_q \end{bmatrix} + \begin{bmatrix} \psi_{ext} \\ 0 \end{bmatrix} \tag{5-76}$$

由式（5-76）得到同步坐标系下的电流表达式为

$$\begin{bmatrix} i_d \\ i_q \end{bmatrix} = \begin{bmatrix} L_d^{-1} & 0 \\ 0 & L_q^{-1} \end{bmatrix}\begin{bmatrix} \psi_d \\ \psi_q \end{bmatrix} - \begin{bmatrix} L_d^{-1}\psi_{pm} \\ 0 \end{bmatrix} \tag{5-77}$$

将式（5-76）两边的磁链和电流矢量运用 Park 逆变换到静止坐标系下，并化简得

$$\begin{cases} \psi_{ext,\alpha} = \psi_\alpha - L_q i_\alpha \\ \psi_{ext,\beta} = \psi_\beta - L_q i_\beta \end{cases} \tag{5-78}$$

定义定子磁链为状态变量，定义定子电流为输出变量，构建如图 5-18 所示的定子磁链观测器。

由图 5-18 可以得出定子磁链的微分方程和观测器的输出分别为

$$\frac{\mathrm{d}}{\mathrm{d}t}\hat{\boldsymbol{\psi}}_{\alpha\beta} = \dot{\hat{\boldsymbol{\psi}}}_{\alpha\beta} = \boldsymbol{u}_{\alpha\beta} - R_s \boldsymbol{i}_{\alpha\beta} + \boldsymbol{K}\tilde{\boldsymbol{i}}_{\alpha\beta}$$

$$\hat{\boldsymbol{i}}_{\alpha\beta} = \mathrm{e}^{\mathrm{j}\hat{\theta}_e}\boldsymbol{L}_{dq}^{-1}\mathrm{e}^{-\mathrm{j}\hat{\theta}_e}\hat{\boldsymbol{\psi}}_{\alpha\beta} - (\psi_{\mathrm{pm}}\mathrm{e}^{\mathrm{j}\hat{\theta}_e})\big/L_d$$

（5-79）

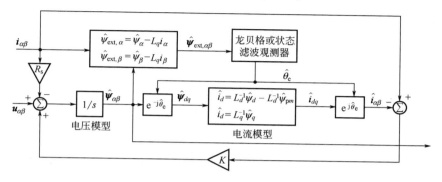

图 5-18　基于定子扩展磁链的转子位置和转速估计框图

如果转子位置估计值和真实值相等，电流估计误差由下式给出：

$$\tilde{\boldsymbol{i}}_{\alpha\beta} = \boldsymbol{i}_{\alpha\beta} - \hat{\boldsymbol{i}}_{\alpha\beta} = \mathrm{e}^{\mathrm{j}\theta_e}\boldsymbol{L}_{dq}^{-1}\mathrm{e}^{-\mathrm{j}\theta_e}(\boldsymbol{\psi}_{\alpha\beta} - \hat{\boldsymbol{\psi}}_{\alpha\beta}) = \mathrm{e}^{\mathrm{j}\theta_e}\boldsymbol{L}_{dq}^{-1}\mathrm{e}^{-\mathrm{j}\theta_e}\tilde{\boldsymbol{\psi}}_{\alpha\beta} \qquad （5-80）$$

定子磁链估计值误差的微分为

$$\dot{\tilde{\boldsymbol{\psi}}}_{\alpha\beta} = \frac{\mathrm{d}}{\mathrm{d}t}(\boldsymbol{\psi}_{\alpha\beta} - \hat{\boldsymbol{\psi}}_{\alpha\beta}) = -\boldsymbol{K}\tilde{\boldsymbol{i}}_{\alpha\beta} \qquad （5-81）$$

定义正定二次型李雅普诺夫候选函数 V 为

$$V = \frac{1}{2}\tilde{\boldsymbol{\psi}}_{\alpha\beta}^{\mathrm{T}}\mathrm{e}^{\mathrm{j}\theta_e}\boldsymbol{L}_{dq}^{-1}\mathrm{e}^{-\mathrm{j}\theta_e}\tilde{\boldsymbol{\psi}}_{\alpha\beta} \qquad （5-82）$$

如果 $\mathrm{d}V/\mathrm{d}t < 0$，根据李雅普诺夫稳定性第二定理可知观测系统是全域渐近稳定性的。对式（5-82）微分，并将式（5-80）和式（5-81）代入，化简得

$$\begin{aligned}
\frac{\mathrm{d}}{\mathrm{d}t}V &= -(\tilde{\boldsymbol{i}}_{\alpha\beta})^{\mathrm{T}}\mathrm{e}^{\mathrm{j}\theta_e}(\boldsymbol{K} - \omega_e\boldsymbol{J}\boldsymbol{L}_{dq})\mathrm{e}^{-\mathrm{j}\theta_e}\tilde{\boldsymbol{i}}_{\alpha\beta} \\
&= -(\tilde{\boldsymbol{i}}_{\alpha\beta})^{\mathrm{T}}\mathrm{e}^{\mathrm{j}\theta_e}[k_1\boldsymbol{I} + \boldsymbol{J}(k_2\boldsymbol{I} - \omega_e\boldsymbol{L}_{dq})]\mathrm{e}^{-\mathrm{j}\theta_e}\tilde{\boldsymbol{i}}_{\alpha\beta}
\end{aligned} \qquad （5-83）$$

式中，

$$\boldsymbol{K} = k_1\boldsymbol{I} + k_2\boldsymbol{J}, \quad \boldsymbol{J} = \begin{bmatrix} 0 & -1 \\ 1 & 0 \end{bmatrix}, \quad \omega_e = \frac{\mathrm{d}\theta_e}{\mathrm{d}t} \qquad （5-84）$$

如果矩阵 $[k_1\boldsymbol{I} + \boldsymbol{J}(k_2\boldsymbol{I} - \omega_e\boldsymbol{L}_{dq})]$ 为正定矩阵，则 $\mathrm{d}V/\mathrm{d}t < 0$ 成立。系统逐渐稳定，转子位置估计值逐渐收敛于真实值。要使 $[k_1\boldsymbol{I} + \boldsymbol{J}(k_2\boldsymbol{I} - \omega_e\boldsymbol{L}_{dq})]$ 为正定矩阵，下式必须成立：

$$\begin{cases} k_1 > 0 \\ (2k_1)^2 - \omega_e^2\left(L_d - L_q\right)^2 > 0 \end{cases} \tag{5-85}$$

根据上述条件，选定适当的反馈系数矩阵 $\boldsymbol{K}$。在观测器得到转子扩展磁链的估计值后，可以用和 5.4.1 节类似的方法来估算转子位置和转速，用龙贝格观测器或者状态滤波器进一步得到转子位置和转速的估计值。从图 5-18 中可以看出，该观测器的定子电流估计使用了旋转坐标系下的电流模型，定子磁链估计使用了静止坐标系下的电压模型，其充分利用了低速时电流模型的优点和高速时电压模型的优点。同时整个观测器没有用到任何转速反馈，可以有效消除转速估计的误差，从而使该观测器在非常低的转速条件下仍然有效。

5.5 电机控制所需的微控制器资源

图 5-19 所示为三相永磁同步电机的控制系统常用的三相电压型逆变器电路。当某一相的半桥臂上下两个功率开关器件交替导通时，将在电机的对应相上产生相电压。相电压的值由相桥臂上下两个功率开关器件的开关状态决定。现代电机都是采用微控制器的数字控制方法来控制逆变桥臂的功率开关器件的状态。磁场定向控制一般采用空间矢量调制（SVM）PWM 来控制三相桥臂的上下功率开关器件的状态。三相永磁同步电机磁场定向控制实质就是根据当前电机的三相电流和直流母线电压的采样值，以及转子位置信息，结合应用本身的控制要求，采用某种或几种控制算法，得到需要施加在电压型逆变器每相上的电压值，也就是驱动对应相桥臂功率开关器件的 PWM 占

空比。为了完成控制电机的数字控制算法，所需的微控制器（MCU）的资源
包括用来采样电压和电流的模/数转换器（ADC）、能产生 PWM 信号的脉冲
宽度调制器（PWM）。磁场定向控制需要位置信息，如果系统有位置传感器，
如光栅编码器，则 MCU 还要有正交解码器；如果传感器是霍尔传感器或测
速发电机等，则需要定时器（Timer）。PWM 和 ADC 硬件之间要支持同步触
发机制，以实现在特定的时刻完成采样操作。MCU 片内的高速模拟比较器
（ACMP）可以用来实现过压过流保护功能。电机控制应用中还需要一些通信
接口，如 SCI、SPI、CAN、IIC 等。

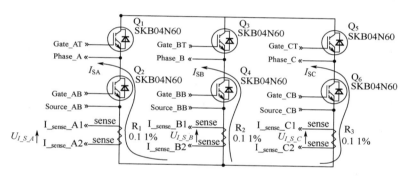

图 5-19　三相电压型逆变器电路

■■ 5.5.1　脉冲宽度调制器（PWM）

脉冲宽度调制器也称 PWM 模块，用来产生驱动功率开关器件的 PWM
信号。该模块一般能产生多达 8 个通道的 PWM 信号，可根据电机类型配置
所需的通道数。三相永磁同步电机的逆变器只需要 6 个 PWM 信号。PWM 模
块本质上是定时器，是一种具有一些特定功能的定时器。这些特定功能有的
是控制电机的逆变电路所需要的，有的是电机应用本身所特需的，有的是为
了方便灵活地配置和应用 PWM 信号，也有的是为了支持特定控制算法。每
个 MCU 集成的 PWM 模块可能有自己特定的功能。这里只介绍在电机控制
应用中的 PWM 模块的一些通用特性。

- PWM 通道一般是成对的，用来驱动逆变器一个半桥桥臂的上下两个功率开关器件，对应三相 PMSM 电机的其中一相。这一对 PWM 通道一般可以配置成互补模式（一个状态是开，另一个状态是关），也可以配置成两个独立的 PWM 信号。

- 支持死区插入。在互补模式下，由于半桥桥臂上下两个功率开关器件开的速度比关的速度快，如果出现上下开关全开的短路状态，将会导致过流，损坏器件。为了避免出现这种状况，PWM 模块需要支持死区插入，使上下两个功率开关器件在状态转换过程中有一个安全时间段，保证不会直通。死区的大小一般是可以配置的。

- 支持写缓存的寄存器和同步更新寄存器值。决定 PWM 周期和占空比的寄存器都有一个缓存，写这些寄存器只是写入到对应的缓存中。另外，驱动同一个逆变器的所有 PWM 通道对应的寄存器需要同步更新。先将要更新的寄存器的值写入缓存中，当同步信号触发时，将所有缓存中的值写入对应的真正的寄存器中。触发信号的产生时间也是可以配置的。

- 支持 PWM 信号的极性是可配置的。有效的开状态对应 0 还是 1，可以根据硬件配置的 PWM 来得到。

- 支持故障自动保护。PWM 模块一般支持数个故障输入信号。故障信号可以是硬件电路产生的过流信号或者过压信号，也可以是其他有故障发生的信号。当有故障信号输入时，PWM 模块自动禁止 PWM 信号的输出或者根据配置输出安全的 PWM 信号，在最短的时间内保护系统。

- 支持屏蔽 PWM 输出。此功能是无论当前 PWM 通道的占空比是多少，PWM 输出都被禁止。

- 支持用软件直接控制 PWM 的输出。一般通过设置某个的寄存器位来直接控制 PWM 信号的输出状态。

● 支持配置成中心对齐的 PWM、边沿对齐的 PWM 或者非对称的 PWM。非对称的 PWM 可以实现 PWM 的相移操作。单电阻相电流采样方法中要用到 PWM 的相移功能。

5.5.2　模/数转换器（ADC）

在电机控制应用中，根据电机类型和控制方法，可能需要测量电机的相电流值、直流母线电压值、直流母线电流值、反电动势值，有的还需要测量电机绕组的温度，以及周围环境的温度等模拟量的值。ADC 模块一般都支持硬件触发采样机制。ADC 的转换速度至少要能达到电机控制频率的要求，理想的采样转换时间要小于 800ns，且一个控制周期内至少能顺序完成 2～3 个信号的采样转换，这样才能保证采集一个电机控制所需的模拟量。有的 ADC 模块支持对输入信号连续采样求其平均值，以提高采样准确度。有的 ADC 模块包括了对输入信号放大的子模块，其中放大倍数可以配置。三相逆变器采用的一般都是电流可控的电压源逆变器。永磁同步电机的控制算法最终也是通过实际测得的电流值来控制逆变器的输出电压，以达到既定的控制目标。所以，相电流的准确采集对三相永磁同步电机控制非常重要。在 ADC 转换速度满足的条件下，如何使用 ADC 主要取决于相电流的测量方法，可以采用双电阻或者单电阻的测量方法。双电阻的方法要求 MCU 有两个可以同时并行转换的 ADC 模块，用来采集电机的两个相电流的值。单电阻方法只要一个 ADC 模块来采集直流母线的电流值，然后根据当前 WPM 信号模式通过直流母线电流值来重构 3 个相电流的值。

5.5.3　正交解码器（DEC）

在某些电机控制应用中，如伺服控制、位置闭环控制，需要精确的位置信息，通过观测器估计的位置信息已经无法满足应用的需求，系统一般带有精确的位置/速度传感器。正交解码器（DEC）是提供与位置/速度传感器接口的模块。正交解码器至少有 3 个输入信号：相位脉冲信号 A（PhaseA）、相位脉冲信号 B（PhaseB）和索引脉冲（Index）。通过两个正交的信号 PhaseA 和 PhaseB 的相位关系可以确定当前电机旋转的方向，同时正交解码器计数两个正交信号的翻转次数来累计电机的位置信息。每转一圈会输入一个索引脉冲信号，用来定位一个基准位置，也可以用来复位正交编码器的位置计数器。正交解码器一般还有 HOME 输入信号，一般连接至传感器的输出通知信号。位置/速度传感器当位置转到某个事先定义的位置时会输出一个通知信号。HOME 输入信号可以用来初始化正交编码器的位置计数器。

5.5.4　定时器（Timer）

定时器（Timer）的基本功能是计数。具体的硬件实现基于计数这个基本功能，还支持更多的功能：计数脉冲、捕捉脉冲、比较功能，有的还可以输出 PWM 脉冲。计数可以计输入脉冲、脉冲的上升沿和（或）下降沿；计数可以是一次，也可以是多次；可以从某个初始值增加计数或者倒计数；可以测量两个事件（脉冲）之间的时间。例如，可以捕捉脉冲上升沿来测量脉冲宽度，进而可以实现利用 PWM 占空比来进行数据通信；可以利用比较功能在期望的时间点输出触发信号以触发其他硬件模块，达到硬件之间同步的目的。定时器在电机控制中可以连接传感器来测量转速和（或）转子位置。例如，恩智浦半导体的微控制器中的 QuadTimer，功能强大，还可以代替正交解码器。

5.5.5　PWM 和 ADC 硬件同步

电机控制通过控制驱动逆变器上下桥臂的 PWM 信号的占空比来控制电机的相电压，进而控制相电流。所以，相电流是和 PWM 波形同步的锯齿波。图 5-20 所示为电机的相电流采样示意图。我们期望采集到的电流是平均电流值，这样就要求 ADC 在 PWM 中心位置有输入触发信号，以触发 ADC 采集电流的平均值。一般 MCU 的 ADC 和 PWM 模块都有硬件触发机制，并且触发的时刻点是根据系统时序可配置的。

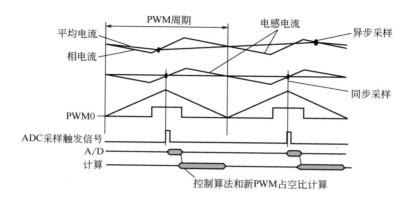

图 5-20　电机的相电流采样示意图

5.6　典型永磁同步电机控制方案

5.6.1　带位置传感器的伺服控制

伺服（Servo）控制是一种能够精准快速地跟踪复现给定信号（转速或位置）的电机控制方案，采用经典的电流、转速、位置三闭环控制结构，主要特色是实现机械位移的精确定位。永磁同步电机具有结构简单、效率高和转动惯量小等优点，是伺服控制的理想控制对象。永磁同步电机的伺服控制与永磁同步电机的其他控制策略的主要区别在于其使用位置传感器获取电机控制转子位置信息，并将位置信息用于电流、转速、位置的控制算法中。图 5-21 所示为一种典型的带位置传感器的伺服控制结构。

电流控制部分：沿用本章所述的基于磁场定向控制的电流控制环结构，其中利用位置传感器实时获取转子位置角，并参与到 Clarke 变换和 Clarke 逆变换的计算中。此方案中采用 d 轴电流为零的控制策略，将转速控制器的输出作为 q 轴参考电流给定。

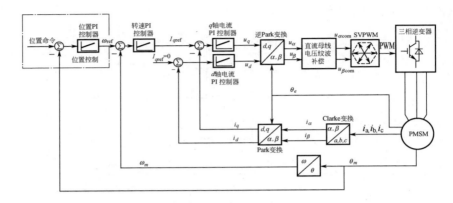

图 5-21　一种典型的带位置传感器的伺服控制结构

转速控制部分：根据编码器的位置信息，将实时计算的转子转速作为转速反馈量，再将转速参考量和转速反馈量之差导入转速控制器中。为了避免转速 PI 控制器出现饱和超调问题，此方案采用一种基于抗积分饱和的转速 PI 控制器。抗积分饱和的转速 PI 控制器原理如图 5-22 所示。

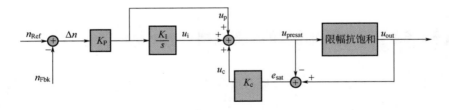

图 5-22　抗积分饱和的转速 PI 控制器原理

位置控制部分：位置控制环是伺服控制的最外环，位置控制环的设计应当以转速控制环的设计为基础。转速闭环传递函数是一个高阶结构，如果依照此模型作为控制对象来设计位置控制环的话，则得到的位置控制就是一个高阶控制系统，相应的位置控制器的设计会变得复杂。为了解决这个问题，此方案采用等效模型的方法，来处理位置控制对象。根据电机机械运动方程式和转速与位移之间的物理关系，可知电机转速的变化快于位置的变化，转速控制环的截止频率应大于位置控制环的截止频率，所以在设计位置控制系统时可以将转速控制环控制对象近似等效为一阶惯性环节。为避免位置跟踪出现超调和振荡，此方案中位置控制器仅包括比例项，位置控制环被整定为典型Ⅰ型系统。位置控制环数学模型如图 5-23 所示。

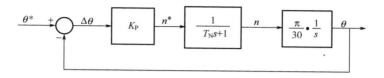

图 5-23　位置控制环数学模型

5.6.2　无位置传感器的磁场定向控制

综合前面讨论的永磁同步电机的磁场定向控制算法，以及各种无位置传感器的转子位置和转速估计算法，无位置传感器的磁场定向控制系统框图如图 5-24 所示。其中电流采样可以是两电阻电流采样，也可以是单电阻电流采样。

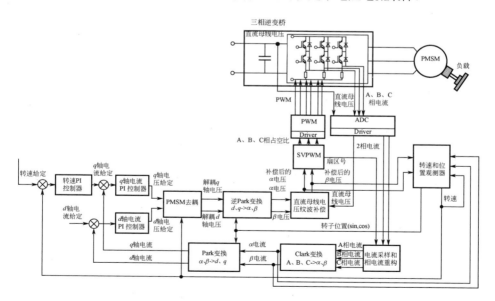

图 5-24　无位置传感器的磁场定向控制系统框图

■ 5.6.3　典型案例分析——风机控制

如第 3 章所述，恩智浦有从低端 8 位的 S08 到高端 32 位的 ARM Cortex-M7 内核并支持多电机控制的 IMXRT 等一系列用于电机和电源控制的微控制器产品。以下介绍基于矢量控制的风机软件架构和系统控制状态机，该状态机也同样用于恩智浦半导体其他类型的电机和电源控制应用中。

风机使用的是基于无位置传感器的磁场定向控制，控制系统框图如图 5-24 所示。逆变器电路和图 5-19 类似。电流采用双电阻采样，当逆变器上桥臂导通时，采集零电流对应的偏离校正值，当逆变器的下桥臂导通时采集相电流，两者相减可得更精确的电流值。PWM 波形设计成中心对称形式，根据逆变器输出的延时和设置的 PWM 波形的死区值，以 PWM 的周期起始点和中心点为基准，分别产生硬件触发信号以触发 ADC 硬件采样动作，采集对应的相电流和母线电压等模拟信号。在 ADC 采样序列完成的中断处理程序中进行 FOC 的控制算法，计算并更新下一个控制节拍所需的 PWM 占空比。每个 PWM 周期完成一次 FOC 电流环控制，每 5 次 FOC 电流环控制后执行一次转速环控制。PWM 配置成半周期寄存器加载模式。图 5-25 所示为该控制系统的时序图。该方案的 PWM 频率为 18kHz。每个采样周期产生两个触发点，分别为 PWM 周期中间点和结束（开始）点。中间点触发采集零点偏置值，结束点触发采集相电流值。FOC 控制计算要求在下一个 PWM 周期的半周期加载点前完成。如果芯片性能较低，可以降低 PWM 的周期，同时可以配置 PWM 为全周期寄存器加载模式，这样，FOC 控制的计算时间可以延长至下一个周期结束点前。

1.　风机飞车起动

风机控制的难点在于飞车起动，如自然风可以导致风机扇叶在起动时已经处于旋转状态。有的风机应用要求风机停止后短时间内再次起动，这时扇叶还没有完全停止。如何让风机在自然旋转状态下快速起动是风机起动算法要解决的一个难点。解决这个问题首先要通过算法得到起动时刻风机的转速

和转子位置，然后根据转速的大小再做进一步起动处理：设置一个转速门限
值，当起动时刻的转速小于这个门限值时，可以通过对电机施加一定方向的
大电流将转子强拉至某个位置停下来，然后从静止状态正常起动。如果起动
时刻的转速大于这个门限值，则转速和位置观测器继续正常工作，直接进入
FOC 闭环控制。如果起动时刻的旋转方向反向且转速很大（这个很大的转速
值取决于具体应用），则起动失败，并返回一个错误代码给系统。

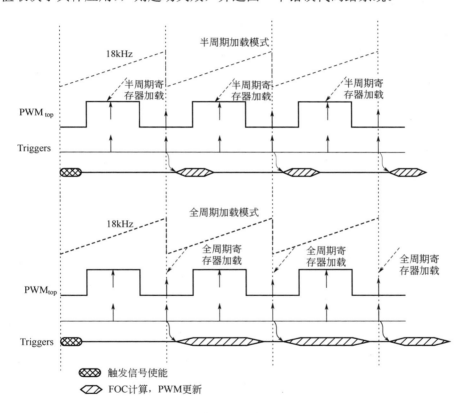

图 5-25 风机控制系统的时序图

如何估算起动时刻的转子转速？这里提出两种方法。第一种方法是起动
时让三相逆变器上下桥臂功率开关器件都关闭，使电机电枢电流处于断路状
态，这时采集电机相电压的值，将电压值和电流值（等于零）代入 5.4.1 小节
描述的转子位置观测器，可以得到转速和转子位置观测值，然后根据转速再

做出相应的处理。这种方法需要采集相电压的值，需要在通用三相逆变器电路上增加额外的相电压采集电路。第二种方法不需要在通用三相逆变器电路上增加额外的硬件电路。具体步骤如下：①关闭逆变器上下桥臂的开关器件，让电机电枢电流衰减到零；②打开逆变器所有桥臂的下桥臂开关器件，保持所有下桥臂开关器件短路时长为 T_{sh}，采集下桥臂开关电流（该时刻的相电流）；③重复上面两步，使得下桥臂开关器件短路的时间间隔为 τ；④计算转子初始位置和起动时刻的转速。

忽略电机绕组，$R_s \approx 0$，且 $L_q / R_s >> T_{sh}$，代入式（5-14），当所有桥臂开关器件导通时可得式（5-86）。

$$\begin{bmatrix} 0 \\ 0 \end{bmatrix} = \begin{bmatrix} pL_d & -\omega_e L_q \\ \omega_e L_d & pL_q \end{bmatrix} \begin{bmatrix} i_d \\ i_q \end{bmatrix} + \psi_{pm}\omega_e \begin{bmatrix} 0 \\ 1 \end{bmatrix} \qquad （5-86）$$

将电机三相电流通过 Clarke 变换到两相 $\alpha\beta$ 静止坐标系，得到电流矢量 $i(T_{sh})$ 的位置为

$$\theta_I = \arctan\left(\frac{i_\beta}{i_\alpha}\right) \qquad （5-87）$$

如果两次下桥臂开关器件短路的时间 T_{sh} 相同，并且 T_{sh} 和两次短路的时间间隔 τ 都很小，则转子电角速度 ω_e 不变，如图 5-26 所示，可由式（5-88）计算得到转子角速度 ω_e。

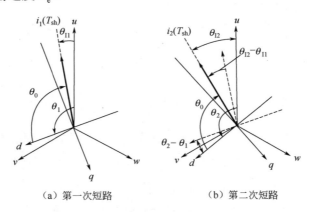

（a）第一次短路　　　　　　　　（b）第二次短路

图 5-26　两次短路电流矢量图

$$\omega_e = \frac{\theta_{12} - \theta_{11}}{T_{sh} + \tau} \tag{5-88}$$

因为 tan 函数的周期性，为了准确得出转速值，必须满足 $\omega_{max}(\tau + T_{sh}) < \pi$，所以，$T_{sh}$、$\tau$ 和最大转速 ω_{max} 必须满足

$$\tau < \frac{\pi}{\omega_{max}} - T_{sh} \tag{5-89}$$

图 5-27 所示为电流矢量在不同坐标系下的关系。由图 5-27 可知，转子位置可由式（5-90）计算得出。

$$\theta_e = \theta_1 - \theta_0 \tag{5-90}$$

θ_0 为电流矢量在旋转坐标下的位置。下桥臂导通开始时刻的相电流 $i(0) = 0$，电机在 T_{sh} 时间内转速为恒定值。由式（5-86）解得在旋转坐标系下短路 T_{sh} 后采样时刻点的电流矢量为

$$i(T_{sh}) = \begin{bmatrix} i_d(T_{sh}) \\ i_q(T_{sh}) \end{bmatrix} = \begin{bmatrix} -\dfrac{\psi_{pm}}{L_d}(1 - \cos \omega_e T_{sh}) \\ -\dfrac{\psi_{pm}}{L_q} \sin \omega_e T_{sh} \end{bmatrix} \tag{5-91}$$

所以其位置

$$\begin{aligned} \theta_0 &\cong \tan^{-1}\left(\frac{i_q}{i_q}\right) = \tan^{-1}\left[\frac{-\dfrac{\psi_{pm}}{L_q} \sin \omega_e T_{sh}}{-\dfrac{\psi_{pm}}{L_d}(1 - \cos \omega_e T_{sh})}\right] \\ &= \tan^{-1}\left[\frac{L_d \sin \omega_e T_{sh}}{L_q(1 - \cos \omega_e T_{sh})}\right] \end{aligned} \tag{5-92}$$

将式（5-87）和式（5-92）代入式（5-90），可以得到当前转子电角度位置值。在得到起动时刻转子位置和转速初始值后，根据初始转速的不同，可按照前面介绍的方法切换到对应的控制方法。

2. 主状态机

状态机结构可以集成所有的应用模块，主要由 4 种状态组成，这些主状态如下所述。

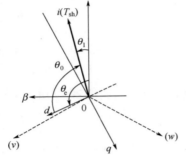

- Fault：系统遇到错误所处的状态。
- Init：变量初始化。
- Stop：系统初始化完成后等待 Run 命令。
- Run：系统运行状态，可以被 Stop 命令停止。

图 5-27　电流矢量在不同坐标系下的关系

在这些主状态内还有如下过渡函数。

- Init -> Stop：系统完成初始化后向 Stop 状态切换。
- Stop -> Run：当施加 Run 命令生效时，系统将进入 Run 状态。
- Run -> Stop：当 Stop 命令生效时，系统将切换到 Stop 状态。
- Fault -> Init：错误旗标被清除时，系统将切换到初始化状态。
- Init，Stop，Run -> Fault：状态中发生错误时，系统将切换到 Fault 状态。

主状态机使用如下旗标实现各个主状态之间的切换。

- SM_CTRL_INIT_DONE：当此旗标置位时，系统将从 Init 状态切换到 Stop 状态。
- SM_CTRL_FAULT：当此旗标置位时，系统将从 Init、Stop、Run 任一当前状态切换到 Fault 状态。
- SM_CTRL_FAULT_CLEAR：当此旗标置位时，系统将从 Fault 状态切换到 Init 状态。

- SM_CTRL_START：这个旗标将通知系统有一个命令要从 Stop 状态切换到 Run 状态。尽管这个动作必须被执行，但是也要调用这个过渡函数。这是因为在系统准备切换时将花费一定的时间。

- SM_CTRL_RUN_ACK：这个旗标就是承认系统可以从 Stop 状态切换到 Run 状态。

- SM_CTRL_STOP：这个旗标将通知系统有一个命令要从 Run 状态切换到 Stop 状态。尽管这个动作必须被执行，但是也要调用这个过渡函数。这是因为在系统准备切换时将花费一定的时间。

- SM_CTRL_STOP_ACK：这个旗标就是承认系统可以从 Run 状态切换到 Stop 状态。

图 5-28 所示为主状态机框图。

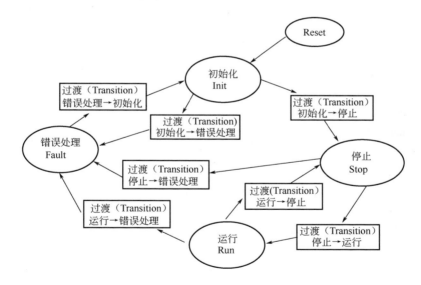

图 5-28　主状态机框图

此状态机结构应用在 state_machine.c 和 state_machine .h 生成。该状态机描述如下：

```
/* State machine control structure */
typedef struct
{
    SM_APP_STATE_FCN_T const*    psState; /* State functions */
    SM_APP_TRANS_FCN_T const*    psTrans; /* Transition functions */
    SM_APP_CTRL                  uiCtrl;    /* Control flags */
    SM_APP_STATE_T               eState; /* State */
} SM_APP_CTRL_T;
```

状态机结构体有 4 个组成部分。

● psState：指向客户端状态机函数。当系统运行在特定的状态时，将调用客户端指定的状态机函数。

● psTrans：指向客户端状态过渡函数。当系统准备切换到另一个特定状态时，将调用指定的过渡函数。

● uiCtrl：基于上面讲到的多种旗标，此变量用于控制状态机行为。

● eState：这个变量指示当前状态机所处状态。

客户端状态机函数定义如下：

```
/* User state machine functions structure */
typedef struct
{
    PFCN_VOID_VOID    Fault;
    PFCN_VOID_VOID    Init;
    PFCN_VOID_VOID    Stop;
    PFCN_VOID_VOID    Run;
} SM_APP_STATE_FCN_T;
```

客户端过渡状态机函数定义如下：

```
/* User state-transition functions structure*/
typedef struct
{
    PFCN_VOID_VOID    FaultInit;
```

```
    PFCN_VOID_VOID      InitFault;
    PFCN_VOID_VOID      InitStop;
    PFCN_VOID_VOID      StopFault;
    PFCN_VOID_VOID      StopInit;
    PFCN_VOID_VOID      StopRun;
    PFCN_VOID_VOID      RunFault;
    PFCN_VOID_VOID      RunStop;
} SM_APP_TRANS_FCN_T;
```

控制旗标的变量定义如下：

typedef unsigned short SM_APP_CTRL;

```
/* State machine control command flags */
#define SM_CTRL_NONE            0x0
#define SM_CTRL_FAULT           0x1
#define SM_CTRL_FAULT_CLEAR     0x2
#define SM_CTRL_INIT_DONE       0x4
#define SM_CTRL_STOP            0x8
#define SM_CTRL_START           0x10
#define SM_CTRL_STOP_ACK        0x20
#define SM_CTRL_RUN_ACK         0x40
```

状态标识变量定义如下：

```
/* Application state identification enum */
typedef enum {
    FAULT           = 0,
    INIT            = 1,
    STOP            = 2,
    RUN             = 3,
} SM_APP_STATE_T;
```

　　状态机必须使用如下内联函数在程序中周期性地调用。这个函数输入就是指向上述状态机结构的指针。此结构在程序调用的地方被声明和初始化。

```
/* State machine function */
```

```
extern inline void SM_StateMachine(SM_APP_CTRL_T *sAppCtrl)
{
    gSM_STATE_TABLE[sAppCtrl -> eState](sAppCtrl);
}
```

如何初始化并使用状态机结构的例子将在电机、功率因数校正和应用状态 3 个状态机中展示。

3. 电机状态机

电机状态机是基于主状态机结构的。Run 主状态的子状态嵌在顶层主状态机结构内，合理地控制电机的运行。首先，对主状态机的描述如下。

● Fault: 当系统有错误发生时一直处于此状态,直到错误的旗标被清除。当电机 1 由于过载起动失败时,在此状态中定义了一段压力平衡时间（4 分钟）,之后系统才可以再次起动电机。因为压力太大,电机 1 是无法起动成功的。在此状态内,采样直流母线电压并滤波处理。

● Init: 此主状态执行变量初始化。

● Stop: 系统完成初始化等待 Run 命令。此状态内 PWM 输出被禁止。直流母线电压被采样并滤波处理。

● Run: 系统处于运行状态,当有 Stop 命令时可以停止系统的运行。Run 的子状态在此状态内被调用。

在这些主状态内还有如下过渡函数。

● Init -> Stop: 在这个函数中执行空任务。

● Stop -> Run: 占空比被初始化为 50%；PWM 输出被使能。电流 ADC 通道初始化。Calib 子状态被设置为 Run 子状态的初始状态。

● Run -> Stop: 当 Stop 命令生效时,系统将进入 Stop 状态。如果系统在特殊的 Run 子状态,系统不会直接进入 Stop 状态,会先过渡到自由停车状态。

- Fault -> Init：在这个函数中执行空任务。
- Init -> Stop：禁止 PWM 输出。
- Run -> Fault：电流和电压变量被清零。禁止 PWM 输出。一旦电机 1 因为过载起动失败，压力平衡时间就被初始化。

当主状态机在 Run 状态时，Run 子状态机就会被调用，Run 子状态机如下所述。

- Calib：电流偏置 ADC 自校准。执行完此状态后系统将切换到 Ready 状态。在此状态内，采样直流母线电压并滤波处理。PWM 占空比设为 50%且禁止输出。

- Ready：PWM 占空比设为 50%且使能输出。采样电流，配置 ADC 通道。初始化变量。

- Align：采样电流，配置 ADC 通道。调用转子定位算法，更新 PWM。在指定时间内执行完此状态，系统将切换到 Startup 子状态。采样直流母线电压并滤波处理。采样电流偏置并滤波处理。

- Startup：采样电流并配置 ADC 通道。调用反电动势观测器算法估计转子转速和位置。调用 FOC 算法，更新 PWM。如果起动成功，系统将切换到 Spin 子状态，否则，切换到 Freewheel 子状态。采样直流母线电压并滤波处理。采样电流偏置并滤波处理。调用开环起动算法，对估计的转速进行滤波处理。

- Spin：采样电流并配置 ADC 通道。调用反电动势观测器算法估计转子转速和位置。调用 FOC 算法，更新 PWM。电机开始旋转，采样直流母线电压并滤波处理。采样电流偏置并滤波处理。对估计的转速进行滤波处理。调用转速斜坡函数、弱磁控制、转速环控制器算法。电机转速范围和过载将被监控。

● Freewheel：PWM 占空比设为 50%且禁止输出。采样电流并配置 ADC
通道。采样直流母线电压并滤波处理。采样电流偏置并滤波处理。由
于转子惯性，系统将在此子状态等待一段时间，即等到转子静止为止。
然后系统将评估现有条件，以确定切换到 Align 或者 Ready 状态。如
果有错误发生，系统将进入 Fault 状态。

Run 子状态机也有对应的过渡函数，在子状态相互切换前调用（见图 5-29）。
过渡子状态函数描述如下。

● Calib -> Ready：自校准完成，进入 Ready 状态。

● Ready -> Align：当 Ready 状态出现非零转速命令时，将准备进入 Align
子状态。初始化一些变量（电压、转速、位置），起动计数设为 1。
确定对齐时间。

● Align -> Ready：当 Align 状态时出现零转速命令，将进入 Ready 子状
态。电压和电流相关的变量清零。PWM 占空比设为 50%。

● Align -> Startup：定位完成后系统将进入 Startup 子状态。初始化滤波
器和相关的控制变量。PWM 占空比设为 50%。

● Startup -> Spin：起动成功后，将进入闭环 Spin 子状态。

● Startup -> Freewheel：在起动状态时如果起动失败，将进入 Freewheel
子状态。初始化相关变量（电压、转速、位置），起动计数设为 1。
确定自由停车的时间。

● Spin -> Freewheel：在 Spin 状态，当出现零转速命令时，将进入
Freewheel 子状态。初始化一些变量（电压、转速、位置），起动计数
设为 1。确定自由停车的时间。

● Freewheel -> Ready：在 Freewheel 子状态，当转速命令还是零时，系
统将进入 Ready 子状态。

● Freewheel -> Align：在 Freewheel 子状态，当转速命令非零时，系统
将进入 Align 子状态。禁止 PWM 输出。初始化一些变量（电压、转
速、位置），确定对齐的时间。

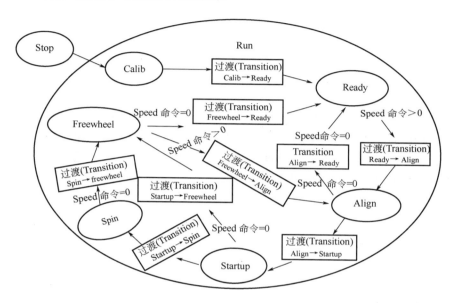

图 5-29　电机运行状态机框图

在 MC_statemachine.h 和 MC_statemachine.c 两个文件中分别定义和实现
了上述电机状态机的函数。电机的主状态机结构描述如下。

主状态机客户端函数原型：

static void MC_StateFault(void);
static void MC_StateInit(void);
static void MC_StateStop(void);
static void MC_StateRun(void);

主状态机客户端切换函数原型：

static void MC_TransFaultInit(void);
static void MC_TransInitFault(void);
static void MC_TransInitStop(void);
static void MC_TransStopFault(void);

```
static void MC_TransStopInit(void);
static void MC_TransStopRun(void);
static void MC_TransRunFault(void);
static void MC_TransRunStop(void);
```

主状态机函数表初始化：

Static const SM_APP_STATE_FCN_T msSTATE = {MC_StateFault， MC_StateInit，MC_StateStop， MC_StateRun};

主状态机过渡函数初始化：

static const SM_APP_TRANS_FCN_T msTRANS = {MC_TransFaultInit, MC_TransInitFault, MC_TransInitStop, MC_TransStopFault, MC_TransStopInit, MC_TransStopRun, MC_TransRunFault, MC_TransRunStop};

主状态机结构初始化如下：

```
/* State machine structure declaration and initialization */
SM_APP_CTRL_T gsMC_Ctrl =
{
    /* gsMC_Ctrl.psState， User state functions   */
    &msSTATE，
    /* gsMC_Ctrl.psTrans，  User state-transition functions */
    &msTRANS，
    /* gsMC_Ctrl.uiCtrl，  Deafult no control command */
    SM_CTRL_NONE，
    /* gsMC_Ctrl.eState，  Default state after reset */
    INIT
};
```

子状态机也是类似的声明。因此，Run 子状态机状态变量有如下定义。

```
typedef enum {
    CALIB       = 0,
    READY       = 1,
    ALIGN       = 2,
    STARTUP     = 3,
```

```
    SPIN            = 4,
    FREEWHEEL       = 5,
} MC_RUN_SUBSTATE_T;                  /* Run sub-states */
```

对于 Run 子状态机有两套函数定义。一套供快速环使用，另一套供慢速环使用。因此，对于客户端状态函数原型如下：

```
static void MC_StateRunCalib(void);
static void MC_StateRunReady(void);
static void MC_StateRunAlign(void);
static void MC_StateRunStartup(void);
static void MC_StateRunSpin(void);
static void MC_StateRunFreewheel(void);


static void MC_StateRunCalibSlow(void);
static void MC_StateRunReadySlow(void);
static void MC_StateRunAlignSlow(void);
static void MC_StateRunStartupSlow(void);
static void MC_StateRunSpinSlow(void);
static void MC_StateRunFreewheelSlow(void);
```

子状态机客户端过渡函数原型如下：

```
static void MC_TransRunCalibReady(void);
static void MC_TransRunReadyAlign(void);
static void MC_TransRunAlignStartup(void);
static void MC_TransRunAlignReady(void);
static void MC_TransRunStartupSpin(void);
static void MC_TransRunStartupFreewheel(void);
static void MC_TransRunSpinFreewheel(void);
static void MC_TransRunFreewheelAlign(void);
static void MC_TransRunFreewheelReady(void);
```

子状态函数表初始化如下：

```
static const PFCN_VOID_VOID mMC_STATE_RUN_TABLE[6][2] =
```

```
{
{MC_StateRunCalib, MC_StateRunCalibSlow},
{MC_StateRunReady, MC_StateRunReadySlow},
{MC_StateRunAlign, MC_StateRunAlignSlow},
{MC_StateRunStartup, MC_StateRunStartupSlow},
{MC_StateRunSpin, MC_StateRunSpinSlow},
{MC_StateRunFreewheel, MC_StateRunFreewheelSlow}
};
```

如前所述，系统状态机在中断服务例程中调用。在中断服务例程中调用的状态机有两个：一个用于快速控制环，另一个用于慢速控制环。调用快速控制环的方法如下：

```
/* Fast loop calculation */
geMC_StateRunLoop = FAST;

/* StateMachine call */
SM_StateMachine(&gsMC_Ctrl);
```

慢速控制环状态机的调用方法如下：

```
/* Slow loop calculation */
geMC_StateRunLoop = SLOW;

/* StateMachine call */
SM_StateMachine(&gsMC_Ctrl);
```

在客户端 Run 状态机中，子状态机函数调用如下：

```
/* Run sub-state function */
mMC_STATE_RUN_TABLE[meMC_StateRun][geMC_StateRunLoop]();
```

meMC_StateRun 用来区分 Run 的子状态，geMC_StateRunLoop 用来区分快速控制环和慢速控制环。

5.7 小结

　　永磁同步电机的磁场定向控制一直是过去 20 多年来研究的热点,越来越多的电机应用采用永磁同步电机。电机的数学模型,特别是在不同坐标系下的数学模型,是各种算法的基础。磁场定向控制算法一般包括慢速转速控制外环和高速电流控制内环。本章详细介绍了各个控制环的原理和 PI 控制器的参数计算方法,然后介绍了最大转矩电流比控制策略和弱磁控制。对无位置传感器控制算法给出了几种常用的位置和转速估计算法的详细介绍。接着对实现电机数字控制所需的微控制器的资源进行了简单的介绍。基于这些原理,最后给出了带位置传感器和无位置传感器的磁场定向控制的两个控制方案。不同的应用场景对电机的控制指标要求不同,所需的控制算法也不相同。特别是在静止和超低转度条件下的无位置传感器控制技术,一直是永磁同步电机的磁场定向控制的研究热点。本章仅介绍了几种常用的无位置传感器控制的位置和转速估计算法,更多的特殊控制算法,可以查阅相关的文献和资料。

第 6 章
Chapter 6

无刷直流电机的数字控制

无刷直流电机不仅具备传统直流电机效率高、功率密度高、调速性能好的优点，还具备交流电机无电刷、结构简单、维护方便的优点，因此，一经出现就得到了广泛的应用。目前无刷直流电机已经广泛应用在机器人、仪器仪表、无人机、电动工具等热门领域。

无刷直流电机的控制是通过逆变器功率器件的开关状态随着转子位置的不同做出相应的改变来实现的。因此，目前无刷直流电机的控制方法研究热点主要集中在电机转子位置检测方法和换相控制带来的转矩脉动抑制两个方面。

本章在简单介绍无刷直流电机的基本结构及原理的基础上，推导了无刷直流电机的数学模型，详细介绍了无刷直流电机的六步换相控制及所需的微控制器资源。随后针对恩智浦半导体微控制器在无刷直流电机领域的应用，详细介绍了无位置传感器六步换相控制及典型控制方案。

6.1　无刷直流电机模型

■ 6.1.1　无刷直流电机的本体结构

无刷直流电机（Brushless Direct Current Motor，BLDCM）是永磁同步电机的一种，与第 5 章介绍的正弦波永磁同步电机的区别主要在于因绕组绕制方式不同，它们产生的反电动势不同。无刷直流电机的定子绕组采用集中式绕组，反电动势呈现梯形波，正弦波永磁同步电机定子绕组采用分布式绕组，反电动势呈现正弦波。无刷直流电机与永磁同步电机的区别如图 6-1 所示。

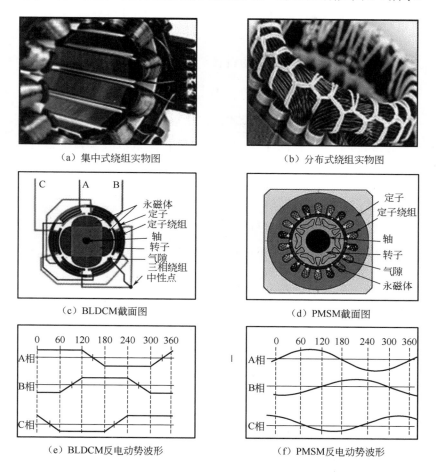

（a）集中式绕组实物图　　　　　　　（b）分布式绕组实物图

（c）BLDCM截面图　　　　　　　（d）PMSM截面图

（e）BLDCM反电动势波形　　　　　　（f）PMSM反电动势波形

图 6-1　无刷直流电机与永磁同步电机的区别

与传统的正弦波永磁同步电机相比，无刷直流电机结构简单、控制方便、成本较低，一般应用于对转矩脉动要求不太高的调速传动系统中。

6.1.2　无刷直流电机的数学模型

与永磁同步电机类似，无刷直流电机的三相定子电压用矩阵表示如下：

$$\begin{bmatrix} u_A \\ u_B \\ u_C \end{bmatrix} = R_s \begin{bmatrix} i_A \\ i_B \\ i_C \end{bmatrix} + \begin{bmatrix} L_{AA} & L_{AB} & L_{AC} \\ L_{BA} & L_{BB} & L_{BC} \\ L_{CA} & L_{CB} & L_{CC} \end{bmatrix} \frac{d}{dt} \begin{bmatrix} i_A \\ i_B \\ i_C \end{bmatrix} + \begin{bmatrix} e_A \\ e_B \\ e_C \end{bmatrix} \tag{6-1}$$

式中，L_{AA}、L_{BB}、L_{CC} 是相绕组的自感，L_{AB}、L_{BA}、L_{BC}、L_{CB}、L_{CA}、L_{AC} 是对应相绕组之间的互感，e_A、e_B、e_C 为三相定子反电动势。

　　假设无刷直流电机三相完全对称，忽略永磁体和空气的磁导率差别，则可以近似认为转子永磁体面贴式安装的无刷直流电机的等效气隙长度为常数，三相绕组之间的互感也为常数，与转子位置无关，即

$$L_{AA} = L_{BB} = L_{CC} = L_s \tag{6-2}$$

$$L_{AB} = L_{BA} = L_{BC} = L_{CB} = L_{AC} = L_{CA} = L_M \tag{6-3}$$

由无中性点引出的三相星形连接结构可得

$$i_A + i_B + i_C = 0 \tag{6-4}$$

将以上条件代入三相定子电压表达式（6-1），化简可得

$$\begin{bmatrix} u_A \\ u_B \\ u_C \end{bmatrix} = R_s \begin{bmatrix} i_A \\ i_B \\ i_C \end{bmatrix} + L \frac{d}{dt} \begin{bmatrix} i_A \\ i_B \\ i_C \end{bmatrix} + \begin{bmatrix} e_A \\ e_B \\ e_C \end{bmatrix} \tag{6-5}$$

式中，$L = L_s - L_M$。无刷直流电机的等效电路如图 6-2 所示。

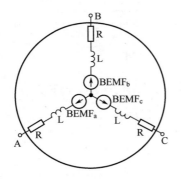

电磁转矩表达式为

$$T_e = \frac{e_A i_A + e_B i_B + e_C i_C}{\omega_m} \tag{6-6}$$

式中，ω_m 为转子机械角速度（rad/s）。

由电磁转矩表达式可知无刷直流电机要产生稳定的转矩，方波电流的相位要与无刷直流电机的反电动势相位保持一致。梯形波反电动势的平顶部分为 120° 电角度，因此，无刷直流电机

图 6-2　无刷直流电机等效电路

的控制应该采用两两导通的控制方法，即后面所讲的六步换相控制方案。

考虑在任意时刻只有两相绕组导通，电磁转矩表达式可以转换为式（6-7），其中 E_m 为导通相反电动势的幅值，I_m 为导通相电流的幅值。

$$T_e = \frac{2E_m I_m}{\omega_m} \qquad (6\text{-}7)$$

根据法拉第电磁感应定律，无刷直流电机反电动势幅值如式（6-8）所示。

$$E_m = K_e \psi_{pm} n \qquad (6\text{-}8)$$

其中，K_e 为反电动势系数，ψ_{pm} 为转子永磁体磁链，$n = \omega_m / 2\pi$ 为电机转速。

将式（6-8）代入电磁转矩表达式（6-7）中可得

$$T_e = K_e \psi_{pm} I_m / \pi \qquad (6\text{-}9)$$

由式（6-9）可以看出，无刷直流电机的电磁转矩与转子永磁体磁链和导通相电流幅值大小成正比，因此，控制两两导通相的电流幅值就可以控制无刷直流电机的电磁转矩。电磁转矩表达式结合电机的机械运动方程就构成了完整的无刷直流电机的数学模型：

$$\frac{\mathrm{d}}{\mathrm{d}t} \omega_m = \frac{T_e - T_1 - B\,\omega_m}{J} \qquad (6\text{-}10)$$

式中，J 是整个系统的转动惯量（kg·m^2），B 是阻尼系数（N·m·s），T_1 是负载转矩（N·m）。

6.2　六步换相控制及所需的微控制器资源

■ 6.2.1　无刷直流电机六步换相控制的基本原理

无刷直流电机三相绕组及逆变器电路如图 6-3 所示，通过控制三相逆变器桥臂上下功率开关器件的开关状态来实现六步换相控制。

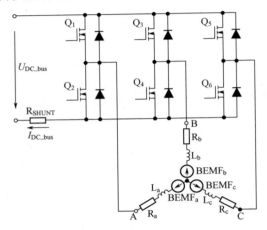

图 6-3　无刷直流电机三相绕组及逆变器电路

无刷直流电机三相逆变器桥臂的开关状态和梯形波反电动势的对应关系如图 6-4 所示。

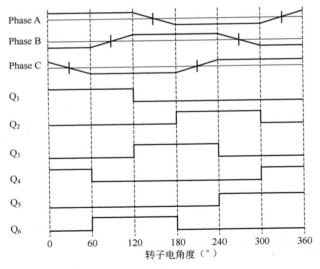

图 6-4　无刷直流电机三相逆变器桥臂开关状态与梯形波反电动势的对应关系

无刷直流电机控制的核心是换相时刻的获取，也就是转子位置的获取，转子位置的获取分有位置传感器和无位置传感器两种。位置传感器包括电磁式、光电式和磁敏式等。其中，磁敏式霍尔位置传感器因为体积小、价格低

廉，在六步换相控制中最为通用。霍
尔元件一般根据一定的角度嵌入在无
刷直流电机定子绕组中，根据转子当
前磁极的极性，霍尔元件会输出对应
的高电平或低电平，这样只要根据 3
个霍尔元件产生的电平的时序就可以
判断当前转子位置，然后根据霍尔元
件的状态进行换相控制操作。三个
霍尔元件一般有 120°空间间隔和
60°空间间隔两种安装方式，其主要

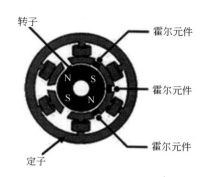

图 6-5　按 60°空间间隔安装霍尔元件的无
刷直流电机示意图

区别在于 60°空间间隔安装的三个霍尔元件会产生 111 和 000 两个状态。
图 6-5 所示为按 60°空间间隔安装霍尔元件的无刷直流电机示意图。

　　霍尔位置传感器的输出信号和六步换相之间的时序关系如图 6-6 所示。

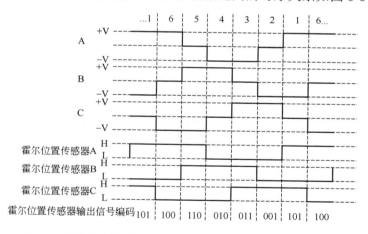

图 6-6　霍尔位置传感器输出信号与六步换相之间的时序关系
（按 120°间隔安装霍尔位置传感器）

■ 6.2.2　六步换相 PWM 调制方式及其对电压和电流的影响

　　由图 6-4 可知，在无刷直流电机的 6 个扇区内，逆变器桥臂有不同的开关状态，这些开关状态是通过 PWM 调制来实现的。PWM 的调制方式分双斩式和单斩式，如图 6-7 所示。

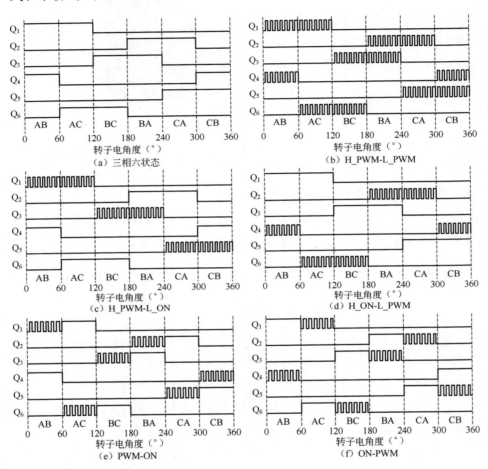

图 6-7　PWM 调制方式

（1）双斩式 PWM 调制又称 H_PWM-L_PWM 调制，即无刷直流电机两相导通期间，一相的上桥臂进行 PWM 调制，而另一相的下桥臂以同样的占空比进行 PWM 调制。

（2）单斩式 PWM 调试有四种。

● H_PWM-L_ON：一相的上桥臂进行 PWM 调制，另一相的下桥臂功率开关器件保持恒通。

- H_ON-L_PWM：一相的上桥臂功率开关器件保持恒通，另一相的下桥臂进行 PWM 调制。

- PWM-ON：PWM 调制每 60°电角度交替加在一相的上桥臂与另一相的下桥臂上。在功率开关器件导通的 120°区间里，前 60° PWM 调制，后 60°保持恒通。

- ON-PWM：PWM 调制每 60°电角度交替加在一相的上桥臂与另一相的下桥臂上。在功率开关器件导通的 120°区间，前 60°保持恒通，后 60° PWM 调制。

无刷直流电机可以看作一个感性负载，电感电流是无法突变的，因此，换相后非导通相电流会有一个续流过程。不同 PWM 调制方式下相绕组端电压及续流通路会有所不同。

下面以 H_PWM-L_ON 调制方式下的 A 相为例说明一下续流对相电压的影响。图 6-8 中在 300°～360°，A 相为非导通相，上、下功率开关器件都被关闭，但是此时 A 相端电压并不等于 A 相反电动势，而是在开始一段时间内幅值等于母线电压，随后一段时间呈现出一个随着 PWM 调制逐步上升的阶梯状脉冲，如图 6-8 所示。下面根据电机电压表达式来分析产生如此相电压波形的原因。

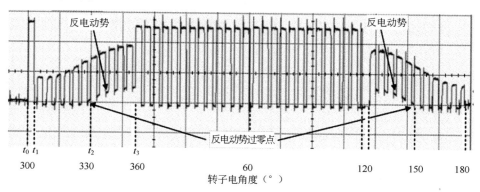

图 6-8　H_PWM-L_ON 调制方式下 A 相相电压波形

在 300°～360°，电机 C、B 相导通。功率开关器件 Q_5 由 PWM 调制、Q_4 恒通。当 Q_5 进行 PWM 调制期间，电机 B、C 相的端电压表达式为

$$u_{BN} = u_{Bg} - u_{Ng} = Ri_B + L\frac{di_B}{dt} + e_B \tag{6-11}$$

$$u_{CN} = u_{Cg} - u_{Ng} = Ri_C + L\frac{di_C}{dt} + e_C \tag{6-12}$$

以 B 相为例，u_{BN} 为 B 相端口与中心点 N 之间的电压，u_{Bg} 为 B 相端口与逆变桥地之间的电压，u_{Ng} 为中心点与逆变桥地之间的电压。CB 导通期间，忽略 Q_4、Q_5 及续流二极管导通压降，$u_{Bg} = 0$，$u_{Cg} = SU_{DC\_bus}$。其中，S 代表功率开关器件 Q_5 的开关状态，$S = 0$ 代表 Q_5 关断，$S = 1$ 代表 Q_5 导通。若以 B 相电流为正方向，则 $i_c = -i_b$，将式（6-11）与式（6-12）相加可得

$$SU_{DC\_bus} - 2u_{Ng} = e_B + e_C \rightarrow u_{Ng} = \frac{1}{2}SU_{DC\_bus} + \frac{e_A}{2} \tag{6-13}$$

由于此时 A 相为非导通相，A 相绕组对逆变桥地的电压为

$$u_{Ag} = e_A + u_{Ng} = \frac{1}{2}SU_{DC\_bus} + \frac{3e_A}{2} \tag{6-14}$$

在 300° 换相时刻，电机导通相由 CA 切换为 CB。Q_2 关断后，A 相电流通过与 Q_1 反并联的二极管 D_1 续流，流回母线电容，电流流向如图 6-9 所示，续流持续时间为图 6-8 中 $t_0 \sim t_1$ 时间段。A 相电流续流结束后，A 相成为非导通相。

（1）图 6-8 中，在 300°～330°，也就是 A 相反电动势 e_A 过零点之前（$e_A < 0$）：

● 当 $S=1$，即 Q_5 导通时，$u_{Ag} = \dfrac{U_{DC\_bus}}{2} + \dfrac{3e_A}{2} < \dfrac{U_{DC\_bus}}{2}$。

● 当 $S=0$，即 Q_5 关闭时，$u_{Ag} = \dfrac{3e_A}{2} < 0$。续流二极管 D_2 将 A 相绕组端电压 u_{Ag} 钳位至一个很小的负电压（二极管前向导通压降的负值）。

（2）图 6-8 中，在 330°～360°，也就是 A 相反电动势 e_A 过零点之后

（$e_A > 0$）：

- 当 $S=1$，即 Q_5 导通时，$u_{Ag} = \dfrac{U_{DC\_bus}}{2} + \dfrac{3e_A}{2} > \dfrac{U_{DC\_bus}}{2}$。

- 当 $S=0$，即 Q_5 关闭时，$u_{Ag} = \dfrac{3e_A}{2} > 0$。$u_{Ag}$ 不受续流二极管 D_2 钳位。

  于是呈现出 A 相端电压随着 PWM 调制一高一低，且低电压并未被拉低到 0 的波形。

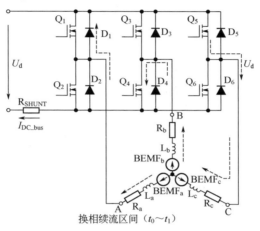

图 6-9　换相过程中电流流向

其他 PWM 调制方式下的电机相反电动势波形也可按照此方法分析，各个 PWM 调制方式下电机某一相的反电动势波形如图 6-10 所示。

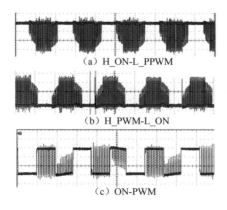

（a）H_ON-L_PPWM

（b）H_PWM-L_ON

（c）ON-PWM

图 6-10　典型 PWM 调制方式下电机某一相的反电动势波形

常用的 5 种 PWM 调制方式各有优缺点，从对逆变器的损耗角度来看，双斩式 PWM 调制的功率开关器件的开关损耗为单斩式的两倍，增大了逆变器的损耗。其优点是可以四象限运行，且非导通相的反电动势不与 PWM 调制关联在一起，可以直接测量，有利于无位置传感器控制的实现；单斩式 PWM 调制中 H_PWM-L_ON、H_ON-L_PWM 调制方式分别被称为上桥臂调制方式和下桥臂调制方式，其实现方式比较简单，每次换相只需对一个桥臂进行操作。但是这样会造成逆变器上下功率开关器件损耗不同，进而影响逆变器的寿命。PWM-ON、ON-PWM 的调制方式实现稍微复杂，但是能保证功率开关器件损耗和应力一致。为了描述方便，下面介绍的典型无位置传感器方案，如不做特殊说明，均采用 H_PWM-L_ON 上桥臂调制方式。

■ 6.2.3 六步换相无位置传感器控制

位置传感器的加入会给无刷直流电机的应用带来种种缺陷：首先，它增加了电机的体积和成本；其次，传感器的加入降低了无刷直流电机的可靠性，传感器的安装精度也会影响无刷直流电机的性能；最后，一般的位置传感器不适合某些特殊应用场合，如密封的空调压缩机内部的强腐蚀性和高温高压的环境。因此，近一二十年，无位置传感器的无刷直流电机控制的研究已经成为主流。

截至目前，根据不同的应用场合和性能要求，无位置传感器的无刷直流电机的控制策略主要分为反电动势法、续流二极管法、电感法、磁链函数法、定子三次谐波法等。随着现代控制理论的发展，目前卡尔曼滤波法、扰动观测器法、神经网络法、涡流法等也在逐步发展。在以上方案中，反电动势法及其改进方案是应用最广、技术最成熟的方案。本小节主要介绍反电动势法在无刷直流电机中的应用。

当无刷直流电机的转子直轴与某相绕组轴线重合时，该相绕组的反电动势为零，因此，只要检测各相绕组的反电动势过零点，就能在一个电周期内得到转子的 6 个关键位置。由图 6-4 可知，相反电动势过零点延时 30°电角度即为换相控制点。这种通过检测相绕组反电动势过零点来实现无刷直流电机无位置传感器六步换相控制的算法就是反电动势法。

反电动势法检测就是通过检测不导通相的端电压，与无刷直流电机中性点电压进行比较。一般无刷直流电机中性点无法引出，且有些 PWM 调制方式下，中性点和电机端电压随着 PWM 调制规律脉动，因此，需要特殊的处理方式来检测反电动势过零点。目前，反电动势过零点检测主要有以下 4 种方法。

（1）使用三相对称星型电阻网络构建虚拟中性点，对需要检测的电机端电压进行低通滤波，如图 6-11（a）所示。这种方法的原理很简单，不需要与 PWM 调制进行同步，因此使用广泛。但是此方案因为对电机端电压进行了滤波，会导致不可避免的相位延时，从而影响反电动势过零点检测的精度。

（2）在 PWM 开通时刻检测未导通相反电动势，并将其和 $\frac{U_{DC\_bus}}{2}$ 进行比较。这种方式仅适用于某些 PWM 调制方式，以图 6-8 中 300°～360°为例，PWM 开通（Q_5 导通）时，$u_{Ag} = \frac{U_{DC\_bus}}{2} + \frac{3e_A}{2}$。此时比较 u_{Ag} 和 $\frac{U_{DC\_bus}}{2}$ 即可得到 A 相反电动势的过零点。

（3）第三种方案和第二种方案很类似，只不过是在 PWM 关闭时刻检测未导通相反电动势，并将其和 0 进行比较，以图 6-8 描述的 300°～360°为例，PWM 关闭时，$u_{Ag} = \frac{3e_A}{2}$。此时理论上比较 u_{Ag} 和 0 即可得到 A 相反电动势的过零点（实际操作时通常比较 u_{Ag} 和一个稍微高于 0 的阈值）。但是此方案要求 PWM 有一定的关闭时间，在无刷直流电机 PWM 占空比较大时并不适用。

（4）第四种方案的原理也基于第二种方案，只不过利用了数字控制微控制器 ADC 采样将电机端电压转换为数字信号计算出来，取代模拟比较器来实现过零点检测。此方案减少了模拟比较器的使用，但是对微控制器的 ADC 采样精度和速度及计算能力都有要求。电机转速较高时转子转过 60° 电角度所需的时间很短,然而,进行一次 ADC 采样转换所需的时间是固定的,那么一个 60° 区间能够采集到的相反电动势点数比较有限,可能会导致无法准确检测到过零点。

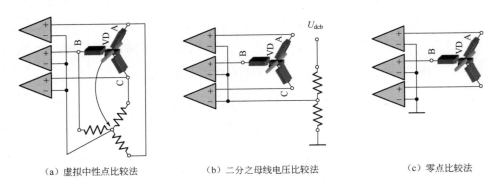

（a）虚拟中性点比较法　　　　　　（b）二分之母线电压比较法　　　　　（c）零点比较法

图 6-11　三种无刷直流电机无位置传感器控制过零点检测方法

以上 4 种方案各有优缺点,使用中需要根据实际应用需求及成本综合考虑,选取最合适的方案。不管使用哪种方案,都需要规避换相续流对反电动势检测带来的影响。

■ 6.2.4　六步换相控制所需的微控制器资源

相比于永磁同步电机矢量控制,六步换相无位置传感器控制对微控制器资源的需求要简单很多,主要体现在对微控制器的主频需求上。六步换相控制所需的计算量较少且较简单,一般而言,主频为 20MHz 的 8 位微控制器就已经能满足六步换相控制对计算性能的要求。但是基于六步换相控制机制的特殊性,对微控制器外设也有一些独特的需求,主要基于以下几个方面。

（1）脉冲宽度调制器（PWM）：PWM 是电机控制实际执行的核心外设。为了满足不同的 PWM 调制策略的需求,六步换相控制需要 PWM 外设具备互补模式、软件控制输出功能及与 ADC 模块同步功能。

（2）模/数转换器（ADC）：ADC 一般用于直流母线电压、直流母线电流的检测及某些无位置传感器控制应用中的反电动势的检测。应用中对 ADC 的精度、速度及触发时刻均有一定的要求。

（3）定时器（Timer）：无刷直流电机的控制需要定时器产生固定周期的中断，用于执行电压和电流环的控制策略及选择换相时刻等操作。

（4）模拟比较器（ACMP）：一般电机控制中需要模拟比较器实现过压或者过流的硬件保护功能。对于无位置传感器的无刷直流电机控制，也可以使用模拟比较器进行非导通相反电动势过零点的检测。应用中除了精度和速度的要求，还需要模拟比较器必须具备滤波及窗口开通（Window）等功能。

（5）其他通用电机控制外设：诸如通信、调试等功能的外设要求可以参考第 5 章的内容。

6.3　典型无刷直流电机控制方案

无刷直流电机的控制是一个完整的软硬件结合系统，不同的产品对电机控制系统的性能、成本等都有不同的需求，这些不同的需求会带来诸如微控制器选型、硬件拓扑设计、电机型号选取、控制算法设计等的差别。本节选取了目前无刷直流电机无位置传感器控制的两种典型方案（ADC 采样反电动势过零点和比较器获取过零点）在风机领域内（风机或者无人机电调等场合）的应用，从软硬件的设计尤其是六步换相无位置传感器控制在微控制器中的实现角度详细介绍了这两种方案。

6.3.1 基于 KE02 的无刷直流电机无位置传感器控制

1. KE 系列微控制器介绍

Kinetis E（KE）系列是恩智浦半导体提供的具有高扩展性的 ARM Cortex M0+微控制器组合，KE02 为其中的入门级产品，这个系列拥有强大的外设，其中包含模拟、通信、定时器等，同时也具有多种规格的闪存和引脚。该系列提供了低功耗、高耐用性和高能效的 MCU，适用于入门级的 32 位解决方案。该系列特别增强了 ESD/EMC 性能，广泛适用于强电磁干扰环境下对成本、可靠性有较高要求的应用场合。KE02 的系统框图如图 6-12 所示。

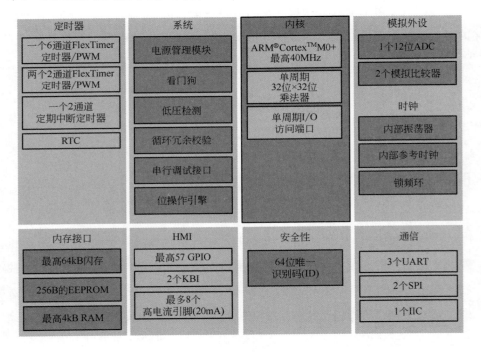

图 6-12　KE02 系统框图

2. 系统设计规格

本案例是在转速和转矩双闭环控制的基础上通过检测不导通相过零点获得转子位置来驱动无刷直流电机，满足以下控制特性。

（1）通过反电动势过零点检测转子位置实现无位置传感器无刷直流电机的换相控制。

（2）控制技术包含：

● 采用转速和转矩闭环的低压无位置传感器控制。

● 使用 ADC 检测反电动势过零点、母线电流和母线电压。

● 过压、欠压和过流等故障保护。

● 通过转子对齐电机可以从任何位置起动。

● PWM 频率为 16kHz，两对级电机最小转速为 500r/min，最大转速为 4500r/min。

●FreeMASTER 软件控制界面（电机起动 /停止，转速/转矩设置）。

●FreeMASTER 软件调试监控。

3．系统框图

由系统设计规格及六步换相无位置传感器原理可以画出系统的控制框图，如图 6-13 所示。

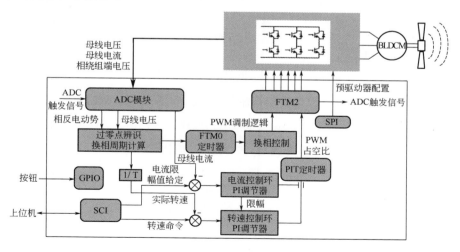

图 6-13　系统控制框图

ADC 模块通过采集直流母线电压和非导通相反电动势来检测过零点，然后使用内部定时器 FTM0 延时 30°电角度后进行换相操作。由过零点或者换相时刻点之间的时间间隔计算出当前电机实际转速，以实际转速和采集到的母线电流作为反馈分别构造了转速控制环和电流控制环调节器，其中转速控制环输出为实际调速占空比，电流控制环输出为转速控制环输出的限幅值。

由图 6-13 可知，微控制器中主要有以下外设参与了电机控制。

● PWM 模块（FTM2）：KE02 微控制器的 FTM 模块拥有 3 个子模块。这里使用了 FTM2 来产生 6 路 PWM 信号。PWM 信号通过预驱动器后驱动三相逆变桥的 MOSFET。

● 定时器（FTM0 与 PIT）：本案例中使用了两个定时器，FTM0 定时器的通道 0（Ch0）用于在检测到过零点后实现延时 30°电角度以得到最终换相点时刻。换相动作在 FTM0 的比较中断内执行。PIT 定时器用于产生 3ms 的周期性中断，在其中断服务函数内实现转速控制环和电流控制环的控制。

● PWM 与 ADC 同步：以 H_PWM-L_ON 调制方式为例，使用 ADC 检测反电动势过零点，只有在调制相 PWM 导通时刻才能正确地检测到能与 $\dfrac{U_{\mathrm{DC\_bus}}}{2}$ 进行比较的反电动势。因此，本案例中使用 FTM2 的初始化触发信号经过一小段时间延时后（延时时间可在 SIM 寄存器中配置）触发 ADC 的反电动势采样，此方法需要将 PWM 的上升沿与初始化信号对齐，实际操作中将 PWM 的比较寄存器 VAL0 设置为 PWM 计数器初始值，以达到与 FTM2 初始化信号同步的目的。其具体时序图如图 6-14 所示。

本案例中涉及的系统软件流程如图 6-15 所示。

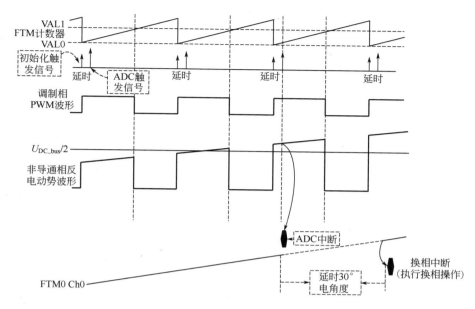

图 6-14　PWM 与 ADC 同步采样反电动势过零点时序图

4．三段式起动方式及系统状态机

由式（6-8）可知，在低速下相反电动势幅值较小，由于噪声的存在，此时检测到的过零点不可靠。因此，六步换相无位置传感器控制需要使用开环方式将电机先拖动到一定转速，待能可靠检测到反电动势过零点后，再切入到正常的转速闭环和基于转子位置信息的换相（这里称为位置闭环运行）控制。起动步骤包括对齐、开环起动、闭环运行三段，因此，又称三段式起动方式，如图 6-16 所示。

BLDCM 无位置传感器控制的系统状态机如图 6-17 所示。电机的起动和停止命令是由 FreeMASTER 所设置的转速值为非零或零所决定的，同样，电机的期望转速也是由 FreeMASTER 软件设置的。任何时候在按下复位按键或转速设置为零时，电机都将会立刻停转。所有处理程序的执行都是由该状态机控制的。

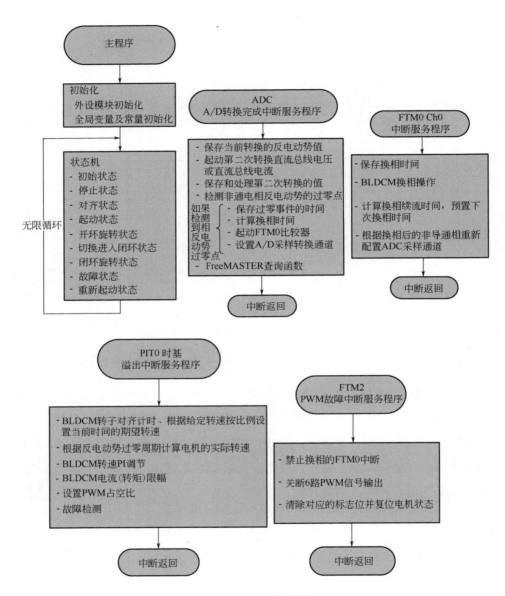

图 6-15 系统软件流程

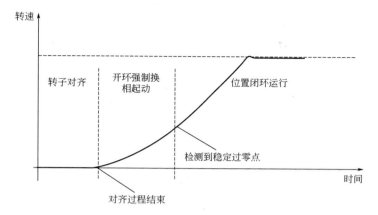

图 6-16　三段式起动方式

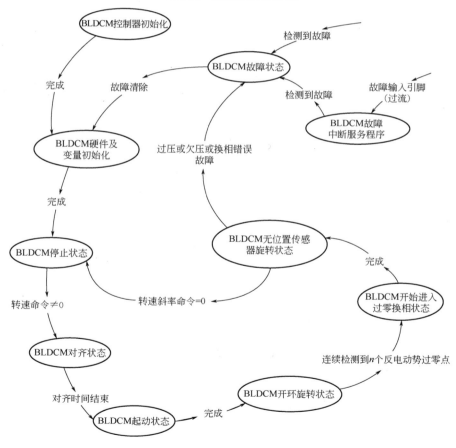

图 6-17　BLDCM 无位置传感器控制的系统状态机

5. ADC 反电动势采样法的限制

ADC 反电动势采样法不需要用到模拟比较器，ADC 与 PWM 之间的同步因为可以通过 PWM 外设直接触发 ADC 采样而变得比较简单，但是在实际应用中也有不可避免的限制条件。

● 受采样精度影响。影响反电动势采样精度的因素包括 ADC 本身的精度、反电动势检测电路的精度、由功率开关器件带来的影响等。其中功率开关器件引起的干扰可以通过调整 ADC 在 PWM 开通期间的采样时刻位置来避免。

● 过高的转速限制了这种方法的使用。对于一般的电机控制，PWM 频率一般为 10～20kHz，太小会影响控制性能并带来电磁噪声，太大会增加逆变器的开关损耗。对于某些高速应用场合，如无人机电调等应用，电机极对数比较多（大于或等于 8 对极）且额定机械转速较高（10000r/min 以上），一个 60° 电角度所需时间只有几个甚至不到一个 PWM 周期。此时可以在 PWM 开通期间多次触发 ADC 采样来确保能够准确地检测到过零点位置，但是 ADC 采样转换本身需要时间，而且这种方法还需要频繁进入 ADC 的中断来进行过零点检测处理，因此，对 CPU 的计算能力有一定的要求。所以，ADC 反电动势采样法并不是特别适用于电机转速要求较高的场合。对于这些场合，可以应用下面介绍的微控制器内部模拟比较器的方案。

◼ 6.3.2 基于 MC9S08SU16 的无人机电调解决方案

1. MC9S08SU 系列微控制器介绍

MC9S08SU 系列微控制器是恩智浦半导体专门针对低压（20V 以内）电机控制领域推出的应用芯片，主要应用对象为无刷直流电机带位置传感器或者无位置传感器六步换相控制。

　　该系列芯片最大的特点是高集成度，内部集成了 GDU（Gate Drive Unit）外设，包含 3 个 PMOS 和 3 个 NMOS 驱动，可用于母线电流采样及过压过流保护的内部运算放大器，且为六步换相无位置传感器控制增加了虚拟中性点电阻网络及反电动势过零点检测比较器，可以大大降低无刷直流电机控制成本及 PCB 尺寸。MC9S08SU16 系统框图如图 6-18 所示。

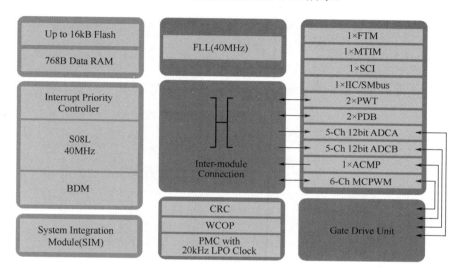

图 6-18　MC9S08SU16 系统框图

2. 系统设计规格

　　本案例是在转速和转矩双闭环控制的基础上，通过检测不导通相反电动势过零点获得转子位置来驱动无刷直流电机，满足以下控制特性。

　　（1）通过内部模拟比较器过零点检测转子位置实现无位置传感器无刷直流电机的换相控制。

　　（2）控制技术包含：

● 采用转速闭环的低压无位置传感器控制。

● 使用内部模拟比较器检测反电动势过零点。

● 使用 ADC 检测母线电压和母线电流。

- 过压、欠压、过流等故障保护。

- 通过转子对齐电机可以从任何位置起动。

- 电机最小转速为 300r/min，最大转速为 12000r/min。

- FreeMASTER 软件控制界面（电机起动/停止，转速/转矩设置）。

- FreeMASTER 软件调试监控。

3. 系统控制框图

整个无人机电调的系统控制框图如图 6-19 所示。

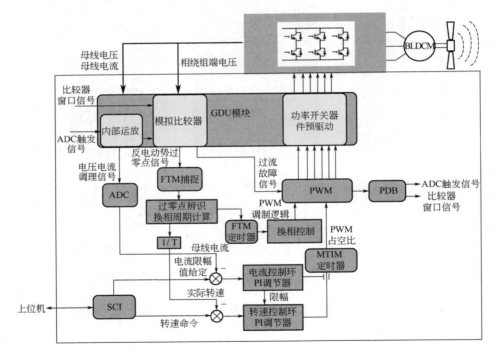

图 6-19　整个无人机电调的系统控制框图

与图 6-13 对比可知，大部分无位置传感器算法框架是一样的，不同之处在于 MC9S08SU16 无人机电调方案采用内部 GDU 中的模拟比较器进行反电动势过零点的检测。

使用内部模拟比较器进行反电动势过零点检测的方案也需要与 PWM 保持同步。这个同步是通过片内 PDB（Programmable Delay Block）外设实现的。具体时序图如图 6-20 所示。

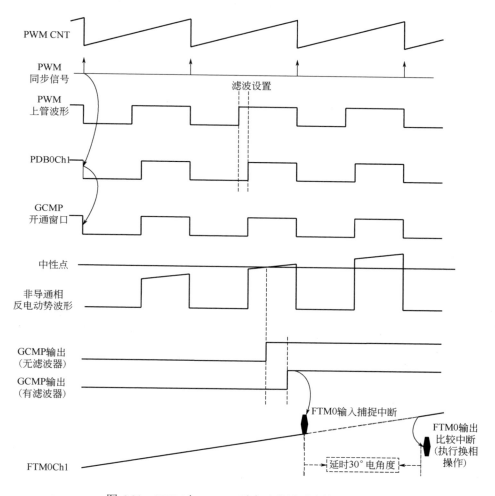

图 6-20　PWM 与 ACMP 反电动势过零点检测时序图

除了 GDU 模块及 PDB 模块，微控制器中还有以下外设参与了电机控制进程。

- PWM 模块（FTM2）：KE02 微控制器的 FTM 模块拥有 3 个子模块。这里使用了 FTM2 来产生 6 路 PWM 信号。PWM 信号通过预驱动器后驱动三相逆变桥的 MOSFET。

● 定时器（FTM0 与 PIT）：本案例中使用了两个定时器，FTM0Ch0 定时器用于检测到过零点后计算延时 30°电角度后的最终换相点时刻。六步换相程序执行在其产生的溢出中断中。PIT 中断用于产生 3ms 的周期性中断，以此来作为转速控制环和电流控制环的工作时基。

6.4　小结

无刷直流电机是一个机电一体的控制系统。本章介绍了无刷直流电机的数字控制原理，首先介绍了无刷直流电机的本体结构及与永磁同步电机的区别；然后推导了无刷直流电机的数学模型；随后着重介绍了无刷直流电机的六步换相控制方案及典型的无位置传感器控制方法；最后选取了恩智浦半导体的两种典型的无刷直流电机控制方案进行了详细的介绍。

作为目前常用的主流电机之一，无刷直流电机的一般控制技术已经趋于成熟，目前研究热点主要集中在无刷直流电机的优化设计（小型化及控制集成化）、转矩脉动抑制（新型 PWM 调制方法、三三导通法等）、新型无位置传感器控制（电感法、磁链函数法等）、弱磁调速等方向。

无刷直流电机未来也将向着高效化、集成化、控制理论智能化方向发展。其未来的发展对家电、汽车、航空航天等热门领域的发展至关重要，对我国节能降耗的战略实现也具有重要的意义。

第 7 章

Chapter 7

开关磁阻电机的数字控制

相比其他调速系统而言，开关磁阻电机（Switched Reluctance Motor，SRM）具有简易的机械结构、高效率和高功率密度，故在制造材料成本和可靠性方面具有优势。然而，其双凸极结构带来的高转矩纹波却限制了它的应用场合。得益于简易的机械结构，高速运行（>50000r/min）成为开关磁阻电机的一个优势。在同样的输出功率下，可以使用更小的开关磁阻电机，从而减小最终产品的尺寸和重量。真空吸尘器就是这一特性的典型应用。高速开关磁阻电机使得真空吸尘器可以更小、更轻，而由转矩纹波带来的噪声却和其他类型的电机相当。

开关磁阻电机虽然结构简单，但是控制却很棘手，需要时刻知道转子的位置，以最大化利用磁阻转矩，然而使用位置传感器会增加成本并降低最终产品的可靠性。

7.1 开关磁阻电机的基本工作原理

7.1.1 电机结构

开关磁阻电机采用双凸极结构，即定子和转子上都有凸极。定子绕组由几组线圈组成，每组线圈都绕在一个极上。转子上没有永磁体，也没有励磁线圈。不同的 SRM 区别在于定子和转子的极数组合。图 7-1 所示为一个典型的有 6 个定子极和 4 个转子极的三相 SRM 的横截面，称这种配置的 SRM 为 6/4 SRM。

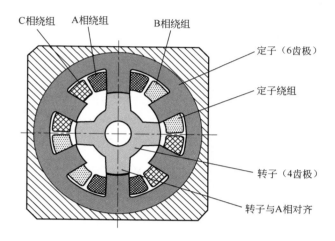

图 7-1　三相 6/4 SRM 的横截面

当某一相的定子极与一个转子极完全对齐时，这一相称为处于对齐位置（Aligned Position），此时该相的相电感达到最大值，如图 7-1 中的 A 相所示。当某一相的定子极与转子极间轴线对齐时，这一相称为处于非对齐位置（Unaligned Position），此时该相的相电感达到最小值。不考虑磁路饱和时，SRM 的任一相相电感相对于转子位置的波形是一个三角波，电感值在对齐位置时最大，非对齐位置时最小。图 7-2 给出了 6/4 SRM 的理想相电感波形，并以 A 相为例给出了电机在正确激励下的电流波形。A、B、C 三相在空间上互差 120°电角度。当给某一相激励时，激励的起始位置称为打开角（Turn-on Angle：θ_{on}），激励结束的位置称为关断角（Turn-off Angle：θ_{off}），这两者之间的角度称为驻留角（Dwell Angle：θ_{dwell}）。

7.1.2　电磁转矩的产生

根据机电能量转换原理，当 SRM 中只有一相绕组施加激励时，该相产生的电磁转矩可以由磁共能（Coenergy）来计算：

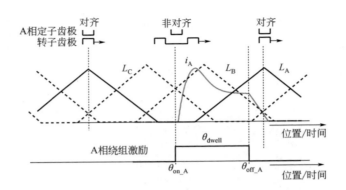

图 7-2　给 6/4 SRM 施加顺序激励

$$T_e = \left.\frac{\partial W'(\theta, i)}{\partial \theta}\right|_i \tag{7-1}$$

其中，$W'(\theta, i)$ 是当该相绕组中电流大小为 i、转子位置处于 θ 时的磁共能：

$$W'(\theta, i) = \int_0^i \psi(i', \theta) \mathrm{d}i' \tag{7-2}$$

当绕组没有饱和时，绕组磁链 $\psi(i', \theta) = L(\theta)i'$，故 $W'(\theta, i) = \frac{1}{2}L(\theta)i^2$，那么

$$T_e = \frac{1}{2}\frac{\mathrm{d}L(\theta)}{\mathrm{d}\theta}i^2 \tag{7-3}$$

式（7-1）～式（7-3）表明电磁转矩使得转子向磁共能增加的方向运动。对于单相激励的绕组而言，电磁转矩使得转子向该绕组电感增加的方向运行，从而减小与该绕组相交链的磁路的磁阻。由此可见，必须根据转子所处的位置顺序给定子绕组正确的激励才能使电机运行起来。控制 SRM 时要保证每个时刻所有相绕组产生的电磁转矩的总和为正。

对于机械结构对称且气隙均匀的 4/2 SRM 而言，存在一些无法产生任何电磁转矩的转子位置，如两相绕组同时处于对齐位置或非对齐位置时，两相电感的 $\frac{\mathrm{d}L(\theta)}{\mathrm{d}\theta}$ 都为 0。事实上，对于一个对称的 SRM，只要定子极数能被转子极数整除或转子极数能被定子极数整除，该电机就存在电磁转矩为 0 的位

置。电机起动时若转子处于这些位置，将导致电机无法起动。实际应用中可以通过设计非对称的转子结构来解决这个问题，如图 7-3 所示。这种转子结构产生了一种步进气隙（Stepped-gap），从而使得不论转子处于什么位置都能通过某相产生正的电磁转矩，并保证起动时的旋转方向。

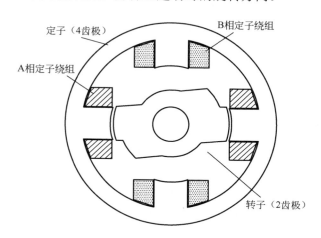

定子（4齿极）

B相定子绕组

A相定子绕组

转子（2齿极）

图 7-3　典型两相 4/2 SRM 的横截面

■ 7.1.3　绕组反电动势

以 4/2 SRM 为例，磁路非饱和时，由于电机机械机构上的对称性，以及定子和转子铁芯中可忽略的磁阻，绕组间的互感可以忽略不计。忽略绕组相电阻时，可以得到某一相的反电动势（以 A 相为例）：

$$e_\mathrm{A} = \frac{\mathrm{d}\psi_\mathrm{A}(\theta, i)}{\mathrm{d}t} = \frac{\mathrm{d}L(\theta)i(t)}{\mathrm{d}t} = \frac{\mathrm{d}L(\theta)}{\mathrm{d}\theta}\omega i(t) + L(\theta)\frac{\mathrm{d}i(t)}{\mathrm{d}t} \tag{7-4}$$

如 7.1.2 小节所述，当给某相施加电压时，产生的电磁转矩会使转子向增加该相电感值的方向旋转。那么，当某相处于电感最小值位置时，给该相施加电压，转子会向最近的能够增大该相电感值的方向旋转。当 A 相处于非对齐位置时，图 7-4 给出了对一个 4/2 SRM（转子结构完全对称以便于分析）施加固定电压时的典型电流波形。在转子齿极与 A 相齿极交叠之前开始给 A 相施加电压，由于此时相电感很小且电感变化率 $\dfrac{\mathrm{d}L(\theta)}{\mathrm{d}\theta}$ 也很小，故电流

迅速上升。当转子齿极与定子齿极刚开始交叠时，由于 $\dfrac{\mathrm{d}L(\theta)}{\mathrm{d}\theta}$ 突然增大，

$\dfrac{\mathrm{d}L(\theta)}{\mathrm{d}\theta}\omega i(t)$ 的大小超出了 A 相施加的电压，故 A 相电流开始减小，$L(\theta)\dfrac{\mathrm{d}i(t)}{\mathrm{d}t}$

变为负值以维持反电动势 e_{A} 与外部施加的电压相等。所以，相电流在转子齿

极与定子齿极刚开始交叠时达到峰值。撤掉 A 相的电压后，在逆变桥的控制

下，电流通过二极管流回母线，相当于在绕组上施加 $-U_{\mathrm{DC\_bus}}$，由于 $\dfrac{\mathrm{d}L(\theta)}{\mathrm{d}\theta}\omega i(t)$

依然为正，为了维持反电动势 e_{A} 与外部施加的 $-U_{\mathrm{DC\_bus}}$ 相等，电流迅速减小

以产生很小的 $L(\theta)\dfrac{\mathrm{d}i(t)}{\mathrm{d}t}$。相电感减小的区域内会产生负的电磁转矩，因此，

需要通过调整施加的电压大小、打开角和关断角来控制电磁转矩。

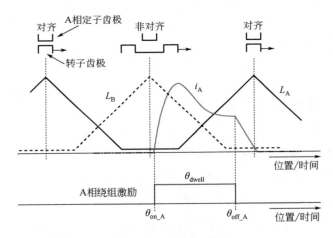

图 7-4　对 4/2 SRM 施加固定电压时的典型电流波形

7.2　两相 SRM 的数字控制

SRM 的驱动需要结合转子位置来给定子绕组施加电压脉冲，产生的转矩

和转速由相电流波形和绕组的磁路特性决定。因此，用数字控制的方式来驱动 SRM 是一个很好的选择。用两个独立的功率开关器件来控制一个绕组是现在比较常用的功率拓扑，图 7-5 所示为控制一个 4/2 SRM 的功率拓扑。其中电机的每一相都能完全独立控制而不受其他相的影响，从而给予控制最大的自由度。有一些拓扑结构出于节省成本的目的，让几个相绕组共用一些功率开关器件，这些拓扑结构无法完全独立地控制每一相。不同于常规的 ACIM、PMSM 的功率拓扑，图 7-5 中的拓扑不存在功率开关器件直通的风险。

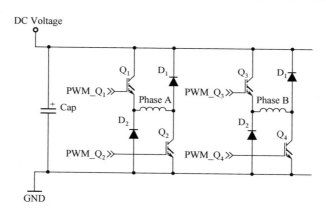

图 7-5 控制一个 4/2 SRM 的功率拓扑

图 7-4 中，在 θ_{on_A} 位置，处于非对齐位置时打开 Q_1 和 Q_2，此时正的母线电压施加在 A 相绕组上，电流迅速上升。在 θ_{off_A} 位置，关闭 Q_1 和 Q_2，电流通过 D_1 和 D_2 续流，于是负的母线电压施加在 A 相绕组上，电流迅速下降。当低转速运行时，通过 PWM 来控制 Q_1 或 Q_2 以达到调压的目的。

7.2.1 PWM 控制下的绕组导通模式

PWM 控制下每相绕组都有 3 种导通模式，如图 7-6 所示。

● PWM 控制：上桥臂开关器件 PWM 控制、下桥臂开关器件常开。电流由直流母线流出至相绕组，再返回至母线地。忽略功率开关器件的导通压降，此时施加在绕组上的电压为"$U_{DC\_bus} \times$PWM 占空比"。

● 绕组续流（Freewheeling）：上桥臂开关器件关闭、下桥臂开关器件常
开。相绕组电流靠下桥臂开关器件和二极管续流，忽略功率开关器件
和二极管的导通压降，此时施加在绕组上的电压为 0。

● PWM 关闭：上、下桥臂开关器件都关闭。相绕组电流经由二极管流回母
线电容。忽略二极管的导通压降，此时施加在绕组上的电压为 $-U_{DC\_bus}$。

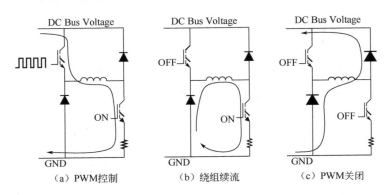

（a）PWM控制　　　　　（b）绕组续流　　　　　（c）PWM关闭

图 7-6　绕组导通模式

7.2.2　电压控制方法

SRM 有多种控制方法，区别在于控制环路和转子位置的获取方式不同。
根据电机被控参数，有两种基本的控制方法：电压控制与电流控制。

电压控制方法中，在一个转速控制环的控制周期内施加在电机绕组上的
电压是恒定的，换相时刻由转子位置决定。如图 7-7 所示，转速控制器的输
出即为施加的相电压，而该相电压根据当前直流母线电压，通过调节 PWM
占空比来实现。在驻留角期间施加的相电压是不变的。图 7-8 所示为电压控
制方法中的电压与电流波形，当相电感刚刚开始增加时（定子与转子齿极刚
刚开始交叠时），相电流达到峰值。

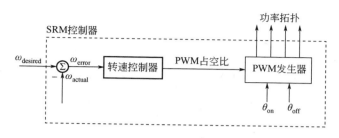

图 7-7　电压控制方法

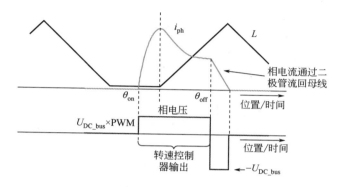

图 7-8　电压控制方法中的电压与电流波形

7.2.3　检测电流峰值的无位置传感器控制方法

磁链估测法是一种流行的 SRM 无位置传感器控制方法,在很多磁链估测的方法中,利用计算出的磁链值与参考值之间的关系来估计转子位置。这种方法的缺点在于其需要精确的相电阻值,然而,相电阻值随着温度变化会有明显的变化,从而会带来积分误差,特别是在低转速运行时。这些积分误差会导致明显的位置估计误差。

另一种 SRM 无位置传感器控制方法是峰值电流检测法,其控制的基本原理如图 7-9 所示,在转子与 B 相定子齿极交叠之前给 B 相定子绕组激励,从而相电流迅速增加,直到转子与定子齿极交叠,此时该相电流达到峰值。记录下峰值电流对应的时刻 t_1。假设已知转子转过 $90°$ 所需的时间 T_c (这里称为换相时间),结合 t_1 可以决定给 A 相绕组的激励时刻。当 A 相绕组电流达到峰值时记录下对应的时刻 t_2，利用 t_2-t_1 的值更新 T_c，由更新之后的 T_c 值及 t_2 时刻可以确定接下来给 B 相绕组的激励时刻，如此往复。有如下 3 个因素可以影响一个电流脉冲（Stroke）中产生的平均电磁转矩的大小。

- PWM 占空比。决定了给绕组激励电压的大小，从而影响相电流的大小。

- 从绕组开始激励到转子与定子齿极开始交叠之间的时间，如图 7-9 中 $\theta_{\text{on\_B}}$ 与 t_1 之间的时间。这段时间越长，意味着电流峰值越高。

- 在正 $\dfrac{\mathrm{d}L(\theta)}{\mathrm{d}\theta}$ 下绕组的激励时间。如图 7-9 中 $\theta_{\text{off\_B}}$ 与 t_1 之间的时间，实际控制中这段时间一般会小于 $\dfrac{\mathrm{d}L_{\text{B}}(\theta)}{\mathrm{d}\theta}$ 的持续时间，这段时间内产生的电磁转矩为正。

以 B 相为例，实际应用中在 PWM 占空比达到 100% 之后，会通过调整 $\theta_{\text{on\_B}}$ 和 $\theta_{\text{off\_B}}$ 的位置来进一步调整电磁转矩，从而达到调速的目的。

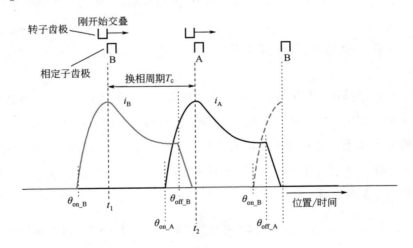

图 7-9 利用电流峰值时刻信息的换相控制

■ 7.2.4　电机从静止开始起动

当 SRM 转子静止时，转子所处位置未知，所以，无法确定应该给哪相绕组激励以产生足够大的起动电磁转矩。一般做法是给某相激励，通过将绕组置于"PWM 控制"模式，施加一个较小的电压，将转子齿极与该相定子齿极强制对齐（Alignment），然后给非对齐相激励以起动电机。

如果固定给某相绕组激励，希望转子与其齿极对齐，由于转子的非对称性，对齐过程中转子会产生振荡且需要较长的时间才能稳定下来，这个时间可能长至秒级。这种方法的优点是明确知道转子与哪相绕组齿极对齐了，接下来起动时应该给哪相激励；缺点是稳定对齐花费的时间太长，很多应用场合都不适合。

很多 SRM 的应用中希望电机起动后能立即达到最高转速，为了解决对齐需时过长的问题，可以同时给 A、B 两相施加同样的激励电压（专利号 US9729088 B2），如此转子总会很快（几百毫秒）与某相绕组齿极稳定对齐。在这种对齐方法下，转子可能与 A 相绕组齿极对齐，也可能与 B 相绕组齿极对齐，如图 7-10 所示。

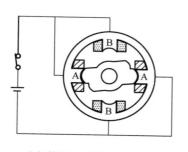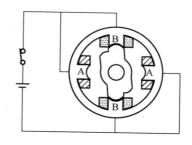

（a）转子与A相绕组齿极对齐　　　　　（b）转子与B相绕组齿极对齐

图 7-10　两相同时激励的对齐结果

激励施加一段时间之后，A、B 两相的电流应该大致相等了，且转子已对齐到 A 相或 B 相的定子齿极。这时将 A、B 两个绕组的上桥臂开关器件关闭，下桥臂开关器件保持打开，即将两相绕组置于"绕组续流"模式，如图 7-6（b）

所示。由于对齐相绕组的电感会明显大于非对齐相绕组，所以，可以通过检测 A、B 两相电流来确定转子与哪相对齐了。如果 A 相电流先下降至指定的阈值，说明 A 相电感小，转子与 B 相对齐，接下来需要给 A 相激励以起动电机，反之亦然。图 7-11 所示为在不同对齐结果下"绕组续流"时两相电流的衰减波形。

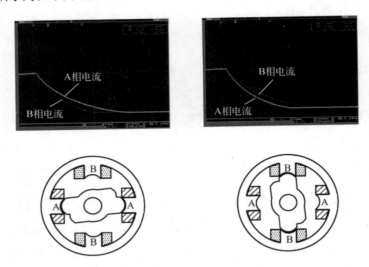

图 7-11　两相激励对齐"绕组续流"时两相电流的衰减波形

　　两相对齐过程结束之后，给非对齐相激励可以起动电机。转子的非对称性保证了旋转方向。一旦转子开始旋转，检测到的第一个绕组电流尖峰不足以提供足够的信息来确定本绕组应该何时关断，以及下一个绕组应何时激励。因此，起动时的控制方法与图 7-9 所示的方法有所不同。图 7-12 所示为利用电流峰值和最小值进行换相控制（专利号 US6448736 B1），具体流程如下。

● 检测到转子与 A 相对齐之后，给 B 相绕组激励。

● t_1 时刻转子齿极与 B 相定子齿极开始交叠，B 相电流迅速下降，t_1 时刻检测到了 B 相电流峰值。

● 保持激励不变，由于施加的激励电压不大，且 $\dfrac{\mathrm{d}L_\mathrm{B}(\theta)}{\mathrm{d}\theta}$ 为正，所以 B

相电流继续下降。

● 当转子齿极与 B 相定子齿极完全对齐之后，$\dfrac{\mathrm{d}L_B(\theta)}{\mathrm{d}\theta}$ 变为负值，B 相电流开始迅速增大以产生一个正的 $\dfrac{\mathrm{d}i_B}{\mathrm{d}t}$，如此以维持反电动势与施加电压相等。$t_2$ 时刻转子齿极刚离开对齐位置，B 相电流开始上升，于是检测到电流最小值。

● 检测到 B 相电流最小值之后，若继续给 B 相绕组激励，将产生负的电磁转矩，所以，t_2 时刻之后应立即将 B 相置于"PWM 关闭"模式，并给 A 相激励。

● 同理，A 相绕组激励在 t_3 时刻检测到 A 相电流最大值、t_4 时刻检测到 A 相电流最小值。于是又开始激励 B 相，如此往复。

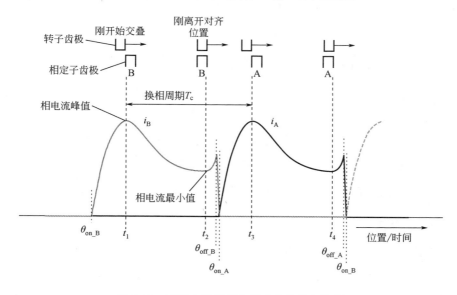

图 7-12 利用电流峰值和最小值的换相控制

可以看到，这种驱动方法完全依赖于当前相电流给出的信息，而不需要历史数据。图 7-12 中 t_3 和 t_1 之间的时间间隔就是转子转过 90° 所需的时间（换相周期 T_c）。可以看到，每个电流脉冲中电流从最小值往上升的部分会产生负电磁转矩，且每一相开始激励的时刻一定在转子与上一相完全对齐之后，即从绕组开始激励到转子与定子齿极开始交叠之间的时间受到了限制，无法产生更高的电流峰值。所以，这种换相方式效率不高，仅用于起动。图 7-12 中检测到足够数量的电流脉冲（或电流尖峰）之后，再根据最新的换相周期切换到峰值电流检测的控制方法。

7.2.5 电机从非静止时开始起动（On-the-Fly Start）

若电机在高速运行时断开激励，然后立即起动，转子由于惯性还处于高速旋转状态。此时起动电机应在当前转速基础上立即加速起动。对于每相绕组而言，其绕组电感在转子旋转时呈周期性变化，如果在 A、B 两相绕组上同时施加一个较小的电压激励，那么绕组电感的变化将体现在电流波形上。通过检测每相电流的峰值可知转子所处的位置。

7.2.6 两相 SRM 数字控制所需的微控制器资源

两相 SRM 的数字控制中所需的微控制器资源如下。

● 拓扑中有 4 个功率开关器件，需要 4 路 PWM 输出。PWM 模块需要方便地实现图 7-6 所示的 3 种模式。PWM 模块还需要故障保护功能以便过流时能从硬件上及时封闭 PWM 输出。

● 整个控制是建立在电流检测基础上的，一个 PWM 周期内需要在 PWM-ON 期间触发 A/D 采样相电流、母线电压及其他模拟量（如功率开关器件的温度）。A/D 采样的时刻须能通过硬件外设灵活地配置及更改。

● 每次采样相电流之后都须计算分析是否是电流峰值或最小值，所以，需要一定的 CPU 计算能力。

● 需要一个定时器来记录电流峰值时刻以便更新换相时刻。在一个电流脉冲中 PWM 的控制方式也会在图 7-6 所示的 3 种模式间切换，因此，还需要定时器来确定模式的切换时刻。

● 每次采样相电流之后都需要进入中断函数来处理，而 SRM 最终会工作在 100%占空比下，所以，一个电流脉冲中检测到电流峰值之前（如图 7-9 中 θ_{on_B} 与 t_1 之间的时间段）会频繁进入中断，因此，中断延迟越小越好。

7.3　典型方案分析——高速真空吸尘器

■ 7.3.1　系统介绍

高速真空吸尘器控制系统如图 7-13 所示，整个系统由 162～254V AC 供电。其使用的是非对称式两相 SRM，这样可以消除零电磁转矩区间并可确定电机起动时的旋转方向。

可通过外部按钮或通信命令起动电机，并迅速将 PWM 占空比升至 100%以达到最高转速。不使用转速控制器，转速开环。当占空比到达 100%之后，通过调整 θ_{on} 和 θ_{off} 可以进一步调整转速，从而实现不同的功率挡位控制。可以从任意位置起动，包括电机由于惯性还在旋转中的（On-the-Fly）起动。母线电容由于控制板安装空间的限制，体积不能大，控制时需要特别针对的处理，实际测试中发现 10μF 大小的电容可以满足该应用。系统中使用 MC56F8002作为微控制器，其中使用到的外设如下。

1．PWM 模块

4 路 PWM 输出，边沿对齐、独立模式。为了有效地检测到峰值电流，电流纹波越小越好，而电机在非对齐位置时相电感很小，PWM 频率过小会引起较大的电流纹波，这里将 PWM 频率设置为 32kHz，PWM 的时钟为系统时钟 32MHz。

电机起动后，占空比会很快增加至100%，所以，功率开关器件（这里是IGBT）的开关频率在100%占空比时由电机实际转速决定，一般会远小于32kHz。

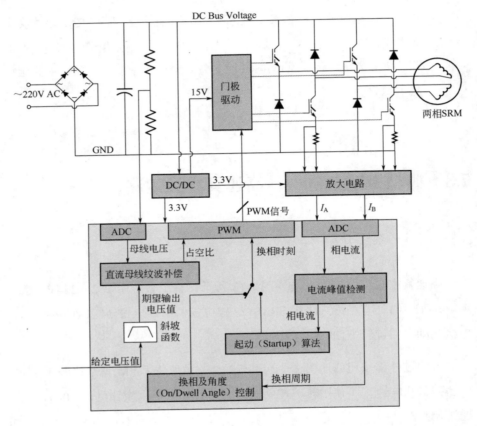

图 7-13　高速真空吸尘器控制系统

两相上桥臂开关器件 PWM 使用一样的占空比，PWM 模块中有专门的软件控制模式使得 PWM 可以输出常 1 或常 0。每个 PWM 周期的结束时刻（下个 PWM 周期的起始时刻）会产生一个寄存器重载（Reload）信号，此 Reload 信号可以触发一个 Reload 中断 IsrPWMReload，使能该中断并将其优先级配置为 level 1。

2. DualTimer 0&1

有两个 16bit 的定时器 DT0 和 DT1，DT0 工作于触发模式，使用系统时钟 32MHz。PWM 产生 Reload 信号的同时还会产生一个同步信号（Sync 信号）。该 Sync 信号触发 DT0 开始对系统时钟计数，当比较匹配时会触发 ADC 采样，同时产生比较中断，该中断配置为快速中断（Fast Interrupt）；DT1 工作于自由计数模式，在系统时钟的 16 分频下（2MHz）从 0 计数到 0xFFFF，然后自然溢出回到 0，如此往复。DT1 用来确定换相时刻，以及一个电流脉冲内 PWM 控制方式的切换时刻。

3．ADC0 和 ADC1

DT0 比较匹配时同时触发 ADC0 和 ADC1 进行采样转换。ADC0 用于采集转换当前导通相的电流。PWM 占空比小于 100%时，每个 PWM 周期 ADC1 交替采集母线电压和功率开关器件的温度；PWM 占空比为 100%时，由于开关损耗变小了，只在换相时采集一次温度，其余时刻都是采集母线电压。

4．模拟比较器

两相电流通过放大调理电路得到的信号及一个固定的阈值电平与芯片内部的两个模拟比较器连接，用于硬件故障保护。PWM 模块有 4 个故障信号（Fault）输入，其中两个在芯片内部直接与模拟比较器的输出连接。

5．周期定时器（Programmable Interval Timer，PIT）

一个 16 位的周期定时器在系统时钟的 8 分频下（4MHz）产生 200Hz 的定时中断 IsrPITOverflow，中断优先级为 level 0。

整个控制代码中有如下 3 个中断函数。

● PIT 周期中断：IsrPITOverflow()，最低优先级。200Hz 的中断频率，用于给状态机中的某些状态定时、计算电机的实际转速，以及根据给定 θ_{on} 和 θ_{dwell} 来确定关断时刻等。

● PWM Reload 中断：IsrPWMReload()，中断优先级高于 PIT 周期中断，低于 Fast Interrupt。每个 PWM 周期结束时刻触发该中断，用于加载更新了的寄存器，如占空比、周期寄存器等，并计算当前 PWM 周期中需要触发多少次 ADC 转换，实现母线电压纹波补偿等。

● DT0 和 DT1 比较中断：这两个定时器的比较中断都是设置为最高优先级的 Fast Interrupt，该 Fast Interrupt 在同一时刻只能指向 DT0 或 DT1 中断服务函数，并且 DT0 和 DT1 自身的中断服务函数可以灵活改变。在 DT0 的比较中断中读取 AD 采样值进行电流检测，DT1 的比较中断用于实现换相及 PWM 控制模式的改变。

在背景循环中状态机通过调用函数指针数组 AppStateMachine[appState]() 实现，appState 为数组下标变量。状态机中共有 6 个状态：Init、Stop、Alignment、Start、Run 和 Error。

7.3.2 相电流与母线电压的检测

无位置传感器电流峰值检测方法中需要采集电机相电流及母线电压。由式（7-3）可知，电磁转矩的方向与相电流的正负号无关，保持单一的电流方向既便于控制又利于电流检测。图 7-14 所示为相电流及母线电压检测电路。

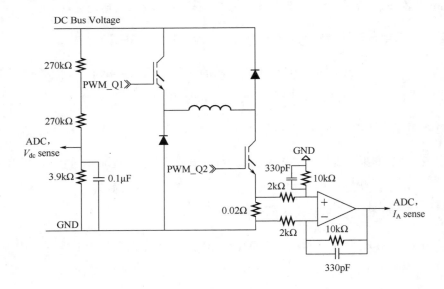

图 7-14　相电流及母线电压检测电路

"PWM 控制"下的 PWM-ON 期间及"绕组续流"期间，电流从采样电阻上流过，可以检测到相电流。由图 7-14 标识的阻值可知，相电流为 0～33A 时，加到 ADC 输入口上的电平为 0～3.3V，由于 12bit 的 ADC 结果存放在结果寄存器的 bit3～bit14，bit15 固定为 0，所以，读取 ADC 结果寄存器可以直接得到 Q1.15 格式的相电流值，电流的基底（Scale）为 33A。母线电压由电阻分压后送到 ADC 输入口，由图 7-14 可知，母线电压为 0～460V 时，加到 ADC 输入口上的电平为 0～3.3V，同理，从 ADC 结果寄存器可以直接得到 Q1.15 格式的母线电压值，以 460V 为基底。

为了准确有效地检测相电流峰值，在一个 PWM 周期内要尽可能多次采集相电流并进行分析。每个 PWM 周期的起始时刻（上个 PWM 周期的结束时刻）会产生 Sync 信号用于触发 DT0，而 DT0 在比较匹配之后会触发两个 ADC 进行采样转换。由图 7-13 可以看到，原始的 PWM 信号通过了"门极驱动"来驱动 IGBT，驱动电路一般会带来导通延时（Turn-On Propagation Delay），同时考虑到避开 IGBT 开关时产生的噪声，将 DT0 被 Sync 信号触发之后的比较寄存器 CMP1 配置为 1.3μs。在不同的 PWM 占空比下 DT0 的工作状态有所不同，以便准确且多次采集相电流。以 B 相激励时为例，图 7-9 中，在 $\theta_{\text{on\_B}}$～t_1 时间段内需要对 B 相电流进行采样转换。

1. PWM-ON 小于 1.3μs

PWM-ON 的时间小于 1.3μs 时，无法在 PWM-ON 期间采样电流，那么在接下来的 PWM-OFF 期间采样相电流，因为 PWM-OFF 时相绕组电流也是如图 7-6（b）所示那样续流。图 7-15 给出了 PWM 与 DT0 及 ADC 触发信号之间的关系。

图 7-15 中 DLY0 代表 1.3μs，DLY1 代表 4.4μs。DLY1 的值必须大于 ADC 采样转换时间，且大于 DT0 中断函数中算法的执行时间。PWM 的 Sync 信号触发 DT0 开始运行后，理论上 DT0 的 counter 会一直运行下去，直到 0xFFFF 然后自然溢出到 0。在一个 PWM 周期的起始时刻会先触发 PWM Reload 中断

（同时 DT0 也被触发运行），PWM Reload 函数会通过当前 PWM 实际的占空比来设置如下两个变量。

- SkippedADCSamplesCounter：每次进入 DT0 的比较中断，若此变量大于零就不读 ADC 结果，然后将该变量自减 1。

- ADCSamplesCounter：当 SkippedADCSamplesCounter 为 0 时，该变量的值代表了接下来还要读取多少次 ADC。

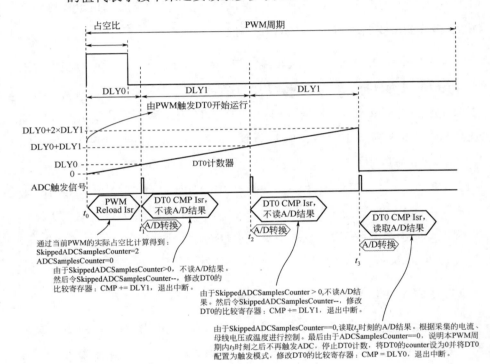

图 7-15　PWM-ON 时间小于 $1.3\mu s$ 时 PWM 与 DT0 及 ADC 触发信号之间的关系

需要注意的是，DT0 靠比较匹配将其输出置高以触发 ADC 转换（上升沿触发），同时也进入了对应的比较中断，因此，一进入其比较中断函数就读取的 ADC 结果是上次触发时刻的 A/D 转换值。进入 DT0 的比较中断时会立即将 DT0 的输出（图 7-15 中的 ADC 触发信号）置 0 以便进行下一次 ADC 触

发。PWM-ON 的时间小于 1.3μs 时，PWM Reload 中断内 SkippedADCSamples-
Counter 值设置为 2，ADCSamplesCounter 设置为 0。由图 7-15 可知，在一个
PWM 周期内会进入 3 次 DT0 的比较中断，最后读出的是 t_2 时刻的续流值，
最后一次进入 DT0 比较中断时，DT0 会被停下，然后重新配置为触发模式，
所以，DT0 的计数器不会溢出。

2. PWM-ON 大于 1.3μs，小于（1.3+4.4）μs

PWM-ON 大于 1.3μs 时，可以在 PWM-ON 期间至少做一次采样。若
PWM-ON 时间同时小于（1.3+4.4）μs，在 PWM Reload 中断内根据实际占空
比时间计算，将 SkippedADCSamplesCounter 设置为 1，ADCSamplesCounter
设置为 0，如图 7-16 所示。

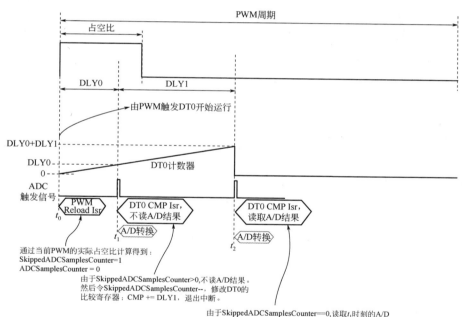

图 7-16　PWM-ON 时间大于 1.3μs，小于（1.3+4.4）μs 时
PWM 与 DT0 及 ADC 触发信号之间的关系

3. PWM-ON 时间大于（1.3+4.4）μs

PWM 占空比很大时，可以进行多次采样，如图 7-17 所示。在 PWM Reload 中断内，计算得到 SkippedADCSamplesCounter 为 1，ADCSamplesCounter 为非零值。

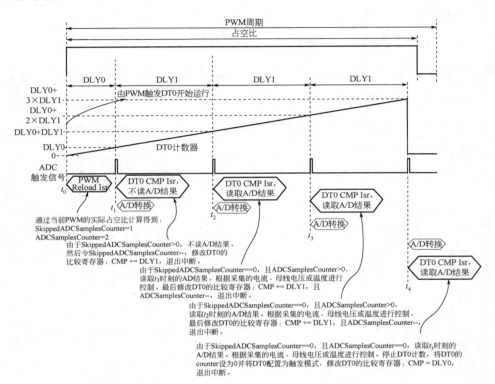

图 7-17　PWM-ON 时间大于（1.3+4.4）μs 时 PWM 与 DT0 及 ADC 触发信号之间的关系

4. PWM 占空比为 100%

PWM 占空比为 100%时，DT0 工作在周期计数模式，PWM 不再触发 DT0。DT0 的计数周期为 4.4μs，每当比较匹配时都会触发 ADC 转换，同时进入 DT0 的比较中断。中断函数内会将 DT0 的输出清零以便下一次比较匹配时能够触发 ADC 转换。DT0 工作模式的切换是在换相时 DT1 的 IsrDT1Disable-Phase 中断函数中实现的。

IsrDT1DisablePhase 函数中检测到占空比已达到 100%，便将 DT0 的计数器清零，并设置为周期计数模式。图 7-18 所示为 PWM 占空比为 100%时从换相时刻开始的 ADC 触发时序图。

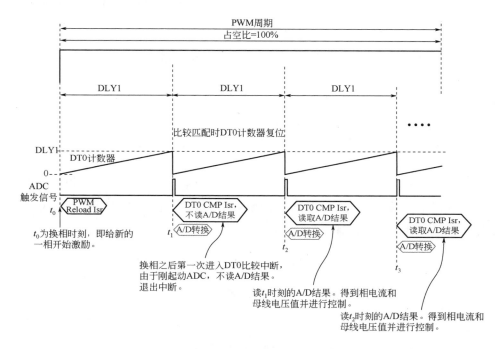

图 7-18　PWM 占空比为 100%时从换相时刻开始的 ADC 触发时序图

由于 ADC 的转换时间比算法的处理时间短，所以，使用 DT0 的比较中断而非 ADC 的转换完成中断可以使得算法处理和 ADC 转换并行进行，不足之处在于 DT0 的比较中断内使用的是上一拍 ADC 转换的结果，控制时要注意这一点。

7.3.3　电机的控制流程

系统上电后，经过外设初始化，开始执行背景循环中的状态机函数。外设初始化中：

- 使能 PWM 的计数器，使能 PWM Reload 中断，但禁止了所有 PWM 的输出。

- DT0 的比较寄存器值为 1.3μs，DT0 配置为触发模式。PWM Sync 信号会触发 DT0 计数，从而触发 ADC 转换。

- ADC0 配置为 A 相电流，ADC1 配置为母线电压。

- DT1 处于自由计数模式，禁止比较中断。

- 使能 PIT 的周期计数，产生 200Hz 的中断。

系统复位后执行的第一个状态函数为 Init，其会清除 DT0 的比较标志并使能 DT0 的比较中断，然后跳至 Stop 状态。DT0 的比较中断是 Fast Interrupt，其指向的中断函数可以灵活变化，不同的系统状态下有可能对应多个 DT0 的比较中断函数，如下所述。

- Stop：IsrAdcStop 函数，采集相电流、相电压和温度。

- Align：IsrAdcOntheFlyStart 函数控制电机在惯性下高速旋转时的起动；IsrAdcAlignment 函数控制电机静止时的起动；IsrAdcAlignment-Detection 函数判断 Align 之后对齐的相。

- Start：IsrAdcStart 函数，Align 之后通过检测相电流峰值和最小值来起动电机。

- Run：IsrAdcRun 函数，Start 之后，占空比小于 100%时通过检测相电流峰值来换相；IsrAdcRunBC 函数，占空比等于 100%时通过检测相电流峰值来换相。

图 7-19 和图 7-20 所示为 On-the-Fly 起动成功及失败时的状态流程图。其中 appState 是数组的 index，用于切换状态；变量 adcProcessingState 用于指示当前 DT0 的比较中断函数。

　　电机起动时会先使用 On-the-Fly 起动的算法来判断转子是否在惯性下旋转，如果在给定时间内检测到了预期数量的电流脉冲个数，则直接进入 Run 状态，其状态切换和 DT0 比较中断函数切换如图 7-19 所示。若 On-The-Fly 期间没有检测到预期数量的电流脉冲个数，则先将转子与某相对齐，再通过 Start 状态进入 Run 状态，其状态切换和 DT0 比较中断函数切换如图 7-20 所示。

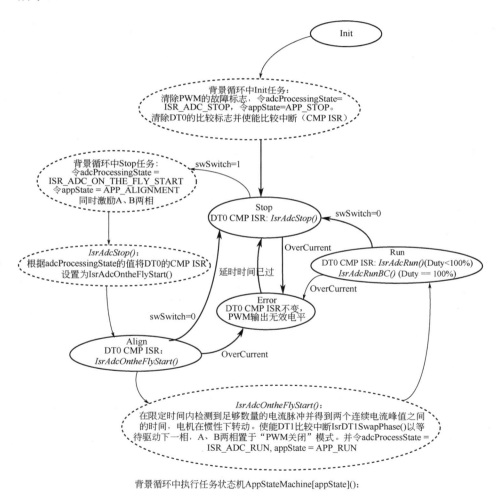

图 7-19　On-the-Fly 起动成功状态流程图

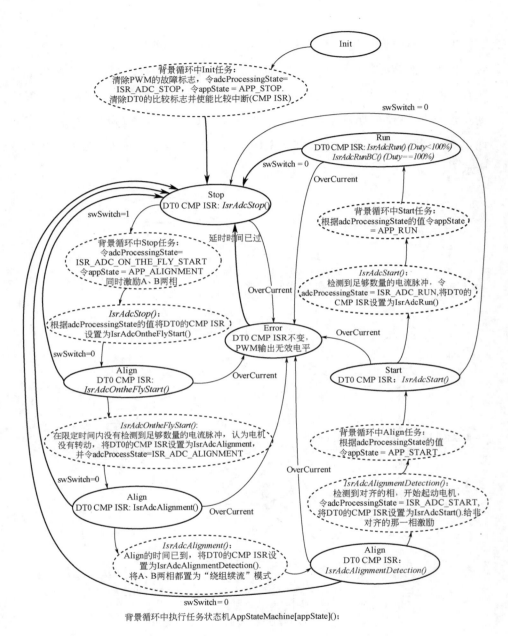

背景循环中执行任务状态机AppStateMachine[appState]();

图 7-20　On-the-Fly 起动失败状态流程图

1. Run 状态

Run 状态是电机最终运行的状态，其中利用不停更新的换相周期来确定当前激励相的关断时刻，以及下一相开始激励的时刻。图 7-21 中给出了 Run 状态下峰值电流检测控制下的两相电流波形，并标识出了关键的控制时刻点，以及 DT1 如何实现一个电流脉冲内 PWM 控制方式的切换。以 B 相电流脉冲为例，PWM 的控制方式如下：

① 所示时间段内为"PWM 控制"。

② 所示时间段内为"绕组续流"。

③ 所示时间段内为"PWM 关闭"。

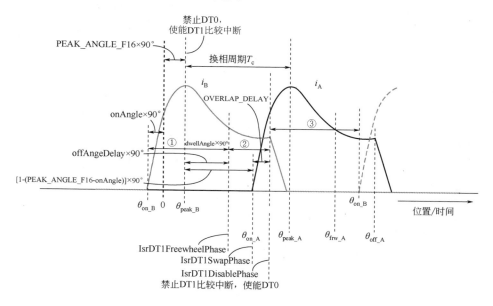

图 7-21   峰值电流检测示意图

程序中用于表征位置变量的都是 Q1.15 格式的小数，90° 为基底，而图 7-21 中两相电流峰值之间的时间 T_c 对应的就是转子走过 90° 所需的时间。这些关键的变量和常量如下。

● onAngle 变量与 PEAK_ANGLE_F16 常量 ：将位置 0° 设置在 θ_{on_B} 和 θ_{peak_B} 之间，并将 θ_{peak_B} 设置为常数 PEAK_ANGLE_F16（本应用中设置为 20°）。用变量 onAngle 设置相绕组的开始激励时刻 θ_{on_B}。显

然（PEAK_ANGLE_F16-onAngle）×90°代表了从绕组开始激励到转子与定子齿极开始交叠之间的时间。调整 onAngle 可以改变电流脉冲中电流峰值的大小。

● dwellAngle 变量：dwellAngle 设置了给相绕组的激励时间，即图 7-21 中①所示的时间。在 onAngle 固定时，dwellAngle 决定了在正 $\dfrac{\mathrm{d}L(\theta)}{\mathrm{d}\theta}$ 下绕组的激励时间。

● offAngleDelay 变量：检测到电流峰值之后，转子再转过 offAngle-Delay×90°位置就将把绕组置于"绕组续流"模式。在 PIT 的 200Hz 中断内计算 offAngleDelay = dwellAngle−（PEAK_ANGLE_F16−onAngle）。

由此可见，常量 PEAK_ANGLE_F16 固定时，通过调整变量 onAngle 和 dwellAngle 可以改变一个电流脉冲产生的平均电磁转矩。图 7-21 中，当 B 相转子齿极与定子齿极处于非对齐位置 $\theta_{\mathrm{on\_B}}$ 时，开始对 B 相绕组进行 PWM 控制，B 相电流开始增加。$\theta_{\mathrm{on\_B}} \sim \theta_{\mathrm{peak\_B}}$ 时间段内 DT0 在不停触发 ADC 采样 B 相电流。在 $\theta_{\mathrm{peak\_B}}$ 时刻检测到了电流峰值之后，认为 $\theta_{\mathrm{on\_B}} \sim \theta_{\mathrm{peak\_B}}$ 这段时间内转子转过的位置为（PEAK_ANGLE_F16-onAngle），同时：

（1）将 peakTime 的值储存在 previousPeakTime 中。

（2）将 DT1 的当前计数器值存储在变量 peakTime 中，更新 Tc = peakTime-previousPeakTime。将 DT0 停下。

（3）将 DT1 的比较寄存器 CMP1 设置为"DT1 当前 counter 值+Tc×offAngle-Delay"。

（4）将 DT1 的比较重载寄存器 CMPLD1 设置为"peakTime +Tc× [1-（PEAK_ANGLE_F16-onAngle）]"。

（5）使能 DT1 的比较中断（Fast Interrupt），并将其指向 IsrDT1FreewheelPhase 函数。

　　DT1 是一个向上自由计数的定时器，用于确定当前激励绕组的导通模式切换和换相：

　　（1）在 $\theta_{\text{frw\_b}}$ 时刻，DT1 的计数器与 CMP1 匹配，进入 IsrDT1Freewheel-Phase 函数。在此函数中，PWM 控制下的绕组导通模式更改为"绕组续流"。同时 CMPLD1 的值自动重载至 CMP1 中，IsrDT1FreewheelPhase 函数中最后将 CMPLD1 的值改为 CMPLD1 + OVERLAP_DELAY，OVERLAP_DELAY 即 $(\theta_{\text{off\_B}} - \theta_{\text{on\_A}})$ 表示的时间段，同时将比较中断指向 IsrDT1SwapPhase 函数。

　　（2）在 $\theta_{\text{on\_A}}$ 时刻，DT1 再次发生比较匹配中断，于是进入 IsrDT1Swap-Phase 函数。此函数中将 A 相绕组置于"PWM 控制"模式，并将 DT1 的比较中断指向 IsrDT1DisablePhase 函数。

　　（3）在 $\theta_{\text{off\_B}}$ 时刻，DT1 发生比较匹配中断，进入 IsrDT1DisablePhase 函数，将 B 相绕组置于"PWM 关闭"模式，禁止 DT1 的比较中断，并使能 DT0 的触发模式，将 ADC0 的采样通道改为 A 相电流，若占空比小于 100%，则将 Fast Interrupt 指向 IsrAdcRun，否则指向 IsrAdcRunBC，如此循环往复。

　　2．Stop 状态

　　系统上电后会立即进入 Stop 状态。此时 DT0 的比较中断函数为 IsrAdcStop()，由于 PWM 占空比设置为 0，ADC 采样如图 7-15 所示。每次进入 PWM Reload 中断也会改变一次 ADC1 的采样通道（在母线电压和功率开关器件温度之间来回切换），故 DT0 的比较中断内可以得到 A 相相电流、母线电压和功率开关器件温度。当 swSwitch 变量置 1 后，背景循环中的 Stop 函数会令 appState= APP_ALIGNMENT，从而切至 Align 状态，并将 adcProcessingState 改为 ISR_ADC_ON_THE_FLY_START。DT0 的比较中断函数 IsrAdcStop()内检测到 adcProcessingState 的值变为 ISR_ADC_ON_THE_FLY_START 后，会将 DT0 的比较中断函数指向 IsrAdcOntheFlyStart()，开始起动电机。

3. Align 状态——On-the-Fly 起动

若电机在高速运行时断开激励，然后立即起动，转子由于惯性还是处于高速旋转状态。因此，起动电机时要先判断转子是否处于旋转状态，如果是，则应在当前转速基础上立即加速起动。IsrAdcOntheFlyStart 函数的主要任务就是检测当前激励相绕组的电流峰值，检测到之后便更换 ADC0 的通道以检测另一相绕组的电流峰值，从而确定检测到的电流脉冲个数。给 A、B 两相施加相同的电压（3.5V）（"PWM 控制"模式），持续一段时间（55ms），在此期间依次检测 A、B 两相的电流脉冲个数。

● 如果达到了预期的数量（8 个），则认为转子在旋转。利用相邻两个电流脉冲峰值之间的间隔来推算下一个导通相的峰值应出现在什么时刻。图 7-22 所示为从 On-the-Fly 起动到正常换相的过程。到 t_2 时刻为止一共检测到了 8 个电流峰值（注意第一次检测的相电流为 A 相），t_2 与 t_1 之间的时间 T_c 就是转子转过 90° 所需的时间，也即换相时间。在 t_2 时刻将 DT0 停下来，使能 DT1 的比较中断。t_2 时刻检测到 B 相电流峰值之后依次执行如下步骤。

（1）将 A、B 两相置于"PWM 关闭"模式。

（2）将 DT1 计数器值读进变量 peakTime，更新 Tc。

（3）peakTime = peakTime + Tc/2。

（4）previousPeakTime = peakTime。

（5）DT1 的 CMP1 配置为 peakTime+Tc×[1−(PEAK_ANGLE_F16−onAngle)]。

（6）DT1 的 CMPLD1 配置为 CMP1+OVERLAP_DELAY。

（7）将 appState 设置为 APP_RUN。

（8）将 adcProcessingState 设置为 ISR_ADC_RUN。

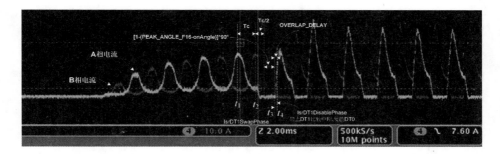

图 7-22 从 On-the-Fly 起动到正常换相的过程

在 t_3 时刻 DT1 发生比较匹配，CMPLD1 的值载入至 CMP1 中，同时执行 IsrDT1SwapPhase 函数。此函数中将 A 相绕组置于"PWM 控制"模式，并将 DT1 的比较中断指向 IsrDT1DisablePhase 函数。t_4 时刻再次发生 DT1 比较匹配，进入 IsrDT1DisablePhase 函数，将 B 相置于"PWM 关闭"状态，禁止 DT1 的比较中断，并使能 DT0 的触发模式，将 ADC0 的采样通道改为 A 相电流，将 Fast Interrupt 指向 DT0 的比较中断函数 IsrAdcRun。

● 如果没有达到预期的数量，则认为转子是静止的或转速很慢。此时需要将转子拉至与某相定子齿极对齐，以便激励另一相，保证可靠的起动。IsrAdcOnTheFlyStart 函数中最后会把 DT0 的中断函数指向 IsrAdc-Alignment 函数，并将 adcProcessingState 改为 ISR_ADC_ALIGNMENT。

4．Align 状态——对齐起动

On-the-Fly 起动时在两相绕组上施加了 3.5V 的电压，On-the-Fly 结束后由于转子静止或转速太慢，需要将转子与某相定子齿极对齐，以便给非对齐相激励来起动电机。用户一般希望吸尘器起动之后能立即达到最高转速，为了解决对齐需时过长的问题，可以同时给 A、B 两相激励，如同时施加 4.6V 电压，持续 500ms（本系统中使用的电机只需要少于 200ms 的时间就能稳定对齐），如此转子总会很快地与某相绕组齿极稳定对齐。

经历了 500ms 的 Align 状态之后，A、B 两相的电流应该大致相等了，且转子已对齐到 A 相或 B 相的定子齿极。这时将 DT0 的比较中断指向

IsrAdcAlignmentDetection()函数，A、B 两相都切至"绕组续流"模式（上桥臂开关器件关闭、下桥臂开关器件打开），绕组电流通过下面的二极管续流。由于对齐相绕组的电感会明显大于非对齐相绕组，所以，可以检测 A、B 两相电流，如果 A 相先下降至指定的阈值（0.5A），说明 A 相电感小，转子与 B 相对齐，进入 Startup 状态之后要先给 A 相激励，反之亦然。由于同一时刻我们只检测了一相电流，所以，每个 PWM 周期都切换采样的电流。IsrAdcAlignmentDetection()函数中检测到对齐相之后，将对齐相置于"PWM 关闭"模式、非对齐相置于"PWM 控制"模式，并将 DT0 的比较中断指向 IsrAdcStart()函数，状态机切换到 Startup。

5．Startup 状态

转子与定子齿极对齐之后，给另一组非对齐绕组激励就可以起动电机了。转子的非对称性保证了旋转方向。一旦转子旋转起来了，检测到的第一个绕组电流尖峰不足以提供足够的信息来确定本绕组应该何时关断及下一个绕组应何时激励。因此，起动算法与 Run 状态下的控制算法不同，除了检测电流峰值之外，还要检测电流最小值来确定换相时刻。

Startup 状态下施加到相绕组上的电压会逐渐增加，从 6V 开始，每次进入 DT0 比较中断都增加 0.35V。Startup 状态下检测到 12 个电流脉冲之后进入 Run 状态，DT0 的比较中断指向 IsrAdcRun 函数。

■ 7.3.4 峰值电流的检测方法

当电机绕组随着电流增大而开始饱和时，转子齿极与定子绕组齿极越接近就越容易饱和。实际应用中，SRM 在运行时一定会运行到绕组饱和区域，这样可以减小逆变器的容量（Volt-ampere Rating）。然而，绕组饱和会使得 $\dfrac{\mathrm{d}L(\theta)}{\mathrm{d}\theta}$ 变小，PWM 占空比达到 100%之后，转子齿极向定子齿极靠近时，

$\dfrac{\mathrm{d}L(\theta)}{\mathrm{d}\theta}\omega i(t)$ 项有可能不够大，导致 $\dfrac{\mathrm{d}i(t)}{\mathrm{d}t}$ 不会变为一个负值，即相电流不会出现尖峰。为此需要如下两种峰值电流检测方法。

（1）比较每次采样的电流值，直到电流开始下降并且下降的量大于设定值，说明出现了电流尖峰。

（2）用当前采样的电流值减去上次采样值，当这个电流差值小于设定值时，说明 $\dfrac{\mathrm{d}i(t)}{\mathrm{d}t}$ 变得很小了。

Run 状态中，当每个 PWM 周期的 ADCSamplesCounter 初始值为 0 时，说明 PWM 占空比较小，绕组上施加电压也较小，此时可以用方法（1）来检测电流峰值并依次来换相。ADCSamplesCounter 初始值大于 0 时，用方法（2）来检测电流峰值。On-the-Fly 起动和 Startup 中由于施加的电压较小，且相电流也不大，绕组饱和程度不高，可采用方法（1）来检测电流峰值。

7.4 小结

本章介绍了基于峰值电流检测的非对称转子 4/2 SRM 的无位置传感器控制方法在高速真空吸尘器上的应用。转子的非对称性消除了零转矩位置并确定了起动时转子的旋转方向。电机从静止状态下可以快速起动至最高转速，电机在惯性下高速旋转时起动也可在当前转速基础上立即加速。电机高速运行时由于 PWM 占空比增加到 100%，且电流引起绕组饱和，导致在转子齿极与定子齿极开始交叠时绕组反电动势可能小于施加在绕组上的电压，于是没有电流峰值的出现，此时可检测相电流的变化量而非直接检测电流峰值。该控制方法不直接依赖电机参数，但对于不同的 SRM，需要调整各个控制过程中设置的常量。

第 8 章

交流感应电机的数字控制

三相交流感应电机因为结构简单、工艺成熟、造价低廉、无电刷、维护简单、鲁棒性强等优点，被广泛应用于工业控制中，如水泵、风机、压缩机、制冷系统中。

为了实现三相交流感应电机的调速，需要对电机提供电压幅值和频率可变的交流电，一般使用由数控开关逆变器构成的三相变频器。

交流感应电机的控制算法大体分为两类，一类是标量控制，如被广泛应用的 V/F 恒压频比控制；另一类被称为矢量控制或磁场定向控制。相对于标量控制，矢量控制全面提升了电机驱动性能，如矢量控制实现了转矩和磁链的解耦控制，效率更高且提高了系统的动态性能。

本章简单介绍了交流感应电机的基本结构及原理，详细介绍了交流感应电机带位置传感器和无位置传感器矢量控制算法及所需的微控制器资源。最后对带位置传感器交流感应电机矢量控制方案在滚筒洗衣机上的应用进行了详细分析。

8.1 交流感应电机模型

■ 8.1.1 交流感应电机的本体结构

交流感应电机（Alternating Current Induction Motor，ACIM）又称交流异步电机，其中"异步"与第 5 章的"同步"相对，指感应电机转子与定子三相交流电产生的气隙磁场之间存在转速差，定子三相交流电产生的气隙磁场将从转子导条上扫过，在转子导条上产生感应电压，进而在短路的转子中感应出感应电流。气隙磁链和转子感应电流相互作用产生转矩。在电机转子以同步电转速（ω_s）运行时，转子中不可能产生感应电流，因此，也不可能产生转矩。在以任何其他电转速（ω）运行时，转速差（$\omega_s - \omega$）称为滑差转速（ω_{slip}）。交流感应电机转速-转矩特性曲线如图 8-1 所示。

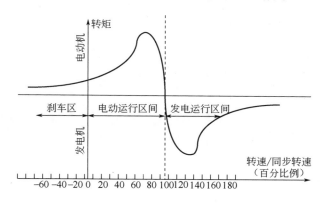

图 8-1　交流感应电机转速-转矩特性曲线

　　一个三对极的三相交流感应电机的剖面图如图 8-2 所示，其定子结构和永磁同步电机类似，定子槽内嵌有 A、B、C 三相绕组。为了在气隙中生成近似正弦的磁势，绕组采用分布式绕制。当定子绕组流过三相对称、相角互差 120° 的正弦交流电流时，气隙中会形成一个以定子电流频率旋转的磁场矢量。

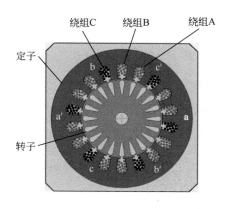

图 8-2　三对极的三相交流感应电机剖面图

根据三相交流感应电机的转子结构的不同，其可分为鼠笼式和绕线式，其中鼠笼式最为常见。鼠笼式转子绕组是自己短路的绕组，在转子每个槽中放有一根导体（材料为铜或铝），导体比铁芯长，在铁芯两端用两个端环将导体短接，形成短路绕组。若将铁芯去掉，剩下的绕组形状似松鼠笼子，故称为鼠笼式转子绕组。图 8-3 所示为特斯拉电动汽车上使用的鼠笼式感应电机的转子实物。

图 8-3　特斯拉电动汽车上使用的鼠笼式感应电机的转子实物

■ 8.1.2　交流感应电机的控制方法

V/F 恒压频比控制是最先被广泛应用的交流调速方法，此方法基于电机的稳态方程，通过在改变电机供电频率的同时协调改变供电电压的幅值来进行调速，具有实现简单且可靠性高的优点，比较适用于风机、水泵等场合。但是此种控制方法属于转速开环控制且动态性能不高。

后来出现了滑差频率控制方法，根据电机稳态方程，在磁链恒定时，电磁转矩与交流感应电机滑差成正比，因此，只要控制滑差频率就能控制电磁转矩，从而实现电机的调速。与 V/F 恒压频比控制方法相比，此方法引入了转速闭环，电机加减速更平滑，但是对于电机瞬时转矩的控制并不够好。

德国西门子公司于 1972 年提出了所谓的矢量控制理论，也称为磁场定向控制（Field-Oriented Control，FOC），其通过坐标变换实现了交流感应电机的磁链和转矩的解耦控制，使得交流感应电机的控制方式如同直流电机一般优异。矢量控制的缺点是对电机参数比较敏感，若要提高性能，需要加入参数辨识、参数补偿或者参数自适应等算法。

1985 年，德国学者提出了直接转矩控制（Direct Torque Control，DTC）理论。直接转矩控制也是一种转矩闭环控制方法，与矢量控制通过坐标变换然后解耦控制不同，直接转矩控制首先估算出电机的转矩和磁链，然后根据转矩误差和磁链误差的大小，通过查表选择逆变器的开关状态直接控制施加在电机定子的端电压，最终达到控制电机转速的目的。直接转矩控制对电机参数没有矢量控制那么敏感，鲁棒性更高，但是转矩和转速脉动也更明显。

8.1.3　交流感应电机的数学模型

交流感应电机有很多数学模型。用于矢量控制的模型可以从空间矢量理论的角度去分析。三相电机物理量（如电压、电流、磁链等）可以用综合空间矢量来表示。这个模型适用于任何电压电流瞬态时刻，可以同时表征电机在稳态和瞬态的运行性能。对于 Y 形连接的交流感应电机（若为△连接可等效为 Y 形连接），假设电机理想对称、气隙均匀且磁路线性，电机在 dq 旋转坐标系下的电压和磁链方程如下，d 轴与转子磁链矢量重合。

定子电压方程：

$$u_{sd} = R_s i_{sd} + \frac{\mathrm{d}\psi_{sd}}{\mathrm{d}t} - \omega_s \psi_{sq} \tag{8-1}$$

$$u_{sq} = R_s i_{sq} + \frac{\mathrm{d}\psi_{sq}}{\mathrm{d}t} + \omega_s \psi_{sd} \tag{8-2}$$

转子电压方程：

$$u_{rd} = R_r i_{rd} + \frac{\mathrm{d}\psi_{rd}}{\mathrm{d}t} - (\omega_s - \omega)\psi_{rq} \tag{8-3}$$

$$u_{rq} = R_r i_{rq} + \frac{\mathrm{d}\psi_{rq}}{\mathrm{d}t} + (\omega_s - \omega)\psi_{rd} \tag{8-4}$$

式中，ω_s 为定子同步电转速，ω 为转子电转速。

定子与转子磁链方程：

$$\psi_{sd} = L_s i_{sd} + L_m i_{rd} \tag{8-5}$$

$$\psi_{sq} = L_s i_{sq} + L_m i_{rq} \tag{8-6}$$

$$\psi_{rd} = L_r i_{rd} + L_m i_{sd} \tag{8-7}$$

$$\psi_{rq} = L_r i_{rq} + L_m i_{sq} \tag{8-8}$$

电磁转矩方程：

$$T_e = \frac{3}{2} n_p L_m (i_{sq} i_{rd} - i_{sd} i_{rq}) \tag{8-9}$$

式中，L_s 为 dq 旋转坐标系下定子绕组的自感，L_r 为 dq 旋转坐标系下转子绕组的自感，L_m 为 dq 旋转坐标系下定子与转子绕组之间的互感。由于 d 轴与转子磁链重合，故有

$$\psi_{rd} = L_r i_{rd} + L_m i_{sd} = \psi_r$$

$$\psi_{rq} = L_r i_{rq} + L_m i_{sq} = 0$$

从而得到

$$i_{rd} = \frac{\psi_r - L_m i_{sd}}{L_r} \tag{8-10}$$

$$i_{rq} = -\frac{L_m i_{sq}}{L_r} \tag{8-11}$$

式中，ψ_r 为转子磁链幅值。将式（8-10）和式（8-11）代入式（8-9）中可得

$$T_e = \frac{3}{2} n_p \frac{L_m}{L_r} \psi_r i_{sq} \tag{8-12}$$

将式（8-10）、式（8-11）、式（8-5）和式（8-6）代入式（8-1）和式（8-2）中，可将定子电压方程进一步写为

$$u_{sd} = R_s i_{sd} + \sigma L_s \frac{d i_{sd}}{dt} + \frac{L_m}{L_r} \frac{d \psi_r}{dt} - \omega_s \sigma L_s i_{sq} \tag{8-13}$$

$$u_{sq} = R_s i_{sq} + \sigma L_s \frac{\mathrm{d}i_{sq}}{\mathrm{d}t} + \omega_s \sigma L_s i_{sd} + \omega_s \frac{L_m}{L_r} \psi_r \qquad (8\text{-}14)$$

式中，σ 为感应电机漏磁系数 $\left(1 - \dfrac{L_m^2}{L_r L_s}\right)$。将 dq 旋转坐标系下的磁链方程式（8-5）～式（8-8）经过 Park 逆变换可得到两相静止坐标系下的磁链方程：

$$\psi_{s\alpha} = L_s i_{s\alpha} + L_m i_{r\alpha} \qquad (8\text{-}15)$$

$$\psi_{s\beta} = L_s i_{s\beta} + L_m i_{r\beta} \qquad (8\text{-}16)$$

$$\psi_{r\alpha} = L_r i_{rd} + L_m i_{s\alpha} \qquad (8\text{-}17)$$

$$\psi_{r\beta} = L_r i_{r\beta} + L_m i_{s\beta} \qquad (8\text{-}18)$$

而转子由于是短路绕组且 $\psi_{rq} = 0$、$\psi_{rd} = \psi_r$，故有

$$u_{rd} = R_r i_{rd} + \frac{\mathrm{d}\psi_{rd}}{\mathrm{d}t} - (\omega_s - \omega)\psi_q = R_r i_{rd} + \frac{\mathrm{d}\psi_r}{\mathrm{d}t} = 0 \qquad (8\text{-}19)$$

$$u_{rq} = R_r i_{rq} + \frac{\mathrm{d}\psi_{rq}}{\mathrm{d}t} + (\omega_s - \omega)\psi_{rd} = R_r i_{rq} + \omega_{slip}\psi_r = 0 \qquad (8\text{-}20)$$

稳态下，结合式（8-19）和 dq 旋转坐标系下的转子磁链方程式（8-7）可得

$$\frac{\mathrm{d}\psi_r}{\mathrm{d}t} = -R_r \frac{\psi_r - L_m i_{sd}}{L_r} \approx 0 \rightarrow \psi_r = L_m i_{sd} \qquad (8\text{-}21)$$

由式（8-20）和式（8-11）可以得到滑差转速：

$$\omega_{slip} = \frac{R_r L_m}{L_r \psi_r} i_{sq} \qquad (8\text{-}22)$$

矢量控制的目的是使用类似于直流电机的控制方案实现高性能的交流电机动态控制。基于 dq 旋转坐标系下的转子磁链及定子电流矢量图如图 8-4 所示。θ_{ψ_r} 是转子磁链矢量与 α 轴（A 相绕组轴线）的夹角。

由式（8-12）和式（8-21）可知，通过

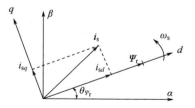

图 8-4 基于 dq 旋转坐标系下的转子磁链及定子电流矢量图

转子磁链定向，将定子电流分解为励磁分量 i_{sd} 和转矩分量 i_{sq}，转子磁链 ψ_r 仅由定子电流励磁分量 i_{sd} 产生，而电磁转矩 T_e 正比于转子磁链与定子电流转矩分量的乘积 $\psi_r i_{sq}$，从而实现了定子电流两个分量的解耦。图 8-5 标识了定子电压矢量、定子电流矢量，以及定子、转子及气隙磁链在 dq 旋转坐标系下的分布。其中 d 轴定向在转子磁链矢量方向，$\psi_{s\sigma}$、$\psi_{r\sigma}$ 为定子和转子的漏磁链。

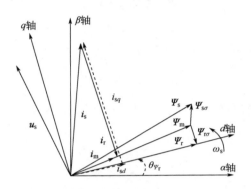

图 8-5　交流感应电机空间矢量图

8.2　转子磁链定向控制

高性能的电机控制表现为整个转速范围运行平稳、零速下全转矩控制和快速的加减速特性。三相交流感应电机一般使用矢量控制来实现上述目标。矢量控制技术又称磁场定向控制（FOC）。FOC 最基本的思想就是将定子电流解耦成一个控制磁场的电流分量和一个控制转矩的电流分量。经过解耦后，两个电流分量独立受控，互不干扰。这时电机的控制器结构就和他励直流电机控制器的结构一样简单。

图 8-6 所示为三相交流感应电机基本的矢量控制算法结构。为实现矢量控制，需要执行下列步骤。

（1）检测电机物理量（相电流和转速）。

（2）使用 Clarke 变换将三相定子电流变换到两相静止坐标系（α, β）。

（3）计算转子磁链空间矢量的幅值和相角。

（4）使用 Park 变换将 $\alpha\beta$ 轴定子电流旋转变换到 dq 旋转坐标系。

（5）分别独立控制转矩电流（i_{sq}）分量和励磁电流（i_{sd}）分量。

（6）使用交直轴控制器计算输出定子电压空间矢量。

（7）定子电压空间矢量经过 Park 逆变换从 dq 旋转坐标系变换到 $\alpha\beta$ 两相静止坐标系。

（8）使用空间矢量调制，产生三相电压输出。

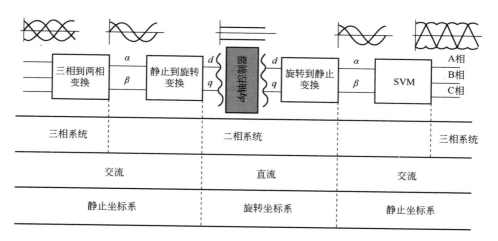

图 8-6　三相交流感应电机基本的矢量控制算法结构

为了将定子电流分解为转矩电流分量和励磁电流分量，必须知道电机励磁磁链的位置，这需要精确检测转子的位置和转速信息。在矢量控制系统中，通常使用安装在转子上的增量式编码器或解析器来作为转子位置传感器。然而，在一些应用中，不能使用位置传感器，那么需要采用一些间接的技术来估计转子的位置，这种不直接使用位置传感器的算法称为无位置传感器控制。基于图 8-6 所示的矢量控制算法结构及交流感应电机的数学模型，可以得到基于转子磁场定向的三相交流感应电机矢量控制算法系统框图，如图 8-7

所示。其他矢量定向控制方案与其类似，可以实现电机磁场和转矩的独立控制，控制的目标是调节电机的转速。转速命令值由上位机控制界面设定。具体算法由快速电流控制环和慢速转速控制环两个控制环路实现。

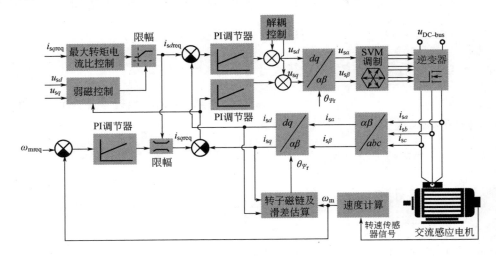

图 8-7   基于转子磁场定向的三相交流感应电机矢量控制算法系统框图

为实现精确的三相交流感应电机的转速控制，需要采集反馈信号。必要的反馈信号包括相电流、母线电压、转速。相电流一般通过电阻采样或者线性霍尔元件采样得到。母线电压的检测是为了过压、欠压保护和母线电压的纹波消除。一般交流感应电机对转速的精度要求并没有永磁同步电机高，在一般的家电领域，通常使用开关霍尔传感器或者测速发电机作为位置传感器。

■ 8.2.1   最大转矩电流比控制

因为需要励磁电流来生成转子磁场，交流感应电机在效率上是无法与永磁同步电机相比的，尤其是轻载下的效率。为了提高交流感应电机在不同负载下的效率，这里提出最大转矩电流比控制的算法，该算法是一个基于电机损耗模型的节能策略。顾名思义，该策略的目的是使用尽量小的定子电流幅值来达到最大的输出电磁转矩，基于这个策略可以得到最终的转子磁链和励磁电流命令。

结合 d 轴转子磁链方程式（8-21）和电磁转矩方程式（8-12）可得

$$T_\mathrm{e} = \frac{3}{2} n_\mathrm{p} \frac{L_\mathrm{m}^2}{L_\mathrm{r}} i_{sd} i_{sq} = \frac{3}{4} n_\mathrm{p} \frac{L_\mathrm{m}^2}{L_\mathrm{r}} |\boldsymbol{i}_\mathrm{s}|^2 \sin 2\theta_\mathrm{I} \qquad （8-23）$$

式中，θ_I 是定子电流矢量 $\boldsymbol{i}_\mathrm{s}$ 与 d 轴之间的角度，最佳的电流角度可以由以下式计算得到：

$$\frac{\mathrm{d}T_\mathrm{e}}{\mathrm{d}t} = \frac{3}{2} n_\mathrm{p} \frac{L_\mathrm{m}^2}{L_\mathrm{r}} |\boldsymbol{i}_\mathrm{s}|^2 \cos 2\theta_\mathrm{I} = 0 \rightarrow \theta_\mathrm{I} = \frac{\pi}{4} \qquad （8-24）$$

简单来说，根据最大转矩电流比控制策略，定子电流在 dq 轴上的分量应该相等。

交流感应电机的能量表达式为

$$P_\mathrm{in} = P_\mathrm{cu} + P_\mathrm{loss} + P_\mathrm{out} = R_\mathrm{s} |\boldsymbol{i}_\mathrm{s}|^2 + P_\mathrm{loss} + T_\mathrm{load} \omega_\mathrm{m} \qquad （8-25）$$

式中，P_in 为电机的输入电功率；P_cu 为定子电阻的铜耗；P_loss 为剩余的损耗，包括铁耗、转子的铜耗及一些杂散损耗；P_out 为电机的输出机械功率；T_load 为负载转矩；ω_m 为转子机械转速。由式（8-25）可知，同样的输出电磁转矩下，MTPA 控制可以将定子电阻上的铜耗 P_cu 降到最低，同时减小由电流带来的铁耗。

实际控制过程中，i_{sd} 的大小需要有一个限幅，假设定子电流的限幅值为 I_max，那么由图 8-8 可知，i_{sd} 的最大值为 $\dfrac{I_\mathrm{max}}{\sqrt{2}}$。理论上 i_{sd} 没有最小值限制，但是由电磁转矩式（8-12）可知，电机磁链的减小会影响同样的转矩电流变化带来的电磁转矩变化，从而影响了电机转速控制环的控制带宽，降低了交流感应电机对负载转矩的响应速度，因此，即使在轻载下，电机励磁电流也不应太小，其最小限幅值可以取一个比较适合的经验值。

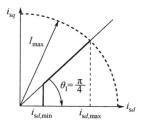

图 8-8　交流感应电机最大转矩电流比控制矢量图

在电机进入弱磁区间后，为了获得更高的转速，需要对交流感应电机进行弱磁控制，即降低励磁电流的大小，此时 MTPA 控制下输出的 i_{sd} 参考给定由弱磁控制的输出取代。具体的幅值大小可以用以下式子近似。

$$i_{sd,\max} \cong \frac{U_{\max}}{2\pi L_m f_N}$$

式中，f_N 为电机运行频率。具体的弱磁控制输出将在 8.2.2 小节介绍。

8.2.2 交流感应电机弱磁控制

由定子电压方程式（8-13）和式（8-14）可以看出，q 轴电压中包含了电角速度 ω_s 及转子磁链分量 ψ_r，稳态下若 i_{sd} 保持不变，则 ψ_r 也不变，此分量随着电机转速增大而线性增大，最终电机转速会因为达到了逆变器的最大电压输出限制而停止增长。此时如果我们需要交流感应电机达到更高的转速，就需要对电机进行弱磁控制，即通过减小 ψ_r 使得在同样的电压输出能力的基础上达到更高的转速。

由电磁转矩方程式（8-12）可知，通过弱磁控制提升电机转速是以降低额定电流下感应的电机最大带载能力为代价的。通常称非弱磁区为恒转矩区，弱磁区为恒功率区。弱磁区中电机能输出的最大力矩反比于转速。

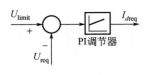

图 8-9 交流感应电机电压限制圆法弱磁控制策略

弱磁控制策略有很多种，通常比较简单的做法是直接使用给定电压幅值命令与电压限幅值的误差作为 PI 调节器的输入，PI 调节器的输出即为实际励磁电流给定值，如图 8-9 所示。

此方案设计和实现比较简单，但是在弱磁切入点附近存在振荡的问题，下面介绍一个恩智浦专利中关于弱磁算法的实现，如图 8-10 所示。

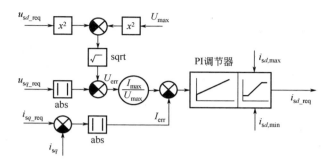

图 8-10　交流感应电机弱磁控制策略（恩智浦专利算法）

最终弱磁控制 PI 调节器的输入为电压误差与电流误差的和值。具体工作模式可以从进弱磁和退弱磁两部分来阐述。

进弱磁：电机进入弱磁点时，可以认为此时已经达到了电压限幅值，因此，可以认为 U_{err} 约等于 0，此时如果需求更高的转速，转矩电流会因为电压达到了限幅值而无法维持跟踪，导致 I_{err} 为正值，$U_{err}I_{max}/U_{max}$ 与 I_{err} 的差通过 PI 调节器后会降低励磁电流 i_{sd} 的输出，从而实现弱磁升速的目的。

退弱磁：电机在弱磁区减速时，此时转矩电流能维持跟踪，因此，可以认为 I_{err} 约等于 0，降速会导致实际瞬态需求电压小于电压最大限幅值，即 U_{err} 在降速的动态过程中呈现一正值，输入 PI 调节器后励磁电流 i_{sd} 会慢慢回升，即实现退弱磁控制的操作。

此专利的优势是进弱磁和退弱磁的操作分别通过电流误差和电压误差得到，切换比较平滑。

8.2.3　定子电压解耦

为了实现转子磁链定向的矢量控制，定子电流的直轴分量（励磁相关分量）和交轴分量（转矩相关分量）必须独立控制。但是定子电压交、直轴分量是互相耦合的，直轴分量 u_{sd} 和 i_{sq} 相关，交轴分量 u_{sq} 和 i_{sd} 相关，因此，不能认为交、直轴电压是对转矩和磁链的解耦控制分量，只有定子电压实现解耦，定子电流交、直轴分量才能实现独立解耦控制。

定子电压在 dq 旋转坐标系上的分量可以分解为线性分量和解耦分量：

$$u_{sd} = u_{sd}^{\text{line}} + u_{sd}^{\text{decouple}} \tag{8-26}$$

$$u_{sq} = u_{sq}^{\text{line}} + u_{sq}^{\text{decouple}} \tag{8-27}$$

若忽略定转子漏感乘积量等较小量，且认为 ψ_r 保持不变，将式（8-13）和式（8-14）化简可得

$$u_{sd}^{\text{line}} = R_s i_{sd} + \sigma L_s \frac{\mathrm{d}i_{sd}}{\mathrm{d}t} \tag{8-28}$$

$$u_{sd}^{\text{line}} = R_s i_{sq} + \sigma L_s \frac{\mathrm{d}i_{sq}}{\mathrm{d}t} \tag{8-29}$$

$$u_{sd}^{\text{decouple}} = -\omega_s (L_{s\sigma} + L_{r\sigma}) i_{sq} \tag{8-30}$$

$$u_{sq}^{\text{decouple}} = \omega_s \frac{L_m}{L_r}[(L_{s\sigma} + L_{r\sigma}) i_{sd} + L_m i_{mr}] \tag{8-31}$$

式中，$L_{s\sigma}$ 为定子漏感，$L_{r\sigma}$ 为转子漏感。

■ 8.2.4　带位置传感器时转子磁链位置估算

转子磁链位置的获取对交流感应电机矢量控制是至关重要的。dq 旋转坐标系只有在转子磁场方向确定后才能建立。目前有很多种方法来估算转子磁链的位置，本书介绍一种在 dq 轴下基于转子磁链时不变方程来估算转子磁链的方法。

转子磁链的位置可以通过对同步角速度积分得到，而同步角速度等于转子转速加上滑差转速。

$$\theta_{\psi_r} = \int_0^t (\omega + \omega_{\text{slip}}) \mathrm{d}t \tag{8-32}$$

定义转子励磁电流（Magnetizing Rotor Current）$i_{mr} \triangleq \dfrac{\psi_r}{L_m}$，定义转子时间

常数 $\tau_r \triangleq \dfrac{L_r}{R_r}$ 。

则可以化简得到式（8-22）中的滑差转速 ω_{slip} ：

$$\omega_{\text{slip}} = \frac{1}{\tau_r i_{\text{mr}}} i_{sq} \tag{8-33}$$

根据转子电压方程式（8-3）和转子磁链方程式（8-10），可以消去无法测量的转子电流并得到转子磁链的单一微分方程：

$$\frac{\mathrm{d}\psi_r}{\mathrm{d}t} = \frac{L_m}{\tau_r} i_{sd} - \frac{\psi_r}{\tau_r} \tag{8-34}$$

用转子励磁电流替换式（8-34）中的转子磁链，可得

$$\frac{\mathrm{d}i_{\text{mr}}}{\mathrm{d}t} = \frac{1}{\tau_r}(i_{sd} - i_{\text{mr}}) \tag{8-35}$$

式（8-35）可以很容易在微控制器中离散化后实现。dq 轴定子电流 i_{sd} 和 i_{sq} 可以通过将采集的电机三相相电流结合当前转子磁链位置进行 Clarke 和 Park 变换得到，然后由式（8-35）可以计算出转子励磁电流 i_{mr}，结合式（8-33）进一步得到滑差转速 ω_{slip}。转子的实际电转速 ω 来自位置传感器，由式（8-32）得到更新的转子磁链位置。

这个方法的优点在于它是在一个线性时不变的坐标系下估算的。很多非线性时变耦合的变量都可以用直流量来表示。其不足之处在于此方法严重依赖转子时间常数，而转子时间常数随着转子温度波动很大。为了保证该方法的精度，需要对方案进行改进，在后文中将介绍转子时间常数校正算法。

■ 8.2.5　无位置传感器控制

近几年来，随着电力电子技术及控制理论的发展，交流控制系统逐步向高性能化发展，而高性能的控制系统，转速闭环控制是必不可少的。在交流感应电机控制系统中，位置传感器通常使用转子光电编码器或者测速发电机。

这些传感器一般都围绕电机转轴安装，对安装精度有需求，降低了感应电机的可靠性且提升了控制系统的成本。因此，交流感应电机无位置传感器控制系统已经成为目前交流感应电机控制的研究热点。

无位置传感器控制算法的关键在于感应电机在线参数的辨识和估算，目前国内外的学者提出了很多无位置传感器控制算法，比较典型的有直接计算法、模型参考自适应法、卡尔曼滤波器法、磁链观测器法和信号注入法等。本小节主要介绍目前被广泛使用的磁链观测器法，其控制框图如图 8-11 所示。

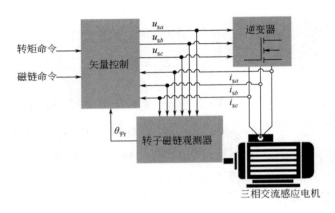

图 8-11　交流感应电机无位置传感器控制框图（磁链观测器法）

磁链观测器法包括电压模型法、电流模型法和混合模型法。

1. 电压模型法转子磁链观测器

两相静止坐标系下，定子磁链可以由式（8-36）方便地得到：

$$\boldsymbol{\psi}_{s\alpha\beta} = \int \left(\boldsymbol{u}_{s\alpha\beta} - R_s \boldsymbol{i}_{s\alpha\beta} \right) \mathrm{d}t \tag{8-36}$$

此模型是一个纯积分环节，任何噪声都会带来直流偏置问题。比较常规的做法是在积分环节后再加入一个一阶高通滤波器，即可以等效为一个一阶低通环节。

$$\frac{1}{s} \cdot \frac{s}{s+\omega} = \frac{1}{s+\omega} \tag{8-37}$$

式中，$\omega = 2\pi f$ 为截止频率，截止频率太低可能无法杜绝积分漂移，太高会导致转子磁链观测误差变大，应将截止频率设置为低于积分量的最小频率适当值。使用一阶低通环节代替积分环节后，定子磁链为

$$\psi_{s\alpha}(s) = \frac{\tau_1}{\tau_1 s + 1}[U_{s\alpha}(s) - R_s I_{s\alpha}(s)]$$

$$\psi_{s\beta}(s) = \frac{\tau_1}{\tau_1 s + 1}[U_{s\beta}(s) - R_s I_{s\beta}(s)]$$

（8-38）

最终转子磁链可由式（8-5）～式（8-8）推导得到：

$$\hat{\boldsymbol{\psi}}_{r\alpha\beta} = \frac{L_r}{L_m}\left(\hat{\boldsymbol{\psi}}_{s\alpha\beta} - \sigma L_s \boldsymbol{i}_{s\alpha\beta}\right)$$

（8-39）

转子磁链角度可以由转子磁链经过反正切函数计算得到：

$$\theta_{\psi_r} = \arctan\left(\frac{\hat{\psi}_{r\beta}}{\hat{\psi}_{r\alpha}}\right)$$

（8-40）

电压模型在高速下有良好的鲁棒性和精度，但是也存在因近似积分环节带来的相角误差和对定子电阻参数敏感这两个缺点。

2. 电流模型法转子磁链观测器

根据转子磁链的微分方程式（8-34）可以得到电流模型法转子磁链观测器的模型。

$$\psi_{rd} = \frac{L_m}{\tau_r s + 1} \cdot i_{sd}$$

（8-41）

$$\psi_{rq} = 0$$

（8-42）

与电压模型相比，电流模型不依赖定子电阻参数，且不含纯积分环节，所以，在低速下性能比电压模型优异。但是电流模型比较依赖转子时间常数 τ_r 的准确性，高速下其性能不如电压模型。

3. 混合模型法转子磁链观测器

考虑到电压模型和电流模型适用的转速范围不同，且对不同的电机参数

敏感，为了构造在宽转速范围内稳定和精确的磁链观测器，结合电压模型和电流模型的优点，可以构造出混合转子磁链观测器，如图 8-12 所示。

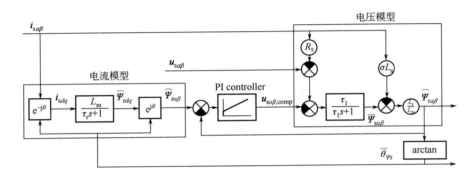

图 8-12　交流感应电机混合转子磁链观测器

此观测器同时包含了电压模型和电流模型，具体原理是将电压模型和电流模型估算的转子磁链差经过 PI 调节器后输出补偿电压 $u_{s\alpha\beta,comp}$ 来校正电压模型转子磁链观测器。

4．转速观测器

观测出转子磁链角度后，还需要辨识出转子转速才能进行转速闭环控制。这里介绍基于模型参考自适应系统（Model Reference Adaptive System，MRAS）法的转速观测器实现原理。MRAS 法是利用两套不同的输入变量、两个不同结构的电机模型来估计电机的同一变量。其中，不涉及被估计量的电机模型称为参考模型，涉及被估计量的电机模型称为自适应模型，其原理框图如图 8-13 所示。

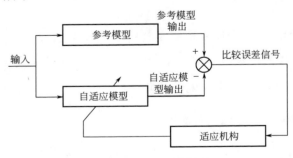

图 8-13　MRAS 法原理

在交流感应电机无位置传感器控制转速观测器中，可以使用图 8-12 中介绍的与转子转速 ω 无关的混合转子磁链观测器作为参考模型。

构建另一个与转子电转速同步旋转的旋转坐标系 $d'q'$，则转子电压方程式（8-3）和式（8-4）在此坐标系下可以化简为式（8-43）。

$$\boldsymbol{u}_{\mathrm{r}d'q'} = R_{\mathrm{r}}\boldsymbol{i}_{\mathrm{r}d'q'} + \frac{\mathrm{d}\boldsymbol{\psi}_{\mathrm{r}d'q'}}{\mathrm{d}t} = 0 \tag{8-43}$$

式（8-43）结合转子磁链方程式（8-7）和式（8-8）化简后可得式（8-44）。

$$\frac{\mathrm{d}\boldsymbol{\psi}_{\mathrm{r}d'q'}}{\mathrm{d}t} = -\frac{1}{\tau_{\mathrm{r}}}\boldsymbol{\psi}_{\mathrm{r}d'q'} + \frac{L_{\mathrm{m}}}{\tau_{\mathrm{r}}}\boldsymbol{i}_{sd'q'} \tag{8-44}$$

根据式（8-44）可以构建一个自适应模型，最终误差信号来自参考模型与自适应模型输出的两个转子磁链矢量之间的夹角，可以通过这两个矢量叉乘得到，然后经过 PI 调节器校正自适应模型中的坐标变换角度，从而达到辨识转子转速的目的，$\hat{\psi}$ 代表磁链的在各个模型中的观测值。

$$e_{\mathrm{MRAS}} = \hat{\boldsymbol{\psi}}'_{\mathrm{r}\alpha\beta} \times \hat{\boldsymbol{\psi}}''_{\mathrm{r}\alpha\beta} = \hat{\psi}'_{\mathrm{r}\alpha}\hat{\psi}''_{\mathrm{r}\beta} - \hat{\psi}'_{\mathrm{r}\beta}\hat{\psi}''_{\mathrm{r}\alpha} \tag{8-45}$$

基于 MARS 法的转速观测器模型框图如图 8-14 所示。

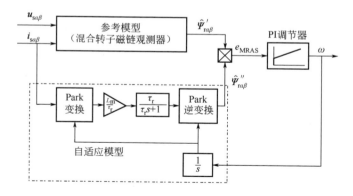

图 8-14　基于 MARS 法的转速观测器模型框图

结合图 8-14 及以上观测器，可得基于转子磁链观测器的交流感应电机无位置传感器矢量控制框图，如图 8-15 所示。

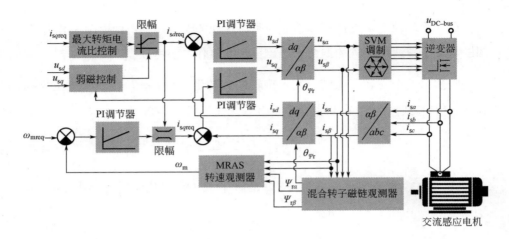

图 8-15　基于转子磁链观测器的交流感应电机无位置传感器矢量控制框图

8.3　典型交流感应电机控制方案

　　三相交流感应电机的控制是一个完整的软硬结合的系统，不同的产品对电机控制系统的性能、成本等都有不同的需求，这些不同的需求会带来诸如控制芯片选型、硬件拓扑设计、电机型号选取、控制算法设计等的差别。本节以目前交流感应电机在家电领域的一个典型应用场景——滚筒洗衣机为例，从软硬件的设计尤其是矢量控制算法在微控制器中的实现的角度详细介绍其控制方案。本方案主要规格需求如下。

● 三相交流感应电机矢量控制。

● 基于低成本位置传感器（测速发电机）的转速闭环控制。

● 高调速范围，最低转速几十转/分到最高转速为 18000r/min（一对极电机）。

● 母线单电阻电流采样。

- 敏感参数在线辨识校正。

- 串口转速命令给定及系统在线调试。

结合此规格要求，我们选择了恩智浦半导体 MC56F82748 微控制器，洗衣机解决方案框图如图 8-16 所示。

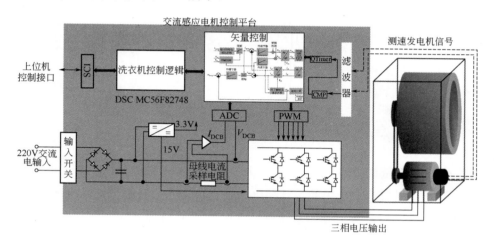

图 8-16　基于恩智浦半导体 MC56F82748 微控制器的
交流感应电机洗衣机解决方案框图

8.3.1　控制环路介绍

结合矢量控制原理的基本框图和系统规格要求，基于 MC56F82748 的交流感应电机洗衣机矢量控制框图如图 8-17 所示。整个控制系统由典型的三闭环组成：两个电流控制环为快速环，每 200μs 执行一次，用于控制定子转矩电流 i_{sq} 和励磁相关电流 i_{sd}；转速控制环为慢速环，每 1ms 执行一次，用于控制转子转速并得到转矩电流参考给定。

快速控制环需要按顺序执行如下任务。

- 基于单电阻采样的三相相电流重构：得到定子三相相电流。

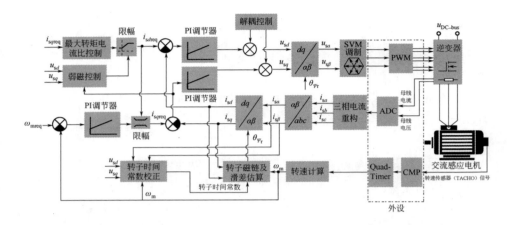

图 8-17　基于 MC56F82748 的交流感应电机洗衣机矢量控制框图

- Clarke 与 Park 变换：基于转子磁链位置 θ_{ψ_r} 得到 dq 轴电流 i_{sd} 与 i_{sq}。

- 转子磁链位置估算：基于 i_{sd}、上一拍的转子励磁电流 i_{mr} 及转子时间常数 τ_r 计算得到更新的 i_{mr}，并以此结合 i_{sq} 得到更新的滑差转速 ω_{slip}。基于转子时间常数校正算法的输出补偿系数得到补偿之后的滑差转速 ω_{slip}。最后基于实际测得的转子转速 ω 和补偿后的滑差转速 ω_{slip} 得到同步转速 ω_s，并最终得到更新的转子磁链位置 θ_{ψ_r}。

- 交直轴电流控制：基于更新的转子磁链位置 θ_{ψ_r} 得到电流 i_{sd} 与 i_{sq}，用 PI 控制器将其控制在参考值上。

- 定子电压解耦：电流 PI 控制器的输出加上解耦分量得到期望输出的电压 u_{sd} 与 u_{sq}。

- 母线电压纹波消除：根据母线实际电压值对给定电压 u_{sd} 与 u_{sq} 进行补偿，得到最终给 SVM 模块的 $\alpha\beta$ 轴电压。

- 空间矢量调制（SVM）：得到三相 PWM 占空比，并结合母线电流单电阻采样对输出的 PWM 波形进行边沿调整。

慢速控制环需要执行的任务如下。

- 转速计算：根据转速传感器信号计算转子实际转速。

- 基于 PI 控制器的转子时间常数校正：为了降低因电机发热等因素引起的滑差转速估算误差，此算法生成一个补偿系数，在快速控制环中与滑差转速相乘进行补偿。

- 转速控制：根据给定参考转速用 PI 控制器进行控制，得到 q 轴电流给定。

- 基于 PI 控制器的弱磁环：根据电压和电流信息得到 d 轴电流给定，能自动进入和退出弱磁状态。

- 电流控制环耦合分量计算。

恩智浦半导体 MC56F82748 数字信号控制器不仅带有兼具 DSP 和 MCU 优点的内核，同时还集成了诸多如脉宽调制器（PWM）、模/数转换器（ADC）、定时器、DMA、内部模块互联单元（XBAR）、通信外设（SCI、SPI、IIC）和片内 Flash 及 RAM 存储器等专用外设模块，非常适用于数字电机控制应用。本案例中三相交流感应电机矢量控制和单电阻电流采样算法对 PWM 和 ADC 模块有特殊的需求。MC56F82748 的 eFlexPWM 模块可以灵活地配置 PWM 波形中上升沿和下降沿的位置，从而实现高效的三相交流感应电机矢量控制和单电阻电流采样。具体 eFlexPWM 模块和 ADC 模块的特点可以参看芯片的参考手册。

8.3.2 低成本电流及转速采样实现方案

矢量控制的实现离不开电机三相电流及转速的实时获取，在家电领域，对系统的物料成本控制比较苛刻，本案例最大化利用数字控制器的处理能力，通过软件算法的改进，在保证采样可靠性的基础上最大化节省物料成本。本案例选取了基于单电阻采样的电流采样方案及低物料成本的测速发电机转速获取方案。

1. 基于单电阻采样的三相电流重构

矢量控制算法需要采样电机的三相电流，一种标准的方案是通过电流互感器或者采样电阻直接对相电流进行采样。为了降低设计的成本，本方案通过一个母线电流采样电阻来采样并重构电机的三相电流，如图 8-18 所示。

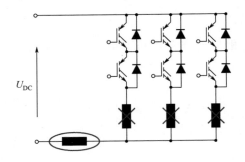

图 8-18　单电阻直流母线电流采样

根据 SVM 调制的各个开关状态，可以重构出电机的三相电流。ADC 模块在一个 PWM 周期中的非零矢量作用时间内采样直流母线电流。当 V1 矢量作用时，电流从 A 相绕组流入，从 B、C 两相绕组流出，当 V2 矢量作用时，电流从 A、B 两相绕组流入，从 C 相绕组流出。因此，在每个扇区都有两相电流是可以测量的。根据三相电流的瞬时值相加为零，可以得到第三相绕组的电流值。电压矢量和重构出的相电流的对应关系如表 8-1 所示。

表 8-1　电压矢量和重构出的相电流的对应关系

电压矢量	直流母线电流
V_1（100）	$+i_a$
V_2（110）	$-i_c$
V_3（010）	$+i_b$
V_4（011）	$-i_a$
V_5（001）	$+i_c$
V_6（101）	$-i_b$
V_7（111）	0
V_0（000）	0

每两个 PWM 周期触发 3 次 ADC 转换，采样时刻点设定在有效开关矢量的左边一半的中点处（本案例中，SVM 调制是七段式）。第三个触发点设定在 PWM 周期的中点处，此时所有 IGBT 的下桥臂开关器件全部关闭，采样值用作电流采样偏置，如图 8-19 所示。

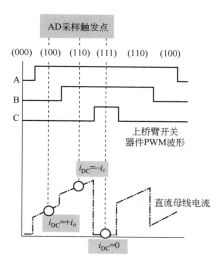

图 8-19　单电阻采样时间点及重构

但是直流母线电流在以下两种情况下无法保证重构出三相相电流的正确性。

● 当电压矢量穿越扇区边沿时刻时，一个有效电压矢量比较短，其对应的直流母线电流采样结果的正确性无法保证，如图 8-20 所示。

● 调制比太低时，两个有效电压矢量都比较短，直流母线电流采样结果的正确性无法保证，如图 8-21 所示。

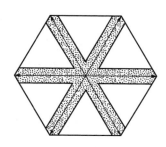

图 8-20　穿越扇区边沿

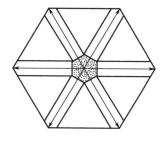

图 8-21　低调制比情况

这两种情况可以通过非对称 PWM 来解决，为了获得足够的电流采样时间，需要在保证每相 PWM 占空比不变的情况下将某一相或某两相 PWM 进行相移。非对称 PWM 可以解决以上两个直流母线电流无法采样的问题。

对于第一种情况，电压矢量穿越扇区边沿时刻，冻结其中一相 PWM 的中心点，对另一相 PWM 进行移相，如图 8-22 所示。

对于第二种情况，调制比太低时，中心相 PWM 维持原状，两侧 PWM 沿相反方向移相，如图 8-23 所示。

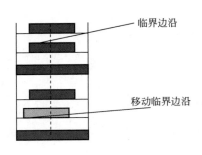

图 8-22　扇区边沿处的 PWM 移相

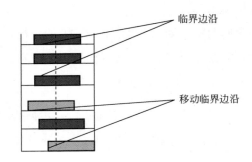

图 8-23　低调制比时的 PWM 移相

三相电流重构的限制条件如下。

● 在每两个 PWM 周期内需要触发 3 次电流采样，ADC 转换时间加上 ADC EOS 中断执行时间限制了最小的采样时间。

● 为了电流采样的精度，电压矢量的作用时间至少需要 3μs（硬件相关）。

● 最大电压矢量的长度受到 PWM 边沿移相的限制（本案例中约为 3μs），因此，不能达到 100%占空比，如果占空比达到 100%，就不能通过 PWM 移相实现非对称 PWM。

● PWM 重载中断中需要执行三相电流重构程序、快速电流环程序（包括 Park 变换、Park 逆变换、PI 调节器、滑差转速估算等）等，在 MC56F82748 中总共的执行时间较长，此时 PWM 周期为 100μs，考虑到程序执行时间较长，因此需要每两个 PWM 周期执行一次 PWM 重载中断，降低了系统快速环的控制频率。

● PWM 移相在低速下会带来更大的电磁噪声，这对系统 PCB 硬件板的 EMI 设计提出了更高的要求。

2．转速测量

测速发电机是一种安装在电机轴上的测量电机机械转速的仪器，它产生一个和电机实际转速成线性的交流电压，此交流电压可用作转速控制环的反馈信号。其测量的精度和测速发电机的极对数有关，在本案例中，使用的测速发电机极对数为 8 对极，在一个机械周期内能产生 8 个周期的正弦波信号。使用测速发电机最大的缺点是不能测量低速信号。

有两种方式使用测速发电机获取转速，一种方式是使用一个外部比较器，另一种方式是使用芯片内部的模拟比较器。在这两种情况下，转速都在 1ms 定时器中断内计算。为了减少设计的成本，我们选择了第二种方式。

模拟比较器用来检测测速发电机生成的正弦波信号的过零点。测速发电机的信号通过外部滤波器和限幅电路直接接到芯片内部模拟比较器输入口，模拟比较器输出的上升沿和下降沿用作正交计数器的触发信号，触发正交计时器计数，T 法测速测得转速值。这样测速发电机输出的电压信号被转换为频率值，此频率值和电机实际转速成正比，整个系统框图如图 8-24 所示。

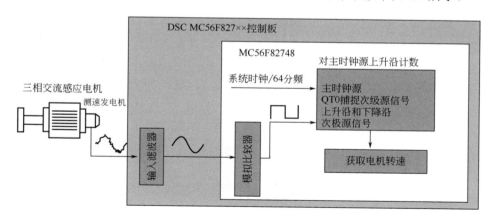

图 8-24　使用模拟比较器获取转速的系统框图

转速可以用下式表示：

$$speed = \frac{k_1}{2n_p T_{T0}} = \frac{k}{T}$$

式中，Speed 为计算得到的转速（r/min）；k_1，k 为常数；n_p 为测速发电机的极对数；T_{T0} 为测速发电机信号周期；T 为转速计算环中测速发电机信号的平均周期（s）。

实际上电机转速可以通过测速发电机的信号频率来得到。常数 k 包含了测速发电机极对数和 QT0 捕捉到的电压过零点的频率。

此方式最大的优势是节省系统成本，但是测速发电机在一个机械转速周期内得到的信号数目不足，计算得到的转速也不会很精确，这会影响转速控制环的稳定性。

■ 8.3.3 转子时间常数校正

前面所述的转子磁链模型严重依赖转子时间常数，不准确的转子时间常数会导致 dq 轴分量估算不准确，从而降低系统的动态性能和稳定性。这个问题可以通过一个在线实时转子时间常数校正算法来解决。

目前很多文献中都提出了相关校正技术，这些技术的目的几乎都是将电机测量出的状态变量和估算值进行比较，然后用误差来校正模型参数，我们称这类观测器为闭环观测器，与开环观测器相比，闭环观测器提高了系统的精度。

本书的转子时间常数校正算法是基于定子电压方程提出的，定子电压方程式（8-13）和式（8-14）在稳态下可以简化为如下两个方程。

$$u_{sd} = R_s i_{sd} - \omega_s \sigma L_s i_{sq} \tag{8-46}$$

$$u_{sq} = R_s i_{sq} + \omega_s \sigma L_s i_{sd} + \omega_s \frac{L_m}{L_r} \psi_{rd} \tag{8-47}$$

其中，直轴电压方程是由定子电流分量、定子电阻 R_s 和电机电感 L_s、L_r、L_m 构成的函数，此函数和转子时间常数无关，可以用式（8-46）来校正转子时间常数，构造误差函数式（8-48）。

$$u_{sd} - \left(R_s i_{sd} - \omega_s \sigma L_s i_{sq} \right) = \text{ERROR} \qquad\qquad (8\text{-}48)$$

将此误差信号作为 PI 调节器的输入，PI 调节器输出一个补偿系数，在转子磁链观测器中与滑差转速相乘将误差控制为零。带转子时间常数校正的转子磁链观测器如图 8-25 所示。

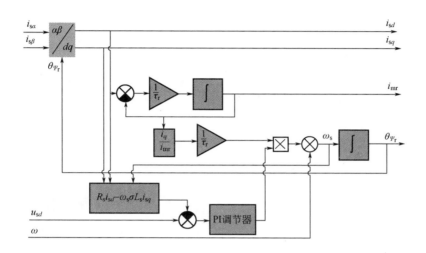

图 8-25　带转子时间常数校正的转子磁链观测器

8.3.4　应用软件设计

应用软件是实时运行的中断驱动，在本案例的电机控制软件进程中有 3个周期性的中断服务进程，如图 8-26 所示。

PIT 中断服务程序产生一个 1ms 一次的计时器中断，用来执行慢速转速控制环。

QuadTimer 输入捕捉中断由测速发电机信号经 ACMP 比较后的方波信号的上升沿和下降沿触发，用于计算电机实际转速。

PWM 重载中断服务程序每两个 PWM 周期（200μs）执行一次重载中断，用来执行快速电流控制环控制。

ADC EOS 中断服务程序在一个 PWM 周期内执行 3 个重要的母线电流采样值的读取。

PWM 过流中断服务程序在过流故障情况发生时处理过流故障。只有当故障发生时，此中断才会被触发。

系统主循环在 main 函数中执行，用来处理一些与时序关系不大的任务，例如，状态机和 FreeMASTER 轮询函数。

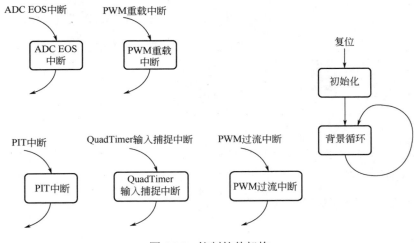

图 8-26　控制软件架构

8.3.5　系统时序设计

快速电流控制环在 PWM 重载中断中执行，通过 PWM 重载同步信号进行同步。在 PWM 重载中断执行之前，3 个母线电流的采样值在 ADC EOS 中断中被读取出来。ADC 采样结束后，PWM 重载中断被使能和执行。

PWM 模块配置为中心对称模式，开关频率设定为 10kHz，母线时钟频率为 50MHz（PWM 周期为 100μs），每两个 PWM 周期（200μs）产生一个 PWM

重载同步信号，ADC 触发信号与 PWM 子模块触发信号相关联，PWM 子模块 3 的 0、2、4 通道的匹配事件被用于触发 ADC 母线电流采样时刻点。最后一次 ADC 采样结束后进入 ADC EOS 中断，ADC EOS 中断完成后，执行 PWM 重载中断。ADC 母线电流采样和 PWM 重载中断时序图如图 8-27 所示。

- 输出 PWM 重载同步信号，此时 PWM 周期寄存器的值由 MOD 值变为 INIT 值。

- PWM 重载同步信号触发 PWM 子模块 3，PWM 子模块 3 计时器开始计时。

- PWM 子模块 3 计时器计时达到 PWM 子模块 3 的 0、2、4 通道值时，触发 ADC 采样转换。

- 3 次 ADC 采样转换结束后，ADC EOS 中断标志位置 1，进入 ADC EOS 中断，读取 ADC 结果寄存器的值。

- 禁止 ADC EOS 中断，使能 PWM 重载中断。

- 进入 PWM 重载中断，运行三相电流重构和快速电流控制环控制，最后禁止 PWM 重载中断，使能 ADC EOS 中断。

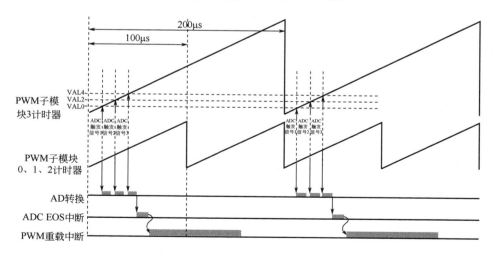

图 8-27　ADC 母线电流采样和 PWM 重载中断时序图

8.4 小结

三相交流感应电机作为目前工业控制领域应用最多的电机,其控制技术的发展对诸多行业都有重要的影响。本章详细介绍了三相交流感应电机的数字控制原理,首先介绍了三相交流感应电机的本体结构,然后详细推导了其在旋转坐标系下的数学模型,随后着重介绍了目前应用最广泛的矢量控制方法及典型无位置传感器算法,最后以恩智浦半导体公司的交流感应电机洗衣机方案为例介绍了交流感应电机在微控制器中应用的实例设计。

交流感应电机与永磁同步电机同属于交流调速系统中应用广泛的电机,两者不可避免要进行一些对比,与永磁同步电机相比,交流感应电机最大的问题是最高效率低、转子发热严重,从而导致其体积偏大、功率密度不高。但是交流感应电机也具备了一些永磁同步电机不具备的优点,因为稀土材料的不可再生性,永磁材料成本逐年提升,使得交流感应电机的成本优势更加明显,且不存在退磁问题,更加坚固耐用。交流感应电机在特定的领域,特别是高压、高功率电机领域有绝对优势。

目前交流感应电机控制的研究热点主要集中在本体优化设计、无位置传感器控制、参数在线辨识、人工智能控制等方向,这些技术的发展对国民经济有着深远的影响。

第 9 章

步进电机的数字控制

步进电机（Stepper Motor）得益于其较简易的多极对数机械结构、高效率和高功率密度，在制造材料成本和效率方面具有优势。在同样的输出功率下，较小体积的步进电机可以输出较大的力矩，从而减小最终产品的尺寸和重量。

本章介绍的是在国内大量商用的两相混合式步进电机，其结构结合了变磁阻电机和永磁同步电机的特点，广泛应用在中低速、大功率密度的场合。

两相混合式步进电机具有双凸极、多极对数的结构特点，这虽然限制了其高速运行时的力矩，但带来了低速稳定运行、定位精准的优势。所以，位置开环、电流闭环的细分控制器充分利用此特点，在低成本和低转速条件下具有转速/位置控制精度高的优势，获得了广泛应用。

对于高动态响应、中低速的应用场合，带位置传感器的位置闭环控制器，将矢量控制应用于步进电机，具有低速大力矩和低成本优势。

9.1　步进电机工作原理

■ 9.1.1　步进电机的结构

混合式步进电机结合了变磁阻电机和永磁同步电机的结构优势，在变磁阻电机结构基础上，融入了转子永磁体和混合结构。为了便于展示，本节以结构相对简单的 3 对极混合式步进电机为例进行介绍。

图 9-1 所示为 3 对极混合式步进电机的转子永磁体。图 9-2 所示为混合式

步进电机的截面图。混合式步进电机
的转子永磁体分为两段,从垂直纸面
的方向看,近端是 N 极,有 3 个磁
极;远端是 S 极,也有 3 个磁极,同
时近端和远端的磁极相互错开半个
极距角。该永磁体极性方向和电机轴

图 9-1　3 对极混合式步进电机的转子永磁体

方向相同,该磁路称为"轴向磁路"。定子磁极和转子磁极之间的磁路,称为
"径向磁路"。混合式步进电机中既有径向磁路,也有轴向磁路,这是其区别
于其他类型的电机的显著特点。

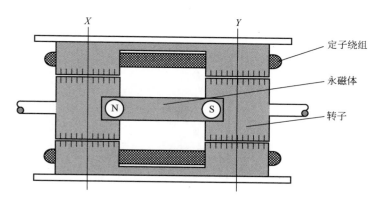

图 9-2　混合式步进电机的截面图

图 9-3 和图 9-4 所示为 3 对极混合式步进电机的激励示意图,转子有 3
对极,实心的是近端 N 极,虚线的是远端 S 极。定子有 4 极,A 相绕组集中
缠绕在两个垂直磁极上,B 相绕组集中缠绕在两个水平磁极上。

■ 9.1.2　步进电机的工作原理

在图 9-3 中,A 相绕组被激励,顶部的定子磁极变为 S 极,底部的定子
磁极变为 N 极,定子励磁与转子永磁体磁链相互作用,使得转子近端的 1 个

N 极垂直向上对齐，转子远端的 1 个 S 极垂直向下对齐。

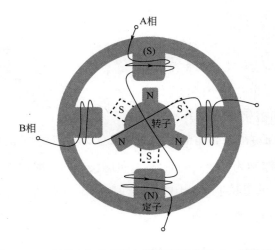

图 9-3　3 对极混合式步进电机激励示意图（A 相激励）

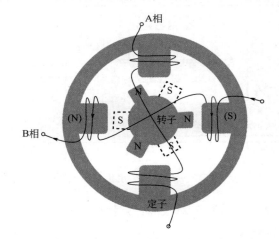

图 9-4　3 对极混合式步进电机激励示意图（B 相激励）

　　为了让转子转动，需要激励 B 相绕组并且停止激励 A 相绕组。如图 9-4 所示，此时 B 相绕组被激励，左侧的定子磁极变为 N 极，右侧的定子磁极变为 S 极，转子逆时针旋转 30°，使得转子近端的 1 个 N 极水平向右对齐，转子远端的 1 个 S 极水平向左对齐。同样，如果施加到 B 相的是反向励磁电流，转子将会顺时针旋转 30°。因此，通过交替施加适当方向的励磁电流到 A 相和 B 相绕组上，可使转子在任一方向上旋转指定的增量角度。

　　对了获得更高的旋转增量角度分辨率，实际商用的混合式步进电机采用比图 9-1 中更多的转子极对数。图 9-5 所示的两相混合式步进电机，有 50 对极，即步进角为 1.8°。

　　得益于混合式步进电机的结构特点，通过简单的控制即可获得微小的步进角。由于转子永磁体提供了部分励磁，混合式步进电机可以通过施加较小的励磁电流获得较大的转矩。值得注意的是，由于磁阻效应，即使解除定子励磁电流，也会有一个沿着最小磁路方向的电磁转矩来保持转子位置。

图 9-5　商用 50 对极两相混合式步进电机

9.2　位置开环的细分控制及所需的微控制器资源

9.2.1　细分控制

　　如前所述，通过交替施加适当的励磁电流到 A 相和 B 相定子绕组上，可使转子在任一方向上旋转。励磁电流每交替一次，转子转动 1/4 的转子极距，即一个整步。4 次交替之后，即定子电流变化一个电周期，转子转动一整个极距。如果是 50 对极的步进电机，一个极距等于 7.2°（360°/50）机械角度，每个整步等于 1.8° 机械角度。

　　所以，传统的步进驱动器通过简单的整步控制，在没有位置传感器、位置开环的情况下，便可获得精确的定位精度，但是这样也存在振动噪声明显、易丢步等问题。

　　步进电机细分控制，也叫微步控制，是将固定幅值的相电流更加精细化地控制、分解为更多的"微步"，使相电流变化接近正弦，使得电磁转矩变化更加线性，获得顺滑运行的效果。

对两相混合式步进电机，如果分析中不计铁芯饱和的影响，并忽略主磁导中高次谐波的影响，两相混合式步进电动机 A、B 两相绕组产生的电磁转矩分别为

$$\begin{cases} T_A = -KI_A \sin\theta_r \\ T_B = KI_B \cos\theta_r \end{cases} \tag{9-1}$$

式中，K 为转矩系数，I_A、I_B 为 A、B 相电流，θ_r 为转子与 A 相磁极中线之间的夹角，如图 9-6 所示。

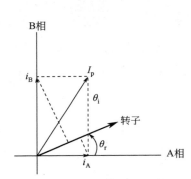

图 9-6　电流矢量

如果在两相绕组中分别通入正交的、成正弦变化的电流：

$$\begin{cases} I_A = I_p \cos\theta_i \\ I_B = I_p \sin\theta_i \end{cases} \tag{9-2}$$

式中，I_p 为合成电流矢量的幅值，θ_i 为合成电流矢量的相位角。

忽略磁路饱和效应时，应用叠加原理，合成的电磁转矩为

$$T_e = T_A + T_B = KI_p \sin(\theta_i - \theta_r) \tag{9-3}$$

电机的运动方程为

$$T_e - T_L = \frac{J}{n_p} \cdot \frac{d\omega_r}{dt} + B\omega_r \tag{9-4}$$

式中，T_L 为负载转矩，J 为转动惯量，n_p 为转子齿数，B 为粘滞阻尼系数，ω_r 为电角速度。

可见，在定子电流幅值控制为定值的情况下，控制电流相位角即可控制电磁转矩。在固定负载时，在两相绕组中分别通入正交的、成正弦变化的电

流，可改善电机的运行特性。

　　受限于硬件上的电流分辨率，实际应用中利用阶梯化的电流波形来近似模拟正弦电流。采用细分控制，先将相位角从整步细分为微步，再依据式（9-2），计算每一个微步所对应的电流值。在图 9-7 中，以某一相电流为例，将整步电流分解为半步、四分之一步。

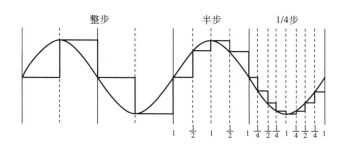

图 9-7　相电流细分示例

　　表 9-1 所示为 50 对极两相混合式步进电机的细分数对照。

表 9-1　50 对极两相混合式步进电机的细分数对照

细分数（每整步）	每个机械周期内的步数	每个电周期内的步数	每步对应的电角度
整步	200	4	90°
半步	400	8	45°
1/4 步	800	16	22.5°
1/8 步	1600	32	11.25°
1/16 步	3200	64	5.625°
1/32 步	6400	128	2.8125°
1/64 步	12800	256	1.40625°
1/128 步	25600	512	0.703125°

■ 9.2.2　驱动电路和 PWM 方法

　　由于两相步进电机的两相绕组之间相互独立、正交且绝缘，绕组中电流以较高的频率在正负值之间变化，所以，需要对绕组采用双极性控制方式。常见的步进驱动器的功率拓扑结构是采用相同的两个全桥（H 桥）电路分别控制 A、B 相绕组。图 9-8 给出了 A 相绕组对应的全桥电路及相关控制信号，其中 PWM_Qn 分别是 4 个开关器件的 PWM 信号，SENSE1、SENSE2 是电流采样信号。

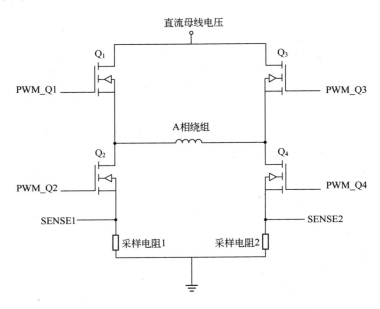

图 9-8　A 相绕组对应的全桥电路及相关控制信号

在图 9-8 中，当打开 Q_1 和 Q_4 时，母线电压正向施加在绕组上，使电流上升（规定绕组电流由左往右为正方向）；当打开 Q_2 和 Q_3 时，母线电压反向施加在绕组上，使电流下降；当打开 Q_1 和 Q_3 时，绕组中的电流从 Q_1 和 Q_3 形成的回路中续流；当打开 Q_2 和 Q_4 时，绕组中的电流从 Q_2 和 Q_4 形成的回路中续流。所以，上述 4 种开关器件的开关组合中可以根据绕组电流情况分为两类，一类是电流驱动状态（Q_1、Q_4 打开或者 Q_2、Q_3 打开），另一类是续流状态（Q_1、Q_3 打开或者 Q_2、Q_4 打开）。

对于两相混合式步进电机，PWM 占空比等于电流驱动状态占 PWM 周期的百分比。Q_1 的 PWM 驱动信号与 Q_2 互补，Q_3 的 PWM 驱动信号与 Q_4 互补，则对于 A 相绕组的全桥电路，PWM 方式可由 Q_1 和 Q_3 驱动信号的对比来表达。

在图 9-9 中，占空比为 0%，整个 PWM 周期都是续流状态，母线电压没有施加在绕组上。

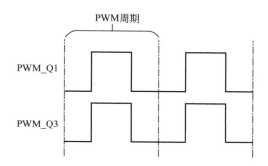

图 9-9　占空比为 0%时的 PWM 驱动信号

PWM 采用中心对齐的方式，其他数值的占空比可以在 0%占空比波形的基础上进行分配。在图 9-10 中，将 Q_1 的 PWM 波形的边沿分别向两侧扩大 10%，即高电平扩大 20%，再将 Q_3 的 PWM 波形的边沿分别向中心缩小 10%，即高电平缩小 20%，这样 Q_1 和 Q_3 的高电平差为 40%，得到正方向的占空比为 40%。同理，也可以配置-40%的占空比。

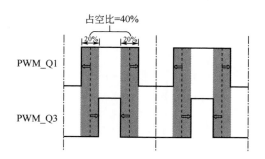

图 9-10　占空比为 40%时的 PWM 驱动信号

采用中心对齐方式的另一个优势是可以在 PWM 周期的一个固定时机进行 ADC 采样，常见的两相步进电机的绕组电流方式如图 9-8 所示。在每个半桥的下桥臂开关器件和地之间串联电阻,在全桥的两个下桥臂开关器件同时打开时,即图9-9、图9-10的点画线（—·—·—）所处时刻,进行 ADC 采样,此时绕组电流处于续流状态,变化缓慢,利于采样。

■ 9.2.3 步进电机位置开环的控制结构

本章讨论的是位置开环、电流闭环的步进电机细分控制,图9-11 所示为其常见的一种控制结构。

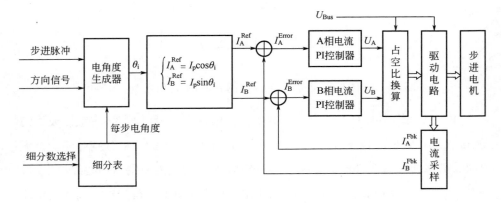

图 9-11　步进电机的位置开环、电流闭环的细分控制结构

细分表模块根据用户的细分数选择和预设的细分数,输出当前每步对应的电角度。

电角度生成器根据步进脉冲和方向信号这两个外部输入信号,由式（9-5）,输出控制所需电角度 θ_i。

$$\theta_i(k) = \begin{cases} \theta_i(k-1) + \Delta P \Delta\theta & \text{方向为正} \\ \theta_i(k-1) - \Delta P \Delta\theta & \text{方向为负} \end{cases} \qquad (9\text{-}5)$$

其中,$\theta_i(k-1)$ 是前一时刻的电角度值,ΔP 是步进脉冲数增量,$\Delta\theta$ 是每个脉冲对应的电角度。

由式（9-2）得到 A 相参考电流 I_A^{Ref} 和 B 相参考电流 I_B^{Ref}。再根据电流采

样得到的 A 相电流反馈值 I_A^{Fbk} 和 B 相电流反馈值 I_B^{Fbk}，以及 A 相电流误差值 I_A^{Error} 和 B 相电流误差值 I_B^{Error}，分别输入 A 相、B 相电流 PI 控制器中，得到 A 相电压给定值 U_A 和 B 相电压给定值 U_B。

按照式（9-6）进行占空比换算，其中 D_A、D_B 是占空比值，U_{Bus} 是母线电压。

$$\begin{cases} D_A = U_A / U_{Bus} \\ D_B = U_B / U_{Bus} \end{cases} \tag{9-6}$$

根据占空比将 PWM 输入驱动电路，实现对步进电机的电流控制。

9.3　位置闭环的矢量控制及所需的微控制器资源

在步进电机的位置开环细分控制中，转子实际位置未知，存在丢步的风险，运行时振动大、噪声大、能效低，输出力矩随着转速的升高下降明显。

步进伺服将位置闭环的矢量控制技术应用于步进电机，具有低速大力距、高动态响应、定位精确、低成本等优势。相比高转速的 PMSM/BLDC 伺服，步进伺服在中低转速应用中具有广泛的市场空间。

9.3.1　步进电机矢量控制

矢量控制是现代电机高性能控制的理论基础，它可以实现对电机转矩的高效控制。由于混合式步进电机不仅存在主电磁转矩，还有因双凸极结构产生的磁阻转矩，且内部磁场结构复杂，非线性较一般电机严重得多，所以，它的矢量控制也较为复杂。

混合式步进电机从原理上讲是低速凸极永磁同步电机。它通过转子分段错齿和转子轴向永磁励磁，在结构上巧妙地实现了多极对数凸极永磁同步电机的思想。转子轴向永磁励磁使位于永磁体两侧的两段转子具有不同的极性，一段转子上的小齿均为 N 极，另一段则为 S 极，即两段转子的磁场相位相差 180°电角度。分段错齿使两段转子的磁场在空间上相差 180°电角度，这样，转子磁场的变化以一个齿距为周期，即一个齿距为 360°电角度。

如图 9-12 所示，在理想空载情况下，混合式步进电机的稳定平衡位置是在一段转子与定子齿对齿且另一段转子与定子齿对槽的位置。这说明转子永磁磁场的轴线就在这样的位置上，且电机相应绕组的反电动势在该位置负向过零。所以，定义混合式步进电机的 d 轴位于转子齿中心线上，q 轴沿旋转方向超前 d 轴 90°电角度。

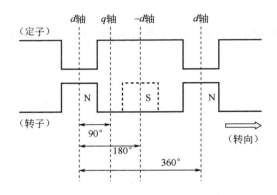

图 9-12　混合式步进电机 dq 轴示意图

不计二次及以上各次谐波分量，两相混合式步进电机的电磁转矩在 dq 旋转坐标系中可表示为

$$T_e = p(L_d - L_q)i_d i_q + pI_m L_{sr} i_q \tag{9-7}$$

式中，I_m 为转子永磁体等效励磁电流，L_{sr} 为定子、转子间互感的基波分量，p 为转子齿数，即极对数。第一项是由磁阻效应引起的磁阻转矩，第二项是主电磁转矩。这个表达式与凸极永磁同步电机是一致的。

由式（9-7）可知，混合式步进电机的电磁转矩基本上取决于定子交轴电流分量和直轴电流分量。如能按需求控制好定子电流矢量的大小和方向，就不难控制转矩。由于混合式步进电机转子为永磁体，转子磁链相对固定不变，其常见的矢量控制策略是控制 $i_d = 0$，此时电磁转矩与 i_q 正相关，即通过控制 i_q 来控制电机输出的力矩。

■ 9.3.2　步进电机弱磁控制

混合式步进电机从原理上可以看成一种低速同步电机，传统上应用于低转速运行状态。随着自动化设备工作效率需求越来越高，要求步进伺服能够达到中高转速（2000r/min 左右）。由于混合式步进电机转子极对数多（典型为 50 对极），当转速上升到中高转速，反电动势就会高于定子端电压，无法继续提高转速。然而，不可能直接减弱转子永磁磁场，只能依赖定子电枢反应去磁效应实现电机气隙合成磁场的减弱，从而实现电机转速运行范围的拓展。具体来讲，采用在 d 轴施加与转子磁链反向的电流，实现 d 轴弱磁，从而提高电机可运行的转速范围。

在中高速范围时，由于定子电阻阻值很小，为了简单起见，忽略定子电阻电压降，这样电机弱磁稳态运行时定子电压峰值为

$$\left| \boldsymbol{u}_\mathrm{s} \right| = \omega_\mathrm{r} \left| \boldsymbol{\psi}_\mathrm{s} \right| = \omega_\mathrm{r} \sqrt{\left(\psi_\mathrm{f} + L_d i_d \right)^2 + \left(L_q i_q \right)^2} \tag{9-8}$$

式中，$\boldsymbol{u}_\mathrm{s}$ 为定子电压矢量，ω_r 为转子电角速度，$\boldsymbol{\psi}_\mathrm{s}$ 为定子磁链矢量，ψ_f 为转子磁链。

由式（9-8）可知，即使 d 轴电流控制为 0，定子端电压随着电机转速上升也会成比例增加。实际上，电机在弱磁工作区工作时定子电流和端电压会受到如下条件限制：

$$\left| \boldsymbol{i}_\mathrm{s} \right| \leqslant I^{\max} \tag{9-9}$$

$$\left| \boldsymbol{u}_\mathrm{s} \right| \leqslant U^{\max} \tag{9-10}$$

式中，$\boldsymbol{i}_\mathrm{s}$ 为定子电流矢量，$I^{\max}$ 为定子电流的最大值，$U^{\max}$ 为定子电压的最

大值。

根据式（9-9），d 轴、q 轴电流构成的定子绕组电流矢量端点落在如下规定的极限圆内。

$$i_d^2 + i_q^2 = (I^{\max})^2 \qquad (9\text{-}11)$$

只要控制定子电流在此极限圆范围内，即可满足最大定子电流限制的要求。一般在低转速时，采用 d 轴电流为 0，控制 q 轴电流的矢量控制策略，称为恒转矩运行区。当转速升高时，采用弱磁控制，使 d 轴电流为负值，利用 d 轴的电枢反应作用，实现 d 轴气隙磁链的减弱，保证定子端电压在驱动电路的输出能力范围内，从而拓展电机的运行转速范围，称为弱磁恒功率运行区。

针对同步电机的弱磁控制的相关研究众多，但关于混合式步进电机的弱磁控制研究却较少。虽然在前述的混合式步进电机矢量控制的分析中，我们得出了与同步电机类似的步进电机数学模型，但是其中做了大量简化。由于混合式步进电机磁场饱和效应显著、非线性因素影响大、电机参数难以准确辨识，无法沿用大多数同步电机的弱磁控制算法。

本节介绍一个恩智浦的弱磁控制专利，其不依赖于电机参数，配合矢量控制可以平顺地在恒转矩运行区和弱磁恒功率运行区之间过渡，适用于混合式步进电机。

图 9-13 所示为基于电流和电压误差的弱磁控制器的结构。首先由母线电压 U_{Bus} 和 d 轴电压给定值 U_d^{Req} 得到 q 轴电压限幅值 U_q^{Lim}，即 q 轴电流控制器的限幅值，这样可以确保输出的定子电压在驱动电路的能力范围内。用 U_q^{Lim} 减去 q 轴电压给定值 U_q^{Req} 的绝对值，得到弱磁所需的电压误差项 ΔU，再乘以 $I^{\max}/U^{\max}$ 进行基底转换，得到与电流同量纲的电压误差项 ΔU_i。由定子电流最大值 $I^{\max}$ 和弱磁控制器输出的 d 轴电流给定值 I_d^{Req}，得到 q 轴电流限幅值 I_q^{Lim}，再利用 I_q^{Lim} 将转速控制器输出的 q 轴电流给定值进行限幅，得到限幅后的 q 轴电流给定值 $I_q^{\text{Lim-Req}}$，这样即可确保定子电流矢量在电流极限圆内。

将 $I_q^{\text{Lim\_Req}}$ 取绝对值，再减去 q 轴电流反馈值 I_q^{Fbk} 的绝对值，得到电流误差项 ΔI。ΔU_i 减去 ΔI 得到弱磁误差项 ΔF_w，并将其输入弱磁 PI 控制器。弱磁 PI 控制器的上限值是 0，下限值是负的 d 轴电流最大值，其输出是 d 轴电流给定值 I_d^{Req}。

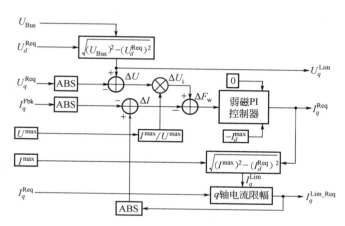

图 9-13　一种基于电流和电压误差的弱磁控制器结构

当低速时，q 轴的电流能够跟踪其给定 $I_q^{\text{Lim\_Req}}$，ΔI 接近 0，且 ΔU_i 为正值，则 ΔF_w 为正值，那么弱磁控制器输出的 I_d^{Req} 为 0，即此时为 d 轴电流为 0，控制 q 轴电流的矢量控制策略，处于恒转矩运行区。

当转速上升并达到恒转矩运行区的最大转速，再提高转速给定时，q 轴的电流无法跟踪其给定值，ΔI 变大，而 q 轴电压已达到限幅值，ΔU_i 为 0，则 ΔF_w 为负，弱磁控制器输出的 I_d^{Req} 为负，转速继续上升，即此时开始进入弱磁恒功率运行区。当稳定输出负的 d 轴电流时，$I_q^{\text{Lim\_Req}}$ 减小，I_q^{Fbk} 再次接近 $I_q^{\text{Lim\_Req}}$，ΔI 接近 0，而 q 轴电压依然接近限幅值，ΔU_i 接近 0，则 ΔF_w 接近 0 或在 0 附近波动，那么弱磁 PI 控制器的输出将维持在某一个负值上，即系统稳定运行在弱磁恒功率运行区。

当转速给定下降时，q 轴的电流能够跟踪其给定 $I_q^{\text{Lim\_Req}}$，ΔI 接近 0，且 q 轴电压小于其限幅值，ΔU_i 为正值，则 ΔF_w 为正值，弱磁控制器输出的 I_d^{Req} 逐渐变为 0，转速下降，退弱磁，重新进入恒转矩运行区。

此弱磁控制器充分利用转速控制和电流控制中的电压和电流，与矢量控制相结合，能够平顺地在恒转矩运行区和弱磁恒功率运行区之间过渡，同时无须预设电机参数，运算量小，适合于工程实践。

9.3.3 步进伺服的典型控制结构

图 9-14 所示为一种带位置传感器的步进伺服的典型控制结构。与位置开环的步进电机控制结构相比，它采用 dq 轴电流矢量控制，增加了转速控制回路和位置控制回路。与第 5 章中讨论的带位置传感器的永磁同步电机伺服控制相比，它无须 3 相固定坐标系与 2 相固定坐标系之间的 Clark 变换，而增加了弱磁控制器。

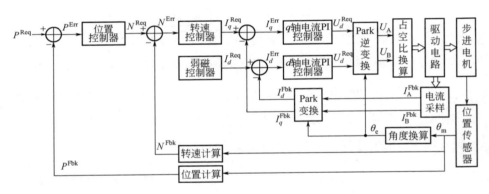

图 9-14　一种带位置传感器的步进伺服的典型控制结构

步进伺服的驱动电路与 9.2.2 小节中介绍的驱动电路一致，采用相同的占空比换算和 PWM 方式，以及相同的电流采样方式。由于 A、B 相绕组正交，对 A、B 相电流反馈值 I_A^{Fbk}、I_B^{Fbk} 进行 Park 变换得到 d 轴、q 轴电流反馈值 I_d^{Fbk}、I_q^{Fbk}，对 d 轴、q 轴电压给定值 U_d^{Req}、U_q^{Req} 进行 Park 逆变换得到 A、B 相电压给定值 U_A^{Req}、U_B^{Req}。

利用牛顿第二定律分析刚体运动，可以得到电机机械运动方程：

$$T_{\mathrm{e}} = T_{\mathrm{load}} + J\frac{\mathrm{d}\omega_{\mathrm{m}}}{\mathrm{d}t} + B\omega_{\mathrm{m}} \tag{9-12}$$

式中，T_{e} 是电磁转矩，T_{load} 是负载转矩，J 是转动惯量，ω_{m} 是电机轴机械角速度，B 是粘滞摩擦系数。

根据式（9-12），可以将角速度的变化视为电磁转矩的一部分惯性分量，而由矢量控制可知，电磁转矩与 q 轴电流成比例关系，所以，转速控制环控制器的输出可以作为 q 轴电流给定值。

弱磁控制器在中高速时输出负的 d 轴电流给定，配合矢量控制，使步进电机运行在弱磁恒功率运行区。

位置控制回路是步进伺服控制结构的最外环，在位置控制的应用中，强调快速响应，并且应极力避免出现位置的超调和振荡。所以，位置控制器中无积分项，常见的采用比例控制、比例微分控制、前馈控制等方法。

位置传感器的输出是机械角度 θ_{m}，需要乘以极对数，得到电角度 θ_{e}。Park变换和 Park 逆变换都要基于电角度 θ_{e} 进行运算。

9.3.4　转速计算原理及结合微控制器的应用

1. 常用转速计算方法

在对成本有要求的应用中，位置传感器一般是指安装在电机上的光电脉冲编码器和磁编码器，其有多种接口方式与微控制器连接，其中 A、B 信号输出方式能够和微控制器的捕获计数功能配合，得到更高的响应速度和精度。

随着转子旋转，编码器的 A、B 信号接口输出两组脉冲序列，即 A 相和 B 相，A、B 两相脉冲序列之间相差 90° 相位，根据 A、B 相之间的相位关系即可判断转子旋转方向。一般将线数为 n 的编码器随转子转动一圈，A、B 相各输出 n 个脉冲，用微控制器对脉冲边沿计数，这样转子旋转一圈就可以得到编码器计数 $C = 4n$。

传统的测速方法有 M 法、T 法、M/T 法，下面逐一进行介绍。

M 法：在固定定时时间 T_0（以秒为单位）内，统计编码器计数 M_1，通过式（9-13）计算得到角速度 ω。由于 C 为常数（硬件确定后），角速度 ω 与 M_1 成正比，低速时 T_0 时间内 M_1 数值变小，量化误差大，所以，M 法在低速时的测速精度低。

$$\omega = \frac{2\pi M_1}{CT_0} \tag{9-13}$$

T 法：在编码器两个脉冲的间隔时间 T_t 之内，激活一个频率为 f_0 的高频脉冲并进行计数，计数值为 M_2，角速度 ω 可通过式（9-14）计算。与 M 法相反，由于 T 法中 C 和 f_0 为常数（硬件确定后），角速度 ω 与 M_2 反比，高速时，时间 T_t 内的 M_2 数值变小，量化误差变大，所以，T 法在高速时的测速精度低。

$$\omega = \frac{2\pi}{CT_t} = \frac{2\pi f_0}{CM_2} \tag{9-14}$$

M/T 法：综合 M 法和 T 法各自的优势，在一个相对固定的时间间隔内，计数值为 M_1，同时计数频率为 f_0 的高频脉冲数为 M_2，从而可得到这个时间间隔的精确长度。角速度 ω 通过式（9-15）计算。一旦硬件确定，M/T 法中 C 和 f_0 为常数。高速时，M_1 变大而 M_2 变小，相当于 M 法，满足高速的测速精度；低速时，M_1 变小而 M_2 变大，相当于 T 法，满足低速的测速精度。

$$\omega = \frac{2\pi M_1}{CT_t} = \frac{2\pi M_1 f_0}{CM_2} \tag{9-15}$$

2. 极低速情况下 M/T 法的失真问题

极低速性能对运动控制精度而言至关重要，目前考虑到成本和可靠性，位置传感器常采用增量式编码器，利用 M/T 法计算平均转速。

传统的 M/T 法结合了 M 法和 T 法各自的优势，当电机运行在中高转速时，在每个转速采样周期内能够获得足够的编码器脉冲数，满足测速精度。然而，在极低速的情况下，每个转速计算周期内获得的编码器脉冲数极少，甚至不到一个脉冲，即编码器脉冲间隔时间超过了转速计算周期。图 9-15 所示为极低速时 M/T 法示意图。

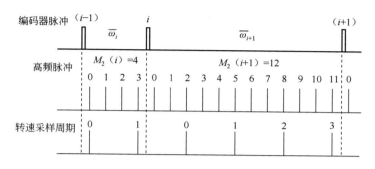

图 9-15　极低速时 M/T 法示意图

在图 9-15 中，第一行是第 i 个编码器脉冲，$\overline{\omega}_i$ 是两个脉冲间计算出的平均转速。第二行是两个脉冲间的高频脉冲。第三行是两个脉冲间的第 j 次转速采样。由图 9-15 和式（9-15）可知，$\overline{\omega}_{i+1}$ 小于 $\overline{\omega}_i$，第 i 个脉冲到第（$i+1$）个脉冲的间隔时间超过了转速采样周期，在第（$i+1$）个脉冲到来之前，转速采样值一直保持，然后实际的转速已经降低为 $\overline{\omega}_i$ 到 $\overline{\omega}_{i+1}$ 之间的某一数值。直到在第（$i+1$）个脉冲到来之后的转速采样时刻转速才更新为 $\overline{\omega}_{i+1}$。这段时间内实际转速已经降低，而转速采样仍保持前一次的数值，称这段时间为转速检测停滞时间。在转速检测停滞时间内，转速采样值偏离真实值，导致转速控制器出现振荡。遇到这种情况，在实际中一般通过减小转速控制器增益来减小振荡。在极低速情况下，编码器分辨率越高，转速环带宽就越大，但是这样成本会大幅度提高。所以，如何在不提高编码器成本的前提下，减小或者消除转速检测停滞时间，从而提高极低速性能是一个难点。

3．增强型 M/T 法

为了最小化转速检测停滞时间，这里介绍一种增强型 M/T 法，该方法在下一次编码器脉冲到来之前，提前计算当前转速并更新转速采样值，其具体原理如图 9-16 所示。

在图 9-16 中，$\bar{\omega}_{i-1}$ 是第 $(i-1)$ 个编码器脉冲到第 i 个编码器脉冲之间的平均转速。T_{i-1} 是第 $(i-1)$ 个编码器脉冲到第 i 个编码器脉冲之间的间隔时间。(i,j) 是间隔时间 T_i 内的第 j 个转速采样时刻。$\omega_{i,j}$ 是 (i,j) 时刻的瞬时转速。$t_{i,j}$ 是从第 i 个编码器脉冲到 (i,j) 时刻的时间。

在转速采样 (i,j) 时刻，根据 $t_{i,j}$ 与 T_{i-1} 的比例关系，(i,j) 时刻的转速 $\omega_{i,j}$ 可由式（9-16）计算。

$$\omega_{i,j} = \begin{cases} \bar{\omega}_{i-1} & (t_{i,j} \leqslant T_{i-1}) \\ \dfrac{\bar{\omega}_{i-1}T_{i-1}}{t_{i,j}} & (t_{i,j} > T_{i-1}) \end{cases} \tag{9-16}$$

在 $(i,0)$ 时刻，$t_{i,j} < T_{i-1}$，$\omega_{i,0} = \bar{\omega}_i$；在 $(i,1)$ 时刻，$M_2(i+1)=6$，所以 $\omega_{i,1} = \dfrac{2}{3}\bar{\omega}_i$；在 $(i,2)$ 时刻，$M_2(i+1)=9$，所以 $\omega_{i,2} = \dfrac{4}{9}\bar{\omega}_i$；在 $(i,3)$ 时刻，$M_2(i+1)=12$，所以 $\omega_{i,3} = \dfrac{1}{3}\bar{\omega}_i$。

第 $(i+1)$ 个编码器脉冲紧接着转速采样 $(i,3)$ 时刻之后出现，那么根据式（9-15）的 M/T 法计算出的 $\bar{\omega}_{i+1}$ 等于根据式（9-16）计算出的 $\omega_{i,3}$，这样平均转速值与瞬时转速形成衔接，缩小了转速检测停滞时间。

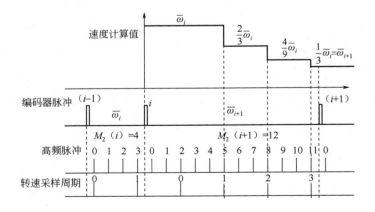

图 9-16 增强型 M/T 法原理

9.4　典型步进电机控制方案

恩智浦的微控制器产品中，适合应用在步进电机领域的产品有很多，包括且不限于恩智浦的 DSC（数字信号控制器）系列产品、Kinetis 系列产品、IMXRT 系列产品。其涉及的应用案例既有位置开环的细分控制方案，也有位置闭环的矢量控制方案，支持从单芯片控制单个步进电机的应用到单芯片控制 4 个步进电机的应用。

下面介绍一种基于恩智浦微控制器 MC56F847××系列的单芯片控制双步进伺服的工程方案，此方案已应用于客户实际工程。

图 9-17 所示为基于 MC56F847××的双步进伺服方案的微控制器信号资源分配情况。步进电机的驱动电路有 2 个全桥，需要 4 对互补的 PWM 驱动信号。该系列微控制器有 2 组 PWM 模块，每个 PWM 模块最多可以输出 8 路带死区控制的 PWM，可以满足双步进电机的驱动要求。该系列微控制器有一对可以并行触发的 ADC 模块，可以对 A、B 相电流同时采样。有 2 组正交定

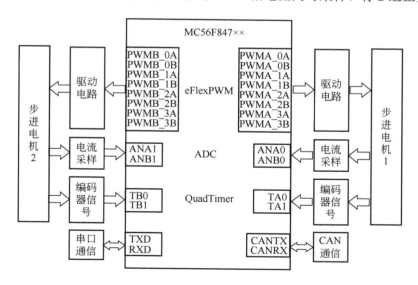

图 9-17　基于 MC56F847××的双步进伺服方案的微控制器信号资源分配情况

时器模块，可以对编码器输出的 A、B 信号进行正交解码。此外，该系列微控制器还有串口通信模块、CAN 通信模块，以及未列出的 IIC 接口、SPI 接口。

该方案使用了 9.3 节介绍的位置闭环的步进伺服矢量控制，并且沿用了 9.2 节介绍的驱动电路和 PWM 方法。转速和位置的检测对于步进伺服而言至关重要，下面将详细讲解如何充分利用 MC56F847XX 系列微控制器外设，实现转速和位置的检测。

MC56F847×× 系列微控制器内部有两组 16 位 QuadTimer（正交定时器）模块，其中每个 QuadTimer 中含有 4 个 Timer（定时器）。本方案中 QuadTimer A 中的 4 个 Timer 用于步进电机 1 的位置和转速检测，QuadTimer B 中的 4 个 Timer 用于步进电机 2 的位置和转速检测。这里仅描述步进电机 1 的基于微控制器的位置与转速检测方法，步进电机 2 与步进电机 1 相同。

QuadTimer A 模组中的 4 个 Timer 分别命名为 TMRA0、TMRA1、TMRA2 与 TMRA3。每个定时器都有两个输入端：Primary 及 Secondary，同时还有一个输出信号 OFLAG。通过配置信号互联模块 Crossbar，Primary 和 Secondary 的输入信号来自芯片引脚或者内部其他模块的输出信号，OFLAG 也可以灵活地被芯片内部的其他模块使用或者输出至芯片引脚。

利用 QuadTimer A 模块检测位置、转速及旋转圈数，如图 9-18 所示。其中，TMRA0 工作于 Quadrature Count Mode，即正交解码模式，用于编码器脉冲计数、检测转子位置；TMRA1 工作于 Count Mode，结合 TMRA0，通过捕捉 TMRA0 和 TMRA1 的计数器值来检测转速；TMRA2 工作于 Count Mode，用于检测转子旋转的圈数；TMRA3 工作于 Count Mode，用于提高低转速检测精度。

图 9-19 所示为 TMRA0 工作于正交编码器信号解码模式。

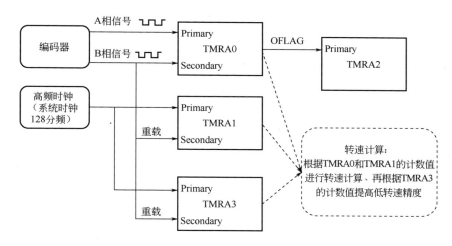

图 9-18　利用 QuadTimer A 模块检测位置、转速及旋转圈数

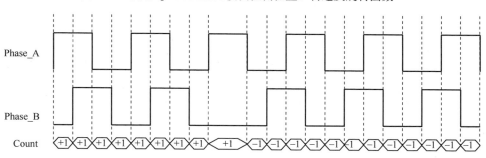

图 9-19　TMRA0 工作于正交编码器信号解码模式

由于 A、B 信号的每个沿都触发计数器计数，那么 TMRA0 相当于在输入信号的 4 倍频下计数。每个 Timer 都有两个比较寄存器：COMP1 和 COMP2，计数器向上增计数时，计数器值与 COMP1 的值比较，匹配时计数器值将从 LOAD 寄存器中重载；计数器向下减计数时，计数器值与 COMP2 的值比较，匹配时计数器值也从 LOAD 寄存器中重载。本方案中，编码器为 1000 线，将 COMP1 设置为 3999，COMP2 设置为 0xF061（−3999），LOAD 设置为 0。假设编码器 A 相信号超前 B 相为正向旋转，那么电机正转时，TMRA0 计数器从 0 开始计数增至 3999，然后发生比较匹配，于是从 LOAD 寄存器中载入 0 开始计数，每次比较匹配代表电机旋转了一个机械周期；电机反向旋转时，TMRA0 计数器从 0 开始向下减计数至−3999，然后发生比较匹配，于是从

LOAD 寄存器中载入 0 开始计数，每次比较匹配代表电机旋转了一个机械周期。通过读取 TMRA0 计数器的值可以换算得到转子的位置。

M/T 法可以通过 TMRA0 和 TMRA1 的捕捉功能实现。Timer 的 Secondary 输入的上升沿和下降沿都可以用来触发捕捉（Capture），将对应的计数器值捕捉到 CAPT 寄存器中。当捕捉发生后，SCTRL 寄存器中的 IEF 标志会置为 1，当此标志为 1 时无法再次触发捕捉。如图 9-18 所示，编码器的 B 相信号同时连接至 TMRA0 和 TMRA1 的 Secondary 输入，TMRA0 的 Primary 输入是编码器的 A 相信号，且工作于 Quadrature Count 模式，故 TMRA0 的计数器是对 A/B 信号的每个沿计数；TMRA1 的 Primary 输入是系统时钟的 128 分频，即 100MHz/128=781.25kHz，这是一个相对高频的时钟信号。图 9-20 给出了 M/T 法的具体实现。

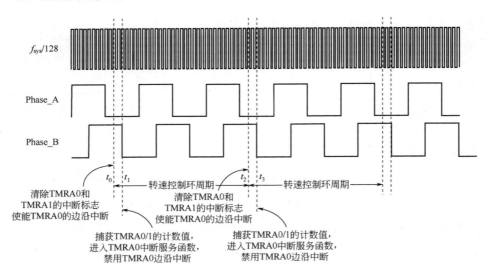

图 9-20　M/T 法的具体实现

转速控制环每 0.5ms 执行一次。t_0 时刻进入转速控制环，清除 TMRA0/1 的 IEF 标志以使能捕捉功能，同时使能 TMRA0 的 Secondary 边沿中断。t_1 时刻编码器 B 相信号出现下降沿，于是 TMRA0 和 TMRA1 的计数器值被捕捉至对应的 CAPT 寄存器并进入 TMRA0 的边沿中断，在中断函数中读取捕捉

值，根据上次和本次的捕捉值计算转速，并禁止 TMRA0 的边沿中断。假设
t_1 时刻 TMRA0 的捕捉值为 $M_1(n-1)$，TMRA1 的捕捉值为 $M_2(n-1)$。t_2 时刻再
次进入转速控制环，执行与 t_0 时刻一样的操作，t_3 时刻编码器 B 相信号出现
下降沿，得到 TMRA0 和 TMRA1 的捕捉值 $M_1(n)$ 和 $M_2(n)$，在 TMRA0 的边沿
中断内计算转速，并禁止 TMRA0 边沿中断。编码器为 1000 线，转速的计算
如下：

$$\text{speed} = \frac{2\pi[M_1(n)-M_1(n-1)](f_{sys}/128)}{4000[M_2(n)-M_2(n-1)]}\text{rad}/\text{s} \tag{9-17}$$

9.3.4 小节中介绍的增强型 M/T 法可由 TMRA3 实现。如图 9-18 所示，
编码器的 B 相信号同时与 TMRA3 的 Secondary 输入连接，TMRA3 工作在
Count 模式，对 $f_{sys}/128$ 计数。使能 TMRA3 的捕捉功能，并在此基础上使能
"Reload on capture" 功能，这样每个 B 相信号的边沿在触发捕捉的同时还将
TMRA3 的计数器清零。

如图 9-21 所示，每次进入转速控制环计算转速时，首先读取 TMRA3 的
当前计数器值，并与上次捕捉计算得到的 M_2 值进行比较。在 t_1 和 t_2 时刻之间
触发了一次 B 相边沿中断，从而更新了 M_2 值：$M_2(i)=4$，并计算得到了转
速 ω_i，同时 TMRA3 的计数器自动清零。在 t_2 时刻读取 TMRA3 的计数器值，
为 2，$2<M_2(i)$，不补偿转速，保持前一拍计算的转速值，$\bar{\omega}_i=\omega_i$；在 t_3 时刻
T 读取 MRA3 的计数器值，为 5，$5>M_2(i)$，补偿转速，更新转速值为 $\frac{4}{5}\bar{\omega}_i$；
在 t_4 时刻读取 TMRA3 的计数器值，为 8，$8>M_2(i)$，补偿转速，更新转速值
为 $\frac{4}{8}\bar{\omega}_i$；在 t_5 时刻读取 TMRA3 的计数器值，为 11，$11>M_2(i)$，补偿转速，
更新转速值为 $\frac{4}{11}\bar{\omega}_i$；紧接着 B 相信号出现上升沿，触发捕捉和边沿中断并更
新 $M_2(i+1)=12$，计算出转速为 $\frac{1}{3}\omega_i$，同时 TMRA3 计数器值自动清零。可以
看到，$t_3\sim t_5$ 时刻对转速进行了补偿，QuadTimer 模块可以方便地实现这
一功能。

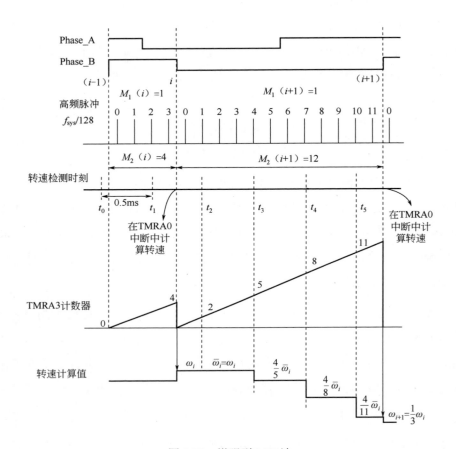

图 9-21　增强型 M/T 法

在电机控制软件中，电机控制算法的执行一般与 PWM 同频率，对双电机而言，为了平均分配算法执行时间、减小母线纹波，在设计时使两个电机的 PWM 周期互差 180°，如图 9-22 所示。PWMA 与 PWMB 都设置为半周期重载（计数器与 VAL0 匹配时），在下桥臂导通中心时刻采样对应的两相相电流，在上桥臂导通中心时刻采样对应两相相电流偏差值（电流为 0 对应的采样值）。

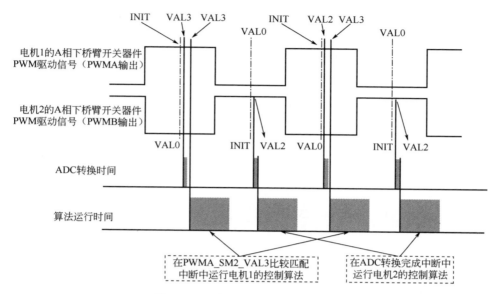

图 9-22　两个电机之间的时序同步

9.5　小结

　　本章主要针对在国内大量商用的两相混合式步进电机，介绍其基本结构特点和工作原理；针对位置开环的步进电机应用，分析了细分控制的原理和控制结构，并结合恩智浦微控制器介绍了驱动电流拓扑和 PWM 方法；引入了步进电机矢量控制的概念，详细介绍了步进电机位置闭环控制的结构和一种实用的弱磁控制方法；结合恩智浦的微控制器，详细介绍了基于位置传感器的转速计算方法和实际应用方案；最后，介绍了一个实际工程案例，即基于恩智浦微控制器 MC56F847×× 系列的单芯片控制双步进伺服的工程方案。

第 10 章

AC/DC 变换器的数字控制

AC/DC 变换器，是指将交流输入通过开关变换器转变为直流输出。通常，为得到需求的电压电流，完整的 AC/DC 开关电源系统包括前级的整流电路和后级的直流-直流变换器。

前级的整流电路可以利用二极管不控整流或者晶闸管构成的相控整流，这两种方式控制简单、可靠、成本低，但是电流谐波含量高，会污染电网，需要大而重的滤波电路来滤除电流谐波。更好的方式是采用功率因数校正电路，其具有输入电流正弦、谐波含量低、功率因数高的特点，可以从根本上解决电网的污染问题。

后级直流-直流变换器用于将前级整流得到的直流母线电压转化为设计要求的输出。受限于硅基器件本身的特性，谐振软开关电路着眼于零电压和零电流开关，可以有效降低开关损耗，提高变换器开关频率。LLC 谐振变换器作为一种优秀的谐振变换器，能够在全电压和全负载范围实现零电压开通，大大提高了系统的效率和可靠性，得到了越来越广泛的应用。

10.1 AC/DC 变换器工作原理

典型 AC/DC 变换器系统框图如图 10-1 所示。EMI 滤波器通常由串联电感和并联电容组成，保证开关电源不会对系统中的其他设备产生干扰；PFC电路将交流输入变换为电压幅值较高的直流输出，同时改善系统的功率因数（PF）；DC-DC 变换器将 PFC 电路输出转换为设计需求的电压电流值。

图 10-1　典型 AC/DC 变换器系统框图

■ 10.1.1　PFC 基本工作原理

　　PFC 电路即功率因数校正电路，按照是否含有有源功率器件，分为有源功率因数校正电路和无源功率因数校正电路两大类。无源功率因数校正电路简单可靠，无须进行实时控制，成本低廉，但是其缺点也比较明显，被动元件通常大而重，功率因数也较低，只适用于功率较小，对放置的空间、重量无特殊要求，对成本较为敏感的场合。

　　目前最常用的是升压有源功率因数校正（BOOST APFC）电路，其典型拓扑如图 10-2 所示。输入电压通过整流桥将交流电压整流为直流电压，然后通过升压变换器进行 DC-DC 的直流变换，得到所需的直流电压值。图 10-2 中 S 为升压变换器主功率开关器件，D_5 为续流二极管，i_L 为电感电流，u_{ds} 为主功率开关器件 ds 电压，u_o 为输出电压。当主功率开关器件 S 导通时，电感两端电压为正：

$$u_L = V_{ac} \qquad (10\text{-}1)$$

电感储能，电流上升；当主功率开关器件 S 关闭时，电感电压为负（升压电路输出电压高于输入电压）：

$$u_L = -\left(u_o - V_{ac}\right) \qquad (10\text{-}2)$$

电感电流通过二极管 D_5 续流流向负载，电感电流减小。

　　根据电感电流，PFC 电路可以分为 3 种工作模式：连续导通模式（CCM）、临界导通模式（CRM）、断续导通模式（DCM）。如果电感电流在整个开关周期都大于 0，则工作模式为 CCM，工作波形如图 10-3（a）所示；如果电感电流在下降到 0 的时候立即打开主功率开关器件，则工作模式为 CRM，工作波形如

图 10-3（b）所示；如果电感电流下降到 0 后，主功率开关器件依旧关断，导致电感电流维持在 0 一段时间（实际上由于寄生电感电容的存在，电感电流不会维持在 0，而是会发生振荡），则工作模式为 DCM，工作波形如图 10-3（c）所示。CCM 模式需要电感量较大，在相同功率条件下谐波含量低，电流峰值较小，但是主功率开关器件开关损耗较高；DCM 模式需要电感量较小，在相同功率条件下电流峰值大，谐波含量较高。因此，通常在大功率场合使用 CCM 模式，而在小功率场合使用 DCM 模式。CRM 模式中和了 CCM 和 DCM 的优缺点，在中小功率场合得到越来越多的应用。

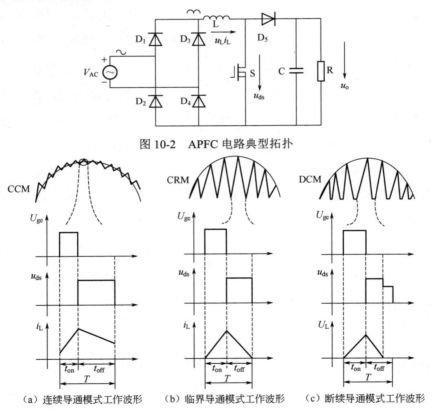

图 10-2　APFC 电路典型拓扑

图 10-3　典型 APFC 电路工作波形

■■ 10.1.2　LLC 谐振变换器基本工作原理

LLC 谐振变换器克服了串联谐振变换器和并联谐振变换器的缺陷，是谐振变换器的翘楚。隔离型半桥 LLC 谐振变换器的拓扑如图 10-4 所示，其中，Q_1、Q_2 组成半桥脉冲发生电路，T_r 为隔离变压器，谐振网络包括谐振电容 C_r，谐振电感 L_r 和励磁电感 L_m，副边是一个中心抽头的整流器，之后是一个滤波电容。在小功率应用场合，谐振电感 L_r 可以利用变压器的漏感来实现。

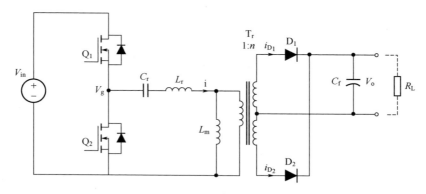

图 10-4　隔离型半桥 LLC 谐振变换器拓扑

对于 LLC 谐振变换器来说，存在两个谐振频率点：一个是 L_r 和 C_r 构成的谐振频率点 f_0，另一个是 L_r，L_m 和 C_r 共同构成的谐振频率点 f_p。f_0 和 f_p 的表达式如下。

$$f_0 = \frac{1}{2\pi\sqrt{L_r C_r}} \tag{10-3}$$

$$f_p = \frac{1}{2\pi\sqrt{L_p C_r}} \tag{10-4}$$

式中，$L_P = L_m + L_r$。

通常，LLC 谐振变换器使用脉冲频率调制（PFM）来进行控制，也就是主功率开关器件上下桥臂保持 50% 的占空比互补导通，通过调节开关频率来调节输出电压。图 10-5 所示为 PFM 模式时控制信号 PWM_Q1、PWM_Q2，谐振槽电流 i，励磁电流 i_{L_m}（虚线）和副边整流二极管电流 i_{D_1}、i_{D_2} 的波形。

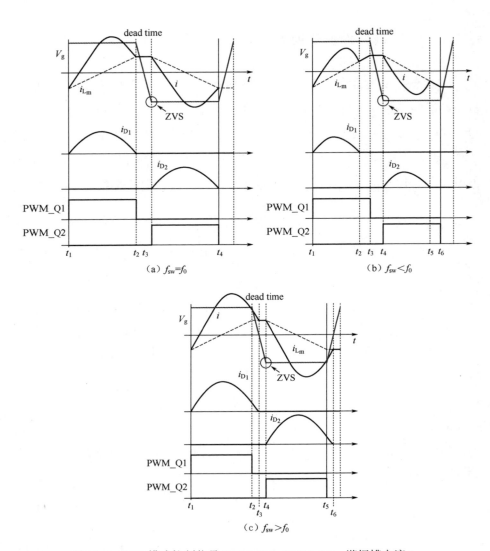

图 10-5　PFM 模式控制信号 PWM_Q1、PWM_Q2，谐振槽电流 i，
励磁电流 i_{L_m}（虚线）和副边整流二极管电流 i_{D_1}、i_{D_2} 的波形。

● 当变换器工作在谐振点时，也就是 $f_{sw}=f_0$，工作波形如图 10-5（a）所
示。当 Q_1 关断时，流过 Q_1 的谐振电流正好谐振到零，励磁电流通过
Q_2 的体二极管进行续流，Q_2 两端电压降为零，死区后功率开关器件
Q_2 能够实现零电压开通。同时，副边整流二极管实现自然过零关断，
没有反向恢复的大电流。

- 当变换器工作在小于谐振点频率时，也就是 $f_{sw}<f_0$，工作波形如图 10-15（b）所示。流过 Q_1 的谐振电流在其关断前已经谐振到零，L_r、L_m 和 C_r 的谐振电流通过 Q_2 的体二极管进行续流，Q_2 两端电压降为零，死区后功率开关器件 Q_2 能够实现零电压开通。同时，副边整流二极管实现自然过零关断，没有反向恢复的大电流。

- 当变换器工作在大于谐振点频率时，也就是 $f_{sw}>f_0$，工作波形如图 10-5（c）所示。当 Q_1 关断时，流过 Q_1 的谐振电流还没有谐振到零，副边整流二极管维持导通，功率开关器件 Q_1 会产生较大的关断损耗。当保证在死区时间内谐振电流谐振到零时，Q_2 仍然能够实现零电压开通，并且副边整流二极管实现自然过零关断。

受制于电路寄生参数及器件本身影响，LLC 谐振变换器工作的最高频率存在限制。另外，为了获得相同增益范围下更窄的开关频率范围，在减小感性原件体积、提高控制动态性能的同时不增加导通和开关损耗，在输入电压较高或者负载很轻的情况下引入了对称 PWM 控制，即开关频率不变，通过改变上下功率开关器件的开通时间来调节输出电压。对称 PWM 控制的谐振槽电流、励磁电流和副边整流二极管的电流波形类似于 PFM 控制时 $f_{sw}<f_0$ 的情况，如图 10-6 所示。整流侧始终能够实现零电流开关，原边功率开关器件的 ZVS 则由占空比决定，如果驱动信号能够在谐振电流过零前施加，则能够实现原边功率开关器件的 ZVS。

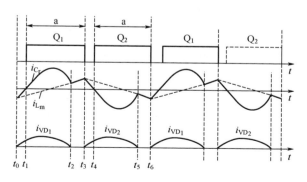

图 10-6　对称 PWM 模式关键电流波形

10.2 PFC 的数字控制

10.2.1 控制策略

功率因数定义为交流输入的有功功率与视在功率之间的比值。PFC 控制回路的目标如下:

● 控制电感电流,使输入电流保持正弦,并与输入电压具有相同的相位。

● 控制输出电压,使输出电压等于给定值。

因此,在控制中通常有两个控制环路:电压环和电流环。依照电流控制方式的不同,模拟控制中 PFC 的控制可分为平均电流控制、峰值电流控制及滞环电流控制。平均电流控制需要乘法器、除法器,控制环路较复杂,但开关频率固定、电流谐波小;滞环电流控制中滞环宽窄对控制效果影响较大,难以确定,且开关频率不固定;峰值电流控制虽然控制回路设计简单,但是在占空比大于50%时存在次谐波振荡,需要斜坡补偿,开关频率不固定。数字电源所用的算法大多是从模拟控制策略上移植过来的,另外,微控制器的强项在于其较强的数据处理能力,平均电流控制是 PFC 数字控制中应用最多的一种算法。

平均电流控制 PFC 算法的基本原理是输出电压采样值与其参考值的比较误差经过电压控制器,电压控制器的输出与输入电压相位信号相乘作为电流参考,电流参考与实际电流采样值的比较误差经过电流控制器,得到开关控制信息,其基本框图如图 10-7 所示。平均电流控制 PFC 算法可以分为 3 个部分:电压外环,确保输出电压最终达到给定的参考电压值;算术参考,确保电流参考跟踪输入电压相位;电流内环,确保输入电流波形跟随给定的电流参考。

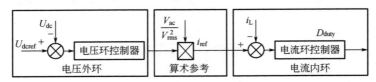

图 10-7 平均电流控制 PFC 算法基本框图

在平均电流控制中，输入电压相位会作为电流参考的因子，图 10-7 中的电流参考如下：

$$i_{\text{ref}} = \frac{V_{\text{ac}} V_{\text{c}}}{V_{\text{rms}}^2}\qquad(10\text{-}5)$$

式中，V_{ac} 是输入电压的实时值或预先保存的正弦表，作为电流的相位参考；V_{c} 是电压调节器的输出，作为电流的幅度参考；V_{rms} 是输入电压的有效值，以减小输入电压变化对输出的影响。

■ 10.2.2　电流控制器设计

经典 PID 控制在工业控制系统中得到了广泛应用。通常，在数字 PFC 控制中，电压环和电流环均采用 PI 调节器。图 10-8 展示了 BOOST PFC 电路的小信号模型控制框图，下标"p"表示小信号扰动。

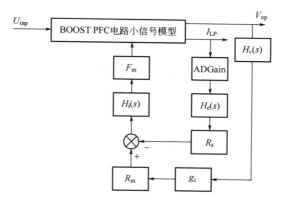

图 10-8　BOOST PFC 电路的小信号模型控制框图

根据图 10-8，PFC 电流环的控制环路模型如图 10-9 所示。在该模型中，$H_{\text{i}}(s)$ 是电流环的控制器，其用于保持电流控制回路的稳定及电流的跟踪性能；$G_{\text{id}}(s)$ 是电路模型中占空比到电感电流的传递函数；F_{m} 是脉宽比，即数字控制器输出数值与实际占空比的比例，例如，数字控制中规定开关周期为 625，则 $F_{\text{m}} = 1/625$；R_{s} 是等效的电流采样电阻；$H_{\text{e}}(s)$ 是采样滤波电路的传递函数；ADGain 为电流采样离散化后数字量与实际模拟信号的比例。

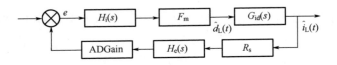

图 10-9 PFC 电流环的控制环路模型

不包含电流环控制器 $H_i(s)$，电流环的开环传递函数为

$$T_i(s) = F_m \times G_{id}(s) \times R_s \times H_e(s) \times \text{ADGain} \qquad (10\text{-}6)$$

选取一组电路参数，可以得到其波特图如图 10-10 所示，从波特图中可以看出，其带宽只有 33.5Hz。

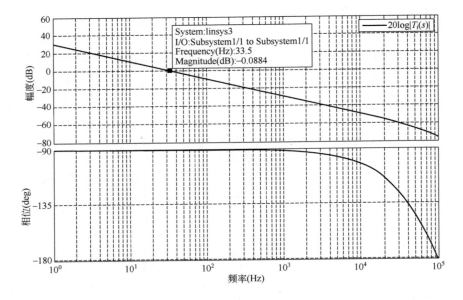

图 10-10 不带电流环控制器的电流环开环传递函数波特图

若要求电路具有良好的环路动态性能及稳定性，带宽需为 3k～10kHz，相位裕量需要超过 40°。PI 控制器传递函数如下：

$$H_i(s) = K_p + \frac{K_i}{s} \qquad (10\text{-}7)$$

在同样电路参数条件下，选择电流环开环截止频率为 8kHz，相位裕量为 55°，通过幅频和相频公式可以得到 PI 控制器的参数为

$$\begin{cases} K_p = 0.022 \\ K_i = 480 \end{cases} \tag{10-8}$$

将连续域运算得到的 PI 控制器参数运用到数字控制芯片中，必须根据数字算法中 PI 控制器的离散方法进行参数转换。PI 算法在连续时域表示为

$$y(t) = K_p e(t) + \int_0^t K_i e(t)\mathrm{d}t = K_p e(t) + y_1(t) \tag{10-9}$$

如通过后向欧拉法进行离散化，在离散域的表达形式为

$$y_1(n) = y_1(n-1) + K_i T_s e(n) \tag{10-10}$$

所以，整体 PI 算法通过离散化后得到

$$y(n) = K_p e(n) + y_1(n-1) + K_i T_s e(n) \tag{10-11}$$

因此，可以得到离散域控制参数为（假设控制频率为 80kHz）

$$\begin{cases} K_{pz} = K_p = 0.022 \\ K_{iz} = K_i T_s = 0.006 \end{cases} \tag{10-12}$$

图 10-11 所示为带电流环控制器 $H_i(s)$ 的电流环开环传递函数波特图，从波特图中看出，此时其带宽约为 8kHz，相位裕量超过 55°，符合动态性能及稳定性要求。

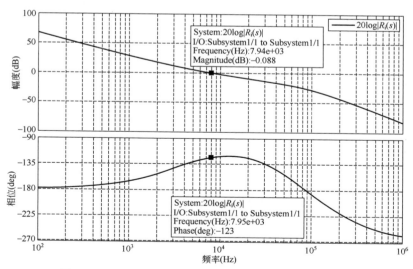

图 10-11　带电流环控制器的电流环开环传递函数波特图

◼ 10.2.3 PFC 数字控制所需的微控制器资源

图 10-12 所示为平均电流控制 PFC 所需的运行时序图,微控制器输出 PWM 信号来控制功率开关器件的开通和关断,在电感电流上升或者下降的中点,即主功率开关器件导通或者关断的中点,需要采样电感电流平均值用于控制,这里就需要 PWM 和 ADC 硬件之间要有同步触发机制。除了控制功能外,保护功能也可以利用微控制器片内的高速比较器实现。为了与后级 DC-DC 电路、上位机等进行通信,数字电源控制中还需要一些通信接口,如 SCI、IIC 等。

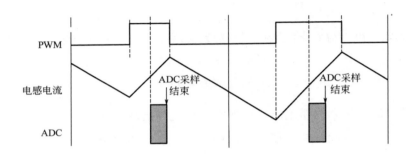

图 10-12 平均电流控制 PFC 所需的运行时序图

- 模/数转换器(ADC):在电流中点采样电感电流、输出电压和输入电压。为保证 PF 值,电流环控制速度要求较高,电感电流采样频率高,所以,需要 ADC 模块的采样速度能达到要求。

- 脉冲宽度调节器(PWM):典型 PFC 电路只需要 1 路 PWM 输出,若为多路级联、带同步整流或者是无桥 PFC 拓扑,则需要更多的 PWM 资源。PWM 模块还需要有故障保护功能,以便在发生故障时能够从硬件上迅速封闭 PWM 输出。

- 定时器:电压环和电流环采用不同的控制频率,需要由定时器分别触发两个中断来进行电压环和电流环计算。

● 高速比较器（HSCMP）：片内高速比较器进行故障检测，可以节约外加比较器成本，除比较器之外还需要片上数/模转换器（DAC）来生成信号参考。

10.3　LLC 谐振变换器的数字控制

■ 10.3.1　控制策略

由于 LLC 谐振变换器电路中包括 3 个谐振元件，分析比较复杂，而且系统功率的传输大多通过基波成分来完成，可以运用基波近似分析法（FHA）来对系统进行建模分析。基波近似分析法假设电路中只有基波电压和电流，图 10-13 所示为基于基波近似分析法的 LLC 谐振变换器的基波等效电路。

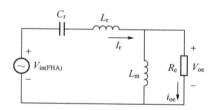

图 10-13　基于基波近似分析法的 LLC
谐振变换器的基波等效电路

图 10-13 中，$V_{\text{in(FHA)}}$ 是半桥脉冲波发生电路输出电压的基波分量：

$$V_{\text{in(FHA)}} = \frac{2}{\pi} V_{\text{DC}} \sin(2\pi f_{\text{sw}} t) \qquad （10\text{-}13）$$

V_{oe} 是输出电压等效到一次侧的基波分量：

$$V_{\text{oe}}(t) = \frac{4}{\pi} n V_{\text{o}} \sin(2\pi f_{\text{sw}} t - \varphi) \qquad （10\text{-}14）$$

其中，φ 是 V_{oe} 和 $V_{\text{in(FHA)}}$ 之间的相位差。

I_{oe} 是负载电流折算到一次侧的基波分量：

$$I_{oe}(t) = \frac{\pi}{2}\frac{1}{n}I_o \sin(2\pi f_{sw}t - \varphi)$$ （10-15）

R_e 是负载阻抗折算到一次侧的 AC 等效阻抗：

$$R_e = \frac{8n^2 R_o}{\pi^2}$$ （10-16）

这样，结合图 10-13 所示的等效电路，可以得出输出电压和输入电压之间的增益如下：

$$M_{PFM} = \frac{2nV_o}{V_{DC}} = \left|\frac{f_n^2\sqrt{m(m-1)}}{(mf_n^2 - 1) + jQ_e f_n (f_n^2 - 1)(m-1)}\right|$$ （10-17）

其中（f_{sw} 是系统的工作频率）：

$$Q_e = \frac{1}{R_e}\sqrt{\frac{L_r}{C_r}}, \quad m = \frac{L_p}{L_r}, \quad f_n = \frac{f_{sw}}{f_0}, \quad f_0 = \frac{1}{2\pi\sqrt{L_r C_r}}, \quad f_p = \frac{1}{2\pi\sqrt{L_p C_r}}$$

为了能够更加直观地了解调制的原理，有必要知道电压增益与 f_n、m、Q_e 的函数关系。当系统的物理参数确定后，m 的值也就固定了，品质因数 Q_e 就只与负载相关，而负载在某种条件下也是固定的。因此，对应不同 Q_e 描绘的 M_{PFM} 和 f_n 之间的曲线如图 10-14 所示。

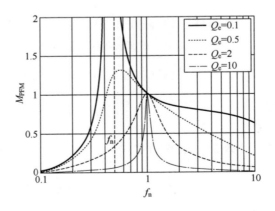

图 10-14　不同 Q_e 对应的 M_{PFM} 和 f_n 之间的曲线

从图 10-14 中可以看出，在 f_p 和 f_0 之间，通过在一个较窄的频率范围进行调节，就可以在很大范围内调节输出电压。在 m 和 Q_e 固定的情况下，工作频率 f_sw 在 f_p 两边时，系统的增益变化趋势是不单调的，不利于系统控制实现。当 f_sw 低于 f_p 时，谐振腔呈容性，电流超前于电压，从而使 MOSFET 一直处于零电流开关状态；当 f_sw 高于 f_p 时，MOSFET 一直处于零电压开关状态。对于 MOSFET 而言，零电压开关更有优势，所以，总是保证 f_sw 高于 f_p。

当 f_n 大于 1 时，M_PFM 随着 f_n 的增加变化很小。为了满足宽范围输入的要求，同时受到硬件电路的限制，不可能无限制地提高工作频率，引入对称 PWM 工作模式，对称 PWM 模式工作时，脉冲波发生器输出的基波分量 $V_\mathrm{in(FHA)}$ 可以用式（10-18）表示。

$$V_\mathrm{in(FHA)} = \frac{1 - \cos(2\pi d)}{\pi} V_\mathrm{DC} \sin(2\pi f_\mathrm{sw} t) \qquad （10\text{-}18）$$

则电压增益的表达式如下：

$$M_\mathrm{PWM} = \frac{1 - \cos(2\pi d)}{2} M_\mathrm{PFM} \qquad （10\text{-}19）$$

图 10-15 给出了在 PWM 模式工作时，在 m 固定的情况下，不同的 Q_e 值对应的 M_PWM 和 d 之间的曲线。当占空比为 0～0.5 时，电压增益可能是 0～1 之间的任何值。

为了保证实现零电压开通（ZVS），占空比不能太小。考虑到在一些输入电压很高或者负载很轻的情况，PWM 模式的最小允许占空比仍然大于实际的需要，需要再加入 Burst 模式，也就是间隙起动模式，在一部分时间起动 PWM 输出，另外一部分时间关闭 PWM 输出。图 10-16 所示为 Burst 模式工作时的 PWM 示意图，当 PWM 波开启时，输出电压上升；当 PWM 波关闭时，输出电压下降。

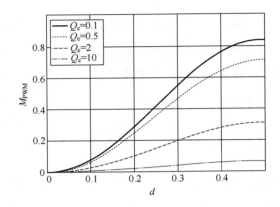

图 10-15　不同 Q_e 对应的 M_{PWM} 和 d 之间的曲线

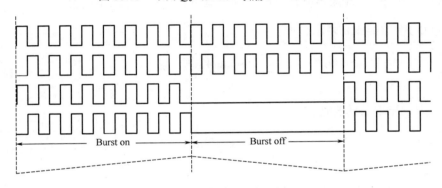

图 10-16　Burst 模式工作时的 PWM 示意图

10.3.2　LLC 谐振变换器数字控制所需的微控制器资源

LLC 谐振变换器数字控制中所需要的微控制器资源如下：

● 模/数转换器（ADC）：LLC 谐振变换器的控制目标是输出固定电压或者固定电流，因此需要采样输出电压或电流，另外还可以加入谐振电流内环来简化控制器的设计，使一组控制参数可以在全输入范围内有较好的控制效果。LLC 谐振变换器追求高频工作，以减小体积，与此同时，较高的控制频率可以保证较好的控制效果，所以，需要 ADC模块的采样速度能达到要求。

- 脉冲宽度调节器（PWM）：半桥隔离型 LLC 谐振变换器原边需要两路互补的 PWM 输出，互补的 PWM 信号要能够插入死区以防止桥臂损坏。若副边为同步整流，则还需要两路 PWM 信号。PWM 模块还需要有故障保护功能，以便在发生故障时能够从硬件上迅速封闭PWM输出。

- 逻辑与或非单元（AOI）：LLC 电路副边为同步整流时，为提高效率，必须精确控制同步整流管的开通和关断。同步整流管的开关时刻与主管开关时刻及当前工作频率有关，实际多采用主管开关信号与硬件检测副边电流过零或变压器副边电压翻转信号的逻辑组合信号作为副边整流管的控制信号，片内 AOI 单元可以方便地将各种片内、片外信号进行逻辑运算，非常实用。

- 高速模拟比较器（HSCMP）：片内高速模拟比较器进行故障检测可以节约外加比较器的成本，除比较器之外，还需要片上数/模转换器（DAC）来生成信号参考。另外，副边同步整流管控制信号也需要比较。

- 定时器：LLC 谐振变换器的开关频率变化，在控制算法时间固定的情况下，可以通过改变控制频率来达到最快 PWM 更新频率，此时需要有定时器实现控制频率变化。

- 通信接口：LLC 谐振变换器需要与前级 PFC 进行通信，直接接受上位机命令等。

10.4　典型案例分析——高效服务器电源

随着服务器电源需求量的不断增长，能耗不断上升，白金级甚至钛金级服务器电源需求非常广，目前市场比较感兴趣的高效率服务器电源拓扑为图腾柱无桥 PFC 加 LLC 谐振变换器。

■ 10.4.1 图腾柱无桥 PFC 系统实现

图腾柱式无桥 PFC 属于无桥 PFC 中的一种，因其结构简单、干扰小，加上半导体元器件材料和工艺提升带来了开关频率的不断提高及工作模式的扩展，在钛金级效率要求下，受到广泛关注。图腾柱无桥 PFC 系统如图 10-17 所示，整个系统由 85～265V AC 输入，采用平均电流控制，保证输入电流跟踪输出电压、输出电压跟踪电压参考。辅助电源直接从输出电压上取电，通过 flyback 电路变换出需要的电压。系统中使用 MC56F82748 作为控制器。

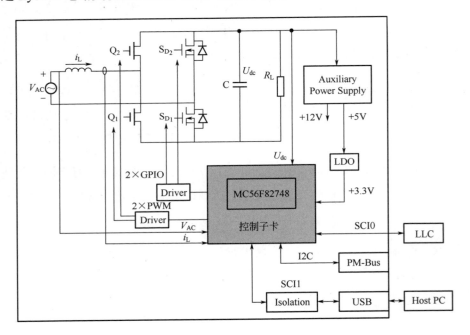

图 10-17　图腾柱无桥 PFC 系统

1. 图腾柱无桥 PFC 特点

从图 10-17 中可以看出，图腾柱无桥 PFC 包含 4 个半导体开关器件、两个快恢复 GaN HEMT（Q_1 和 Q_2），以及一对低导通压降的 MOSFET（S_{D_1} 和 S_{D_2}）。由于 GaN HEMT 相对于普通 MOS 具有非常短的反向恢复时间和非常小的输出电容，允许开关频率提高到上 MHz，实现系统功率密度的提高，同时不会增加系统的开关损耗，使得连续导通模式图腾柱式 PFC 的实现成为可能。

在输入电压正半周期中，S_{D_1} 开通，S_{D_2} 关闭，其中 GaN HEMT Q_1 将用作主开关，GaN HEMT Q_2 将作为同步整流开关，在主开关 Q_1 开通期间［见图 10-18（a）］，电感电流增加，当主开关关闭时［见图 10-18（b）］，电感将迫使电流通过 Q_2 流向直流输出，释放能量，电感电流减小。当输入电压极性变化时，原理也是相似的［见图 10-18（c）、（d）］，此时 S_{D_1} 关闭，S_{D_2} 打开，Q_2 将作为主开关，而 Q_1 将作为同步整流开关。

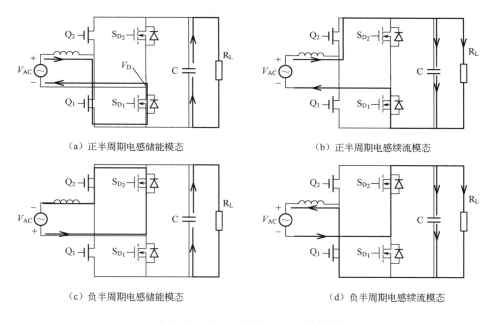

（a）正半周期电感储能模态　　　　　　　　　（b）正半周期电感续流模态

（c）负半周期电感储能模态　　　　　　　　　（d）负半周期电感续流模态

图 10-18　图腾柱无桥 PFC 工作原理

从图 10-18 中可以看出，图腾柱无桥 PFC 类似于两个分时工作的典型 PFC 电路，其中两个 GaN HEMT 功能是交替的，工作于高频状态，两个功率 MOSFET 工作于低频状态，开关频率等于交流输入电压频率。任意时刻，电流导通路径上都只包含一个快恢复开关和一个普通功率 MOSFET，减小电流导通路径上的元器件个数可以减小系统的功率损耗。通过控制开关信号使导通路径上两个开关都属于导通状态，可以进一步降低通态损耗。另外，V_D 点电位在正半周等于输出负电位，在负半周等于输出正电位，跳变频率等于输入电压频率，干扰较小。

2. AC 过零点电流尖峰抑制

根据上述分析可知，输入电压极性翻转时，Q_1 和 Q_2、S_{D_1} 和 S_{D_2} 的功能需要交换，另外，当输入电压接近于零时，PFC 电路主开关占空比接近 100%，因此，当输入电压极性翻转时，立即根据算法结果控制开关器件会造成较大的正反向电流尖峰。例如，当电压从正半周变为负半周时，开关 Q_1 的占空比突然从 100% 变至 0，开关 Q_2 的占空比突然从 0 变至 100%，同时 S_{D_1} 突然关断，S_{D_2} 突然开通，由于开关器件的体二极管反向恢复缓慢，输出电压会直接加在电感两端产生一个较大的反向电流尖峰。另外，在过零点输入电压很低，而输出电压很高，在同步开关使能情况下，即使其开通时间不长也会产生较大的反灌电流。

为抑制 AC 过零点电流尖峰，开关软接通过程必不可少，如图 10-19 所示，可采取以下几点措施。

● 主开关以一个较小的占空比开始导通，缓慢增加到算法计算的占空比。

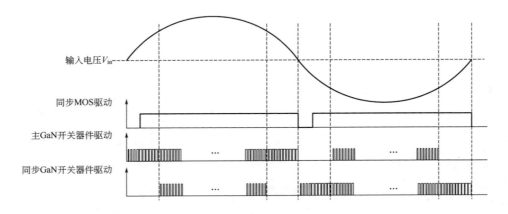

图 10-19　AC 过零点开关信号

- 两个功率 MOSFET 在 AC 极性翻转后均关断，延时一段时间后再将流过电流的功率 MOSFET 开通。

- 同步 GaN 功率开关器件在电流达到一定值之后再允许开通。

- 当电流减小到一点值时禁止同步 GaN 功率开关器件驱动信号输出，以抑制电流反灌。

3. 模式切换

由于转换器的非线性特性（特别是对于 GaN 功率开关器件），恒定频率控制难以确保在轻载时有良好的输入电流形状。在 DCM 模式下，输入电流波形差将导致高电流失真和有效电流消耗，从而导致功率因数较差。此外，在轻负载下，由于栅极电荷损耗，MOSFET 中的寄生电容损耗和电感中的磁芯损耗组成的恒定损耗成为主流，将导致系统的效率低下。因此，在不同负载下，可以通过控制系统的工作与否来达到最佳效率及 PF 值，系统工作模式切换如图 10-20 所示。

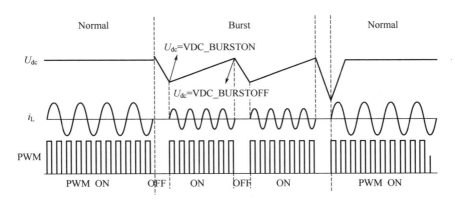

图 10-20　系统 Burst 模式和 Normal 模式切换示意图

当负载非常轻时，关闭 PFC 的驱动。负载大小可以根据当前电流环给定值来判断，当电流环给定在一定时间内维持最小限幅（如 0.25A）时，即认为系统此时的输出功率较低，PFC 将进入 Burst 模式。Burst 模式中，当 PFC关闭时，输出母线电压会逐渐降低。当输出电压达到 VDC_BURSTON 时，

PFC 控制将以恒定的电流（如 0.25A）为参考，控制半导体器件开关。此时，因为输入功率大于输出功率（输出为轻载），母线电压开始抬升。当母线电压抬升到 VDC_BURSTOFF 时，PFC 的驱动再次关闭，则母线电压会再次下降，如此反复。如果在调节的过程中，输出电压下降过于迅速，达到较低的阈值，说明此时系统的输出功率较高，那么 PFC 将退出 Burst 模式，进入 Normal 模式。

10.4.2 LLC 谐振变换器系统实现

LLC 谐振变换器是一个隔离的 BUCK-BOOST 变换器，一次侧和二次侧之间通过变压器进行隔离。一次侧包括脉冲波发生器、谐振网络、隔离驱动和隔离的 UART 通信口。二次侧包括同步整流管、驱动、电压、电流采样回路，PM-Bus 通信电路及 DSC 控制子卡。辅助电源直接从 DC 母线取电，用反激变换器产生系统工作所需的各个电压。LLC 谐振变换器系统的整体实现框图如图 10-21 所示，采用 MC56F82748 作为其控制器，控制子卡由二次侧供电，对系统的一次侧和二次侧实现整体控制。控制主功率开关器件的两路 PWM 经过脉冲变压器隔离，再连接到驱动芯片。控制同步整流管的两路 PWM 直接接到驱动芯片。

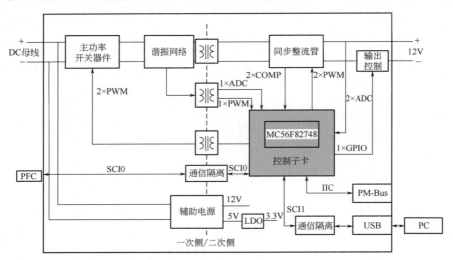

图 10-21 LLC 谐振变换器系统整体实现框图

1. LLC 谐振变换器软起动

为避免电流和电压冲击，LLC 谐振变换器软起动尤为重要。由于器件限制及线路寄生电感电容造成的增益非线性，仅通过提高起动频率实现软起动存在局限。根据 LLC PFM 和 PWM 工作模式的不同增益特性，可以使用先PWM 再 PFM 的软起动方案。开始工作时，系统开环运行，PWM 工作在最高频率，占空比随着输出电压的升高而逐渐增加，当占空比增加到 0.5 后保持不变，工作频率随着输出电压的升高逐渐减小，直到输出电压达到一个特定的值。之后闭环控制器开始起作用，输出电压给定缓慢地增加，计算得到当前理想的占空比或者控制频率点，直到输出电压达到设计的输出值。

2. 模式切换

在 PFM 模式下，感性工作区间，输出电压增益随着开关频率的升高而逐渐降低。当频率升高到上限仍然不能满足系统要求时，进入 PWM 工作模式。PWM 工作模式下，输出电压增益和占空比成反比，占空比从初始 0.5 开始逐渐减小，如果减小到占空比下限仍然不能满足系统要求，进入 Burst 工作模式。在闭环控制系统中，控制环路计算得到的占空比体现了电流内环状态，我们用控制环路输出的占空比代替输出电压作为是否进入 Burst 模式的判断条件，从而保证模式切换的稳定、平顺。图 10-22 给出了不同模式之间的切换过程，为了避免切换点附近的跳动，在 PWM 模式与 Burst 模式切换中间加入了滞环。

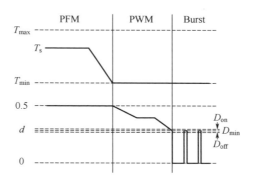

图 10-22　不同模式之间的切换过程

图 10-22 中，T_{max} 是允许的最大开关周期，T_{min} 是允许的最小工作周期，D_{min} 是允许的最小工作占空比，D_{on} 和 D_{off} 分别是模式切换滞环的上、下限。

在服务器电源、电池充电器和很多其他的工业应用中，电源系统需要同时具有固定电压输出和输出电流限制的功能，可以采用电压和电流双外环的控制策略，正常输出时为电压环，控制输出固定电压，随着输出电流逐渐增大到限流点附近，电流环开始起作用，限制输出电流为设定值。同时，还加入了原边电流控制内环，内环平均电流控制可以加快系统的动态响应，减小系统的静态误差，增加了环路整体的稳定性和系统的带宽。

如图 10-23 所示，LLC 谐振变换器的控制外环工作在如下 3 种状态。

（1）恒压工作状态：系统工作在这种状态主要是保持稳定的输出电压，输出电压和参考给定相等，输出电流小于给定值。在恒压工作状态下，输出电压外环和输出电流外环控制器都在进行计算；输出电流外环输入误差很大，输出始终为零，对控制信号的输出不起作用，由输出电压外环控制器的输出来决定控制外环的输出。

（2）恒流工作状态：系统的限流工作状态，当输出电流达到限流点时，输出电压降低。在恒流工作状态下，输出电压外环和输出电流外环控制器都在进行计算，由于输出电压远小于给定电压，输出电压外环的误差很大，输出始终等于上限值，对控制信号的输出不起作用，由输出电流外环控制器的输出来决定控制外环的输出。

（3）双环共同作用状态：从恒压工作状态向恒流工作状态切换的中间状态就是双环共同作用状态。在负载增加到大于额定电流时，随着输出电流逐渐靠近限流点，输出电压下降，输出电流外环控制器的计算结果逐渐减小到有效区间，输出电压外环控制器的计算结果逐渐增大到上限，输出电流外环控制器的输出逐渐起主要的作用。在负载减小到小于额定电流时，随着电压逐渐上升到给定输出电压，输出电压外环控制器的计算结果逐渐减小到有效区间，输出电流外环控制器的计算结果逐渐增大到上限，输出电压外环控制器的输出逐渐起主要的作用，输出电流降低到限流值以下。

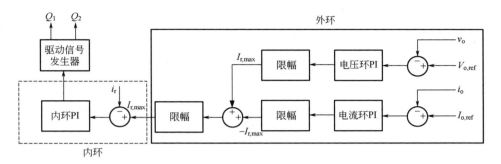

图 10-23   LLC 谐振变换器的控制环路

图 10-24 所示为输出电压和输出电流双外环控制示意图，在没有达到额定电流时，系统可以实现稳定电压输出，当输出达到额定电流时，继续增加负载可以使系统的输出保持在额定电流，实现限流。

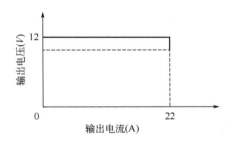

图 10-24   输出电压和输出电流双外环控制示意图

3. 控制时序

LLC 谐振变换器为变频工作，当开关频率上升到比较高时，已经来不及每个周期执行一次算法。为此，可以使用以下两种策略来提高控制精度：一是将时间敏感的关键算法放到 RAM 中，加快这部分程序的运行速度；二是根据不同的工作频率来切换控制频率，当工作频率较高时，两个或多个周期控制一次。

MC56F82748 的 eFlexPWM 外设有 4 个子模块：SM0～SM4，可以用不同的子模块来区分控制频率和工作频率。SM0 用来设置控制频率，并实现

ADC 的触发。SM1 和 SM2 用来设置工作频率和周期，产生 PWM 开关信号。不同的子模块之间通过 SM0 的寄存器周期重载信号来强制初始化，从而实现它们之间的同步。假设程序从 PWM 信号触发到中断结束的最大执行时间为 8.2μs，其包含了原边电流内环、输出电压外环和输出电流外环的计算。选择 10μs 作为系统的最小控制周期，当工作频率小于 100kHz 时，控制频率和工作频率相等，每个周期控制一次，SM0 和 SM2 周期寄存器的值相等。当工作频率大于 100kHz、小于 200kHz 时，控制频率为工作频率的 1/2，每两个周期控制一次，SM0 周期寄存器的值是 SM2 的两倍。当工作频率大于 200kHz、小于 300kHz 时，控制频率为工作频率的 1/3，每 3 个周期控制一次，SM0 周期寄存器的值是 SM2 的 3 倍。图 10-25 所示为一个频率上限为 200kHz 的变控制频率 LLC 谐振变换器时序图。

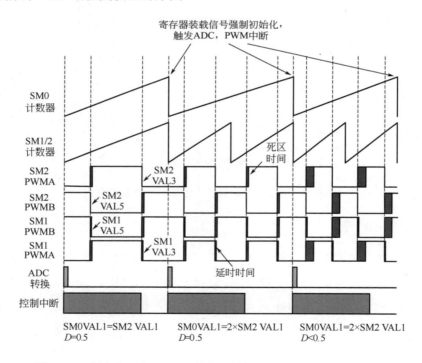

图 10-25　频率上限为 200kHz 的变控制频率 LLC 谐振变换器时序图

4. 驱动信号产生逻辑

LLC 谐振变换器副边同步整流管驱动信号与原边功率开关器件开关时刻及当前开关频率有关。原边半桥主功率 MOSFET 的驱动控制 PWM 的输出可以直接通过 PWM 引脚输出，也可以通过内部模块互联单元（XBAR）输出。通过 XBAR 输出时，硬件 Fault 信号和其余需要作用于 PWM 开关的信号也可以接到 XBAR，并且和 PWM 信号用 AOI 的"AND"功能相与，得到最终 DSC 输出信号。

对于副边同步整流管驱动信号，必须通过逻辑"AND"功能，结合硬件过零检测信号和与原边驱动控制信号相关的 PWM 信号实现精确控制。PWM 信号可通过在原边驱动信号上加入延时得到，过零比较信号可通过检测变压器的电压过零点或电流过零点得到。通过上述方法可以最大限度地增加同步整流管的开通时间，减小二极管的导通损耗。

图 10-26 所示为利用 MC56F82748 实现的 LLC 谐振变换器系统驱动信号

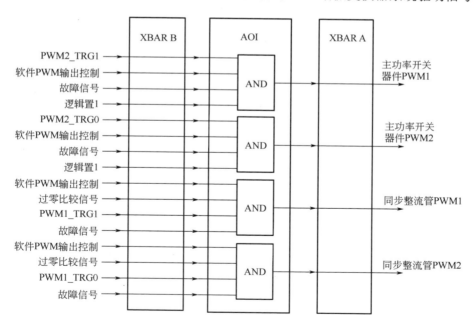

图 10-26　利用 MC56F82748 实现的 LLC 谐振变换器系统驱动信号产生逻辑

的产生逻辑，"软件 PWM 输出控制"用于灵活地控制 PWM 的开通和关断，PWM_1 和 PWM_2 是半桥主 MOSFET 的驱动信号，PWM_SR1 和 PWM_SR2 是同步整流管的驱动信号。所有的控制逻辑都通过 DSC 内部硬件来实现，保证了最小的延时，同时简化了软件的设计。

10.5　小结

本章介绍了完整的交流输入开关电源系统，包括前级的整流电路和后级的 DC-DC 变换器。其中，前级的整流电路——有源功率因数校正电路（APFC）是当前较为成熟，且应用广泛的整流控制电路，能够有效减小对电网的污染，本章介绍了其基本工作原理及控制需求。针对后级的 DC-DC 变换器，本章介绍了典型的 LLC 谐振变换器，LLC 谐振变换器是一种同时实现高开关频率和低开关损耗的谐振拓扑，得到了越来越广泛的运用。

本章最后以一个高效率图腾柱无桥 PFC 加 LLC 谐振变换器的服务器电源为例，详细介绍了运用 NXP MC56F827×× 系列 DSC 来设计图腾柱无桥 PFC 和半桥隔离 LLC 谐振变换器的关键要点。

第 11 章
Chapter 11

感应式无线充电的数字控制

　　无线充电常用技术分为紧耦合的磁感应式和松耦合的磁共振式，现在市场比较成熟的方案大多为磁感应式，其基本原理如下：在原边线圈施加高频的交流电，通过电磁感应在次级线圈中感应出一定的电压和电流，从而将能量从发射器传输到接收器。同时为了提高系统效率，感应式无线充电系统多为 LC 谐振拓扑，这样可以实现功率开关器件的软开关工作，从而减小功率开关器件的损耗，提高系统效率。在 LC 谐振拓扑中，原边线圈中的谐振电流接近正弦，若副边电路为闭合回路，就会感应出相应电流，实现能量从原边线圈到副边线圈的高效传输。

11.1　感应式无线充电工作原理

　　我们以 Qi 标准的典型系统来介绍感应式无线充电的能量传输和通信方式，图 11-1 所示为一个感应式无线充电系统的工作原理。

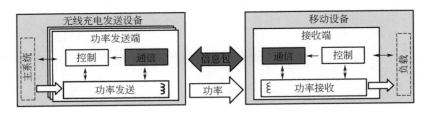

图 11-1　感应式无线充电系统的工作原理

发射器主要包括功率发送部分、通信和控制系统，能量通过原边功率谐振回路传输到与发送线圈耦合的接收器线圈，从而使接收器有电压产生。接收器主要包括功率接收部分、二次稳压部分、通信及能量控制器。接收器根据负载需要的能量大小来调整自己的母线电压，从而可以使系统稳定地给负载供电。从发射器 Tx 到接收器 Rx 的通信为调频方式，通过微调工作频率来编码。而从接收器到发射器的通信为调幅方式，通过改变接收器的谐振参数或负载来引起发射器谐振波形的变化，从而实现接收器到发射器的数据通信，使系统闭环工作。

11.1.1　能量的传输方式

无线充电的工作原理与高频开关电源类似，能量隔离传输的主要部件为发射器线圈和接收器线圈，类似于高频开关电源中的平面变压器。为了实现一定距离的无线充电（典型距离为 3～7mm），必须将接收端线圈放置到发射端线圈上，但是由于两个线圈的耦合系数较低，在传输过程有部分能量损耗，所以感应式无线充电系统的传输效率比传统的开关电源要低一些。图 11-2 所示为发射器线圈和接收器线圈实物图。

图 11-2　发射器线圈（左）和接收器线圈（右）实物图

就能量传输的控制方式而言，从发射器到接收器的能量传输方式主要包括调频方式和调压方式，下面分别进行介绍。

调频方式，顾名思义就是通过改变系统的工作频率来调节发射器到接收器的能量大小，图 11-3 所示为典型的发射器功率电路（全桥逆变器）和系统增益曲线。

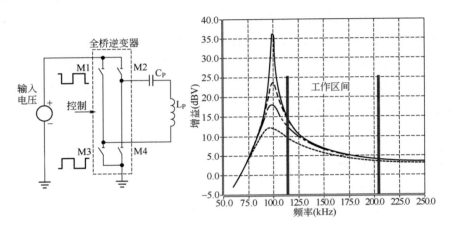

图 11-3　典型的发射器功率电路和系统增益曲线

在 Qi 标准的规格书中，接收器的 LC 谐振点频率定为 100kHz 左右，所以，为了实现高的系统效率，发射器的 LC 谐振点频率也尽量接近 100kHz。实际调频工作的频率范围为 110k～205kHz，系统工作在系统谐振点的右边，频率从高到低的改变可以实现系统电压增益的单调调节，闭环控制接收器母线电压。工作频率的高和低不代表功率的大小，只是代表了发射器线圈的谐振电压和接收器线圈感应电压的关系，功率的大小由谐振电压和负载共同决定。现有的 Qi 标准的拓扑类型大部分为此工作方式，在 BPP 的拓扑中，比较典型的代表为 A11、A28 等，它们在一些低档和中档的无线充电发射器中得到了应用。

调压方式，就是通过改变发射器谐振电路的输入电压来实现无线充电系统电压增益的改变，从而实现系统的电压控制闭环，图 11-4 所示为典型的调压方式拓扑框图和增益趋势图。

从图 11-4 中可以发现，发射器的逆变器工作在固定频率、固定占空比（50%）的状态，我们通过调整逆变器的输入电压来调整发射器上的谐振电压大小，从而调整接收器接收线圈的整流母线电压的高低，以实现系统的电压闭环控制。此方法控制理论比较简单，系统稳定性好，并且为定频方式，EMC 滤波器的设计方便，可以实现较好的 EMC 性能，比较适合车载无线充电发射器和一些高端的消费类无线充电器的设计。其缺点为需要多加一级电压转换来实现逆变器输入电压的可变要求，汽车应用中，由于其输入电压变化范围较大（8～16V），第一级转换器为BUCK-BOOST 变换器。在消费类产品中，为了降低成本，第一级功率转换可以采用 BUCK 变换器，同时需要采用高电压输出的适配器作为无线充电发射端的输入电源。采用此种方式的 BPP（Baseline Power Profile）方案为 A13、A34 等，EPP（Extended Power Profile）的拓扑中也有很多采用此控制方式的，如 MP-A6、MP-A9 及 MP-A11。

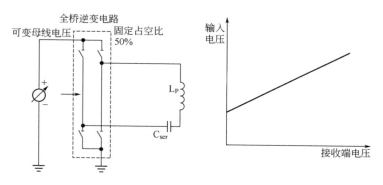

图 11-4　调压方式拓扑框图和增益趋势图

同时在一些 Qi 标准的 EPP 的调频拓扑中，为了兼容 BPP 的接收器，系统的工作方式会发生变化，其先以半桥调频方式开始，如果为 BPP 接收器，则系统一直工作在半桥模式；如果为 EPP 的接收器，发射器会根据功率的要求工作在全桥移相及全桥调频模式。图 11-5 所示为一个典型的 MP-A4 的工作模式。

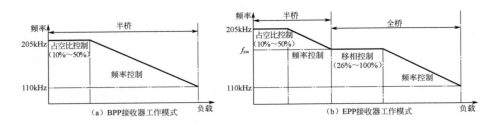

图 11-5 MP-A4 的工作模式

11.1.2 通信方式及解调简介

图 11-6 所示为典型的感应式无线充电系统的接收器到发射器的通信调制。发射器到接收器的通信为调频方式（FSK），即通过微调工作频率来将信息发送到接收器，接收器实时检测频率改变来解调。同时接收器到发射器的通信方式为调幅模式（ASK），即接收器通过改变自己的 LC谐振参数（C_m）或调制负载（R_m）来改变系统的工作点，从而引起发射器谐振电压 V_p 相应地变化。发射器控制器通过采样 V_p 的变化来解调 Rx的信号，并编码得到接收器的信息，在调制强度的选择上，需要满足以下标准：必须使原边的谐振电流 I_p 的变化大于 15mA，或使谐振电压的变化大于 200mV。后面将详细介绍通信包的调制和解调方法，以及关键的通信协议。

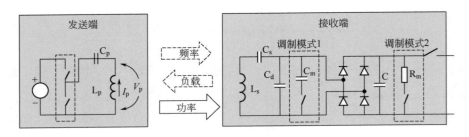

图 11-6 感应式无线充电系统的接收器到发射器的通信调制

11.2 无线充电标准 Qi

现阶段很多半导体厂商都根据 Qi 标准推出了各种控制芯片和方案，下面就以 Qi 标准来详细介绍感应式无线充电的功率传输、通信方式和安全检测等内容。

11.2.1 通信方式详述

如前所述，接收器与发射器之间有两种通信链路，其中从接收器到发射器的通信采用幅值调制方式，从发射器到接收器的通信采用频移调制方式。对于 BPP 设备，系统工作只存在第一种通信方式，即接收端到发射端的 ASK 通信方式，而对于 EPP 设备，则上述两种通信都会涉及。

1. 接收器到发射器通信

接收器对功率信号的幅值进行调制，初级线圈电流或电压会呈现两种状态，即 HI 状态和 LO 状态。接收器采用 2kHz 的调制频率，编码格式如下。

1）Bit 编码格式

功率信号在一个周期内有两次电平转换的定义为 1，单次电平转换的定义为零，如图 11-7 所示。

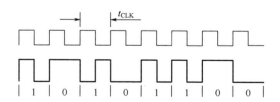

图 11-7 接收器到发射器的 Bit 编码格式

2）Byte 编码格式

接收器采用 11 位异步串行格式来传输一个字节数据，包括起始位、8 位数据位、奇偶校验位和停止位。图 11-8 所示为 Byte 编码格式（以 0x35 为例）。

图 11-8　Byte 编码格式

3）数据包结构

接收器向发射器发送数据包的结构，如图 11-9 所示。数据包由 Preamble、Header、Message 和 Checksum 四个部分组成。Preamble 包含 11～25 位的 bit 1，使发射器能够与输入数据同步，并准确地检测到报头的起始位。Header、Message 和 Checksum 由 3 个或更多字节的序列组成。Header 包含数据包类型和数据包长度的信息。Message 是传送数据包类型的数据。Checksum 用来检查数据传输的错误。具体数据包类型定义请参考 Qi 标准规格书。

Preamble	Header	Message	Checksum

图 11-9　数据包结构

2. 发射器到接收器通信

发射器对接收器通信采用 FSK 方式，即调制发射器工作频率，使发射器在工作频率和调制频率间切换。调制频率与工作频率范围请参考 Qi 标准规格书。

1）Bit 编码格式

发射器功率信号的 512 个周期为一个 bit，期间功率信号有两次电平转换的定义为 1，单次电平转换的定义为 0，如图 11-10 所示。

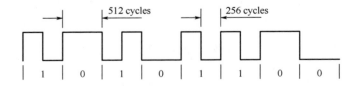

图 11-10　发射器到接收器的 Bit 编码格式

2）应答结构

接收器在发出特定数据包后，发射器需要做出回答，应答结构由 8 个连续的比特组成，如表 11-1 所示。应答包回 ACK 表示接受请求，NAK 表示拒绝请求，ND 表示未识别或无效请求。

表 11-1 应答结构

项目	信　息	描　述	格　式
ACK	Acknowledge	接受请求	'11111111'
NAK	Not-Acknowledge	拒绝请求	'00000000'
ND	Not-Defined	未识别或无效请求	'01010101'

11.2.2　系统控制

Qi 标准包括基础功率协议（BPP）（传输功率 5W）和扩展功率协议（EPP）（传输功率为 5～15W）。从系统控制来看，功率从发射器传输到接收器包含多个阶段，只有发射器和接收器各阶段顺利进行协议握手，系统才能进入稳定的充电状态。

1．基础功率协议（BPP）

基础功率协议包括 4 个阶段，分别是 Selection、Ping、Identification & Configuration 和 Power Transfer，扩展功率协议增加了 Negotiation、Calibration 及 Regotiation 阶段。图 11-11 所示为基础功率协议功率传输过程，实线箭头表示发射器阶段转换过程，点画线箭头表示接收器阶段转换过程。

1）Selection 阶段

Selection 阶段是发射器工作的初始阶段，发射器持续监测线圈表面是否有物体放置或移除。当发现有接收器放置，发射器将侦测到该接收器并对其进行功率传输。对于支持自由放置功能的多线圈发射器，首先要定位接收器位置，然后选择一个合适的初级线圈进行功率传输。当放置一个或多个物体时，发射器还要有甄别接收器和异物的能力，诸如当硬币或者钥匙之类金属的物体存在时，发射器必须检测出来并停止后续充电动作。当发射器在 Selection 阶段侦测到无线充电接收器时，发射器将进入下一个 Ping 阶段。如果没有找到接收器，发射器则重新回到待机状态。

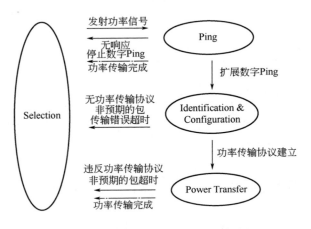

图 11-11 基础功率协议功率传输过程

2）Ping 阶段

在 Ping 阶段，发射器打开原边线圈传输功率并持续一段时间，以使接收器上电，同时监听接收器的反馈信号。如果发射器收到了由接收器发出的 Signal Strength 通信包，发射器将认为接收器存在且工作，此时将延长数字 Ping 的时间，并维持数字 Ping 时的功率等级，使系统进入下面的 Identification & Configuration 阶段。数字 Ping 的窗口时间为 65～70ms，如果发射器在这个过程中始终没有收到接收器的任何信号，或者没有接收到正确的 Signal Strength 信号包，系统将会回到 Selection 阶段；如果发射器在该时间窗口收到了 Signal Strength 信号，但始终没有收到下一阶段的 Identification 信号，系统将回到待机阶段。

3）Identification & Configuration 阶段

在这个阶段，发射器将识别放置的接收器，获得接收器的配置信息，发射器将利用这些信息建立起功率传输的合约。该功率传输合约包含了所有表征功率传输限制的参数。在进入 Power Transfer 阶段前，只要出现握手异常，比如，超过规定的时间没有收到正确的通信包、收到了 EPT 信号包或者收到了不属于该阶段的通信包等，发射器都将停止发射数字 Ping，并使系统回到 Selection 阶段。

Identification 信号包含接收器版本、制造商、设备标识符等信息。其 Ext 信号位如果是 1，则表征其为拓展的 Identification 信号包。该阶段支持最大 7 个可选的配置信号包，包括功率传输等待时间、多种私有信号及多种预留信号等。Configuration 信号则包含了功率配置方面的具体信息。具体来讲，一个 Configuration 信号包括功率等级、最大输出功率、功率控制方式、配置信息数量、功率计算窗口等信息。其中，配置信息数量是判断 Configuration 阶段数据出错的量，当发射器收到的配置数据字节数和该信息不等时，系统认为状态出错并返回待机阶段。

对于扩展功率协议设备，Configuration 中还包含额外的 Negotiation 阶段配置信息，其中比特 Neg 为 1，表征该接收器支持扩展的 Negotiation 阶段，比特 Polarity 和 Depth 表征 Negotiation 阶段发射器回应接收器的 FSK（频率调制）信号的极性（频率调制方向）和深度（频率调制大小），具体信号内容定义请参考 Qi 标准规格书。

在 Identification & Configuration 阶段完成时，系统将建立起基本的充电功率控制合约。该合约包含如下功率信息：保障功率、最大功率、接收的功率信号格式、FSK 信号的极性及调制深度等。对于 BPP 接收器，这些信息将是其进入充电状态后功率控制的依据，而对于 EPP 接收器，这些只是基本信息，具体的功率控制信息还将在 Negotiation 阶段进一步协商。

4）Power Transfer 阶段

Power Transfer 阶段是正式进入充电的工作阶段。在 Power Transfer 阶段，发射器将收到如下通信包：控制误差（CEP）、接收功率、充电状态、充电中止请求（EPT）、重新充电协商（EPP 设备特有），以及各种私有包和预留包等。在充电过程中，一旦收到控制误差包，发射器将据此进行功率调节，直到发射器收到的控制误差变成 0。当发射器接收到接收器发来的接收功率信息包时，将根据自身输入功率、损耗功率等信息，计算出系统功率损耗，当损耗值超过阈值时，发射器将认为存在消耗能量的异物，并断开充电进入保护状态。

充电过程中，发射器收到任何来自接收器的充电中止请求，都将立刻断开功率传输，并根据不同的请求进行相应的处理，使系统进入保护状态或者回到 Selection 阶段等。对于扩展功率协议设备，如果接收到重新充电协商的请求，发射器将重新回到 Negotiation 阶段去协议充电功率。

充电期间，发射器必须能持续收到控制误差包及接收功率信息包，一旦没有在规定时间内收到这些信息包，系统将进行超时判定，并结束充电回到待机阶段或保护状态。用户可以在任何时间移走正在充电的移动设备，发射器能够通过通信超时来识别这一动作，并且停止功率传输，系统返回 Selection 阶段。

在功率传输阶段，发射器和接收器协同控制传输功率的大小。功率控制环路如图 11-12 所示。接收器选择一个期望的控制点，如母线电压等，并且确定实际控制点。接收器根据期望控制点和实际控制点计算控制误差值，如果它是负值，表示接收器需要更低的母线电压，如果是正值，则接收器需要更高的母线电压，发射器据此来调整系统的工作点，以达到其期望值，实现系统闭环。

2．扩展功率协议（EPP）

相对于基础功率协议，扩展功率协议增加了 Negotiation、Calibration 和 Renegotiation 阶段。这些增加的阶段主要涉及扩展功率传输协商，以及增强的异物检测功能等。图 11-13 所示为扩展功率协议功率传输过程。

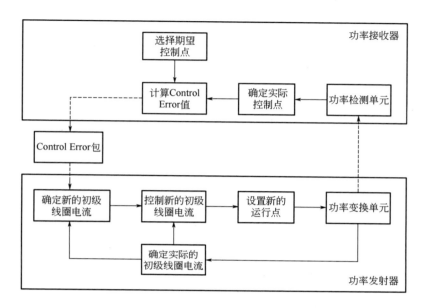

图 11-12　功率控制环路

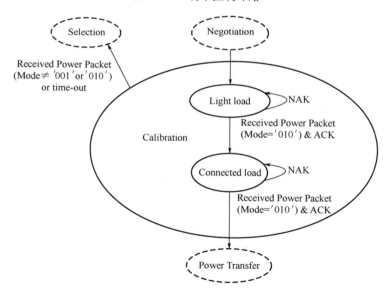

图 11-13　扩展功率协议功率传输过程

1）Negotiation 阶段

在 Negotiation 阶段，发射器将接收到一系列通信包，用来升级功率控制合约。其间，发射器将通过 FSK 信号给接收器发送数据，并应答收到的接收器信息。

在 Negotiation 阶段，发射器将接收到以下通信信号：具体请求、一般请求、FOD（异物检测）状态、私有包、预留包及 WPID 包（无线充电设备标识）。每收到一个数据包，发射器将根据自身判断条件应答 FSK 信号。如果在这个过程中，发射器收到上述之外的信号包，则系统将中断功率传输并回到 Selection 状态。如果没有正确收到上述信号包，则发射器将忽略该包文，不去回应接收器 FSK 信号，继续等待下一个通信包，进行 Negotiation 阶段的协商。

整个 Negotiation 阶段，发射器和接收器按照 Qi 标准规定的时序进行通信包的传送和应答，实现两者的相互握手，以及充电功率各个参数的协定，从而保证了两者在 Power Transfer 阶段可以工作在相同的功率控制状态下并稳定运行。

2）Calibration 阶段

由于 EPP 设备较 BPP 设备拥有更高的传输功率，Qi 标准针对 EPP 规定了更优化的异物检测方法，以提高大功率传输时损耗功率计算的准确度。

当结束 Negotiation 阶段之后，系统将进入 Calibration 阶段。在这个阶段，系统将工作在两个不同的负载状态，第一个是轻载状态，该状态下，接收器将连接一个较小的负载，让系统工作在低功率状态，并给发射器发送自身功率信息，一旦发射器稳定接收到该功率信息，则通过回应 FSK 让系统进入第二个状态；第二个是重载状态，接收器在该状态下将输出接近自身的满载功率，同样，也相互握手功率信息包。两个不同功率状态下，发射器计算自身输入功率，并结合收到的输出功率信息，计算出系统功率误差，通过拟合这两个功率点，计算出输出功率（或发送功率）与系统的线性误差关系。在正常充电时，系统将根据该误差关系实时校正系统功率误差计算结果，从而实现高功率传输状态下系统功率损耗的准确计算。此方法必须与 Q 值测试一起使用，在系统进入功率校准前，先做 Rx 的 Q 值测试，保证此时两个线圈中间没有异物，从而用此方法把系统的功率损失值归零，以更准确地检测在功率传输过程中出现的异物，如插入的硬币等。

当系统在规定的 10s 时间内完成两种状态的切换后，发射器将真正进入 Power Transfer 阶段，进行正式充电。如果没有在该时间内完成校准，或者出现通信包的超时，或接收到结束充电的请求，系统都将退出充电，重新回到 Selection 阶段。

3）Power Transfer 阶段

与 BPP 设备的 Power Transfer 阶段基本一致，对于 EPP 设备，在 Power Transfer 阶段，有可能需要对收到的功率信息包进行 FSK 应答。此外，当接收器认为自身充电功率需要调整时，其将给发射器发送 Renegotiation 信息，重新进行 Negotiation。

4）Renegotiation 阶段

在充电过程中，如果需要，接收器可以对功率传输合约进行调整，此时，接收器将通过给发射器发送 Renegotiation 信息包实现状态切换。如果有必要，接收器也可以提前中止这个阶段，且不会改变功率传输合约。这个阶段的协议和 Negotiation 阶段的内容是一致的。同样，整个过程中如果检测到不符合协议，系统将退回到 Selection 阶段。

11.3　Qi 标准感应式无线充电微控制器

■ 11.3.1　无线充电微控制器介绍

WCT 系列微控制器是基于恩智浦半导体的 32 位 56800EX 内核的高性能数字信号处理器。该系列处理器主频高达 100MHz，最大可提供 288kB 的 Flash

及 32kB 的 RAM，同时拥有丰富的 I/O 接口、多路双通道高精度 PWM、高性能 ADC 及 DAC 模块、多路定时器和各种通信模块等。其足够强大的性能及丰富的外设模块，在满足无线充电发射器平台基本开发需求的同时也带来了丰富的拓展性。

WCT 系列微控制器针对市场需求提供了诸多差异化产品，既有消费类市场的低配版本，也有符合车规安全标准的高端版本，覆盖全面。图 11-14 所示为 WCT 微控制器的系统框图。

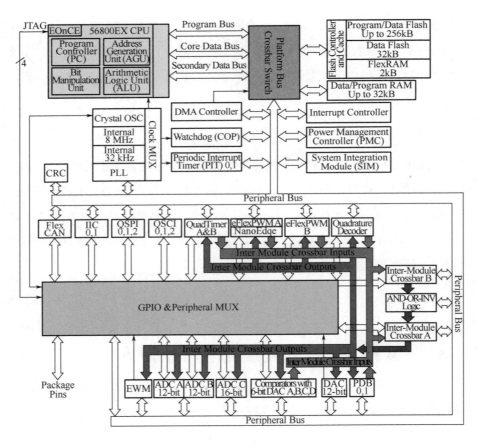

图 11-14　WCT 微控制器系统框图

11.3.2　Qi 标准无线充电发射器硬件模块

基于 Qi 标准的无线充电发射器，对功率检测及控制、数字解调、故障保护等方面有着较高的要求。其控制系统框图如图 11-15 所示。

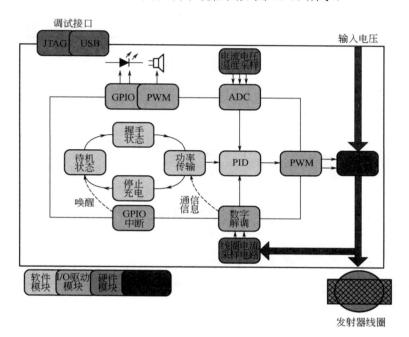

图 11-15　无线充电发射器控制系统框图

根据图 11-15，软件模块主要是根据 Qi 标准进行充电状态机控制，I/O 驱动模块控制着处理器最底层的硬件单元，硬件模块为系统各项软件功能的实现提供工作电路，主功率回路则控制着发射器功率的发送，最终实现功率传输的系统闭环。按照上述无线充电系统流程，可简单将无线充电发射器用到的系统模块分为信号检测、功率控制、通信解调、外设控制几类。微控制器对不同的工作模块所需的控制器资源如表 11-2～表 11-5 所示。

表 11-2　信号检测所用控制器资源

应用模块	用　途
12 位 ADC	对模拟信号，如输入电压、母线电压、输入电流、线圈电流、温度等采样，用于实现功率及损耗实时计算、功率控制及保护、Q 值计算等功能
比较器	模拟比较器，检测线圈电流，用于最大输出功率限制及 Q 值检测功能；数字 DC-DC 模块下，实现数字 DC-DC 开关电流检测，用于过流保护

表 11-3　功率控制所用控制器资源

应用模块	用　途
双通道 PWM	通过对 PWM 频率、占空比、相位进行控制，实现逆变器的输出功率调节
定时器	用于生成系统控制所需的定时中断；用于 Q 值电路振荡波形周期检测；用于低功耗模式定时控制；对于数字调压方案，Timer 中断还用于数字 DC-DC 的控制
I/O	用于开关电路，如放电电路、线圈选择电路、Q 值电路的控制；用于辅助电源的控制

表 11-4　通信解调所用控制器资源

应用模块	用　途
12 位 ADC	采样线圈电流信号，用于解调载波信号
DMA 通道	用于数字解调 ADC buffer 存储数据的快速传送
定时器	用于数字解调中 bit 信息的计算和判断

表 11-5　外围设备控制所用控制器资源

应用模块	用　途
PWM 通道	用于 buzzer 的声音控制；用于 LED 的亮度控制，实现呼吸灯等功能
I/O	用于 LED 显示的状态控制
UART	用于 FreeMASTER 在线调试、串口通信等；用于 Bootloader 下载代码
CAN	用于 CAN 通信，如车载通信系统
IIC	用于 IIC 通信；用于 NFC 芯片控制
SPI	用于 SPI 通信

上述只是针对通用平台列出的控制器资源配置。不同的无线充电方案可以选择不同的控制方案及外设配置，因此，WCT 微控制器的资源分配也是灵活多变的。

11.3.3　无线充电发射器软件架构及重要功能实现

1．软件总体架构

无线充电发射器是一个小型嵌入式系统，基于其完善的硬件平台基础，恩智浦半导体开发出了一套架构完整的软件工程，实现了无线充电的各项功能。图 11-16 所示为无线充电发射器软件总体架构框图。

终端用户层的代码包括用户专用代码、参数配置、校准、FreeMASTER 在线调试模块等，完全开放给客户使用和配置，客户也可以根据需求在该层定制一些个性化的外设及功能。

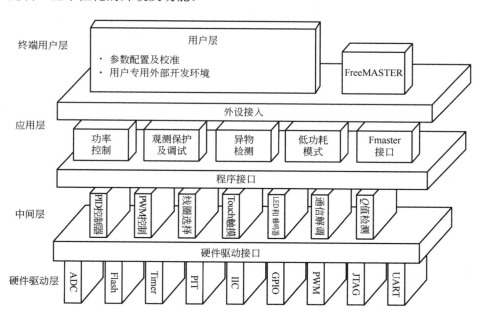

图 11-16　无线充电发射器软件总体架构框图

应用层包含无线充电模块所需的各项重要功能的完整模块，如功率控制、观测保护及调试、异物检测、低功耗模式等，是无线充电必要功能的实现层。

中间层则包含了系统控制的核心模块，如发送功率的 PID 控制、线圈选择、Touch 触摸、通信解调等。

硬件驱动层是整个系统架构的最底层，用于系统各个驱动模块的配置、更新、初始化等，是整个系统软件架构的硬件信号联系平台。

2. 软件流程介绍

在软件总体架构基础上，我们设计了各个子系统，各个功能在子程序流程中得以实现。

1）系统初始化

如图 11-17 所示，初次运行系统，软件会依次执行硬件初始化、应用初始化、外设初始化的程序，之后进入系统主循环内。

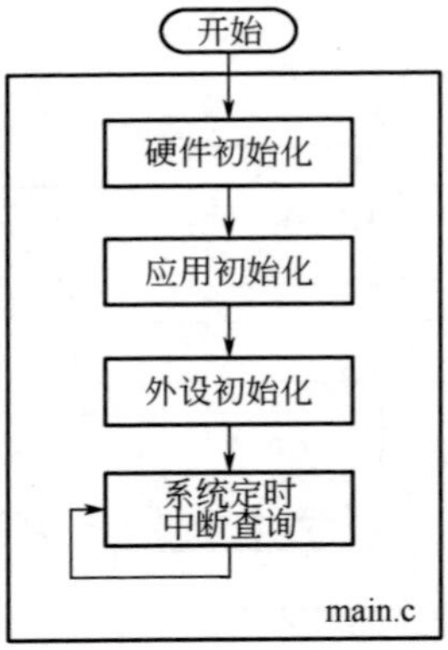

图 11-17　系统初始化

2）系统主时序

系统执行 1ms 定时中断，产生 1ms、10ms、100ms 及 1s 这 4 个定时服务，如图 11-18 所示。在 1ms 内系统将执行核心的无线充电状态机，并用于 LED 显示的控制及低功耗模式的控制。在 10ms 定时服务内系统主要执行无线充电调试模式，用于系统参数校准及调试。100ms 则主要用于看门狗的功能。

3）无线充电主程序

在 1ms 定时中断内，系统运行无线充电主程序，如图 11-19 所示。在该主程序内，系统将先后执行模拟信号采样、系统故障检测、信号解调状态检测、功率控制等过程。如检测出系统故障，将停止无线充电状态机，进入故障保护状态。对于硬件保护，系统将进入永久保护状态并重新初始化。对于软件保护，系统将进入待机状态，根据设定的保护时间来重启状态机。

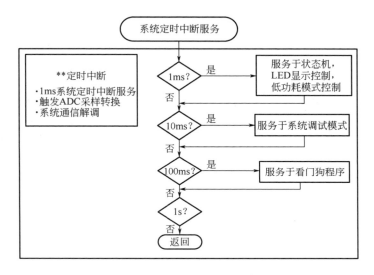

图 11-18　系统主时序

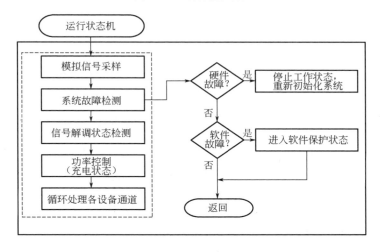

图 11-19　系统无线充电主程序流程

■ 11.3.4 无线充电重要功能的数字实现方式

1. 数字调制和解调技术

在 Qi 标准无线充电系统中，通信调制和解调技术是重要的一环。通过调制和解调通信信号，发射器 Tx 和接收器 Rx 得以相互通信，实现系统的正常运行。

接收器给发射器发送的通信信号，主要是通过幅值调制（ASK）的方式进行的。如图 11-20 所示，接收器按照 Qi 标准规定的 2kHz 波特率来切换通信电路中的电阻或者电容，实现系统负载的变化，从而使发射器线圈电流和电压的幅值产生高低变化，形成调制信号。

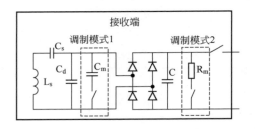

图 11-20　ASK 的不同调制模式

图 11-21 所示为发射器线圈电压在有通信信号处的波形。当接收器切入通信负载时，发射器的线圈电流将从原先的 $d(1)$、$d(2)$深度变化成 $d(3)$、$d(4)$的深度。发射器的信号调理电路将该电流波形处理后送入 ADC 进行采样和数字解调。

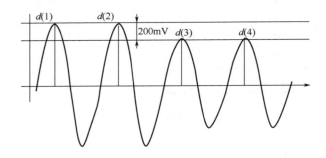

图 11-21　发射器线圈电压在有通信信号处的波形

2．数字解调模块

对于发射器，快速准确解调出接收器发过来的通信信号，是实现系统控制的关键。一般解调方法有两种，第一种方法为硬件模拟解调方式，主要是通过硬件滤波调理电路对采样波形进行处理，得到 2kHz 波特率的高低电平的翻转信号，触发控制器的 GPIO 中断，实现信号翻转的检测，从而进行解调，但是这种方法对不同调制方式的 Rx 有其局限性，不能对所有的接收器做到最优解调。第二种方法为数字解调方式，基于恩智浦半导体强大的 WCT 专用微控制器，通过硬件同步和软件算法，可以实现无线充电通信信号的数字解调，从而节省了模拟解调必需的滤波调理电路的硬件成本。

在数字解调方式中，系统对调理后的线圈电流波形进行 PWM 同步采样。因为 LC 振荡电流的波形和 PWM 控制信号是保持一致的，通过 PWM 同步 ADC 进行采样，可以实现固定位置采样，得到稳定的采样信号。在每一次数字通信解调起动初始，系统将按照 1% 的精度同步 PWM 进行采样，其目的是查找线圈电流的最高点，因为该点处信号变化深度最大，更容易分辨信号。

每一次 ADC 采样的数据都将通过 WCT 微控制器内部的 DMA 快速通道直接存入数字解调的缓存空间中。通过 DMA 快速通道，可以实现采样数据的快速存取。图 11-22 所示为整个数字解调的流程框图。

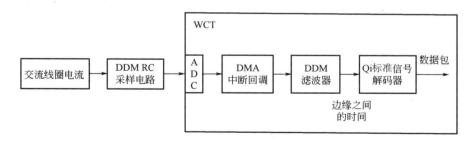

图 11-22　整个数字解调流程框图

当数字缓存区存满时就会触发一次中断服务程序。由于 DMA 模块没有相应的计数中断功能，系统通过设定一个 PWM 同步的定时中断，实现了采样数据的计数和中断处理。在数字解调中断服务程序中，采样数据将被送入数字算法实现的两路滤波器中，对数据进行滤波及放大，得到可辨识的信号数据。通过计算该信号上下翻转的间隔时间，实现 Bit 位的判断，对 Bit 信息按照解调顺序进行组包处理，最终得到 Byte 型的有效数据包信息。恩智浦半导体无线充电方案所提供的数字解调技术，可以实现多通道信号解调，能够应对不同工况下的复杂信号，实现高性能的信号解调。

3. 充电表面的异物检测（FOD）

异物检测（FOD）是为了防止金属物体过热现象发生。EPP 无线充电系统在功率传输前和功率传输过程中都会检测异物。功率传输前采用 Q 值检测方法，保证系统在开始充电前没有异物。在功率传输中采用功率损耗的方法，保证系统在充电过程中没有异物。

1）Q 值检测

在 Qi 标准规格书中，EPP 接收器线圈的 Q 值定义如下：MP-A1 线圈与接收器线圈耦合在一起，用 100kHz 频率 Q 表测得 Q 值，该值将作为接收器在握手阶段发给发射器的品质因数参考值。发射器检测到接收器时，将测量当前的系统 Q 值，在接下来的 Negotionation 阶段，发射器会收到接收器发回的标准参考值，此时系统将比较当前测到的 Q 值和参考值，在有异物存在的情况下，系统测到的 Q 值会大幅度减小，据此，系统可以判断是否有异物存在。图 11-23 所示为 Q 值保护阈值设置的示意框图。当发射器测得的 Q 值低于阈值时，表示有异物存在。

Q 值检测的方法有很多种，如自由谐振法、外加激励源法等。恩智浦半导体参考设计采用自由谐振法测试 LC 回路的 Q 值 Q_{LC}，如式（11-1）所示，式中 Rate 是 LC 回路中谐振信号的衰减率。

$$Q_{LC} = \pi / [-\ln(\text{Rate})] \qquad (11\text{-}1)$$

图 11-24 所示为 LC 等效电路，为了得到衰减率，需要检测谐振信号 V_{cap2} 谐振波形的衰减包络线。

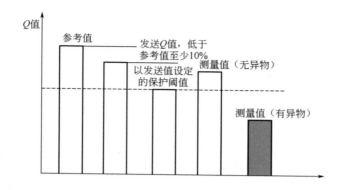

图 11-23　Q 值保护阈值设置示意框图

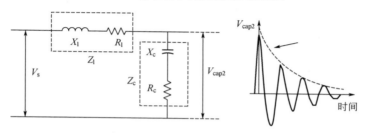

图 11-24　LC 等效电路

为了得到谐振信号的峰值，发射器发射一个 PWM 脉冲，让 LC 回路发生自由振荡，同时又不至于唤醒接收器。利用芯片内部比较器得到谐振信号的频率，然后使用与谐振频率相同的 PWM 去触发 ADC 采样，得到谐振电压值。当得到 LC 回路 Q 值 Q_{LC} 后，可以通过式子 $R_{LC} = \dfrac{\sqrt{L/C}}{Q_{LC}}$ 得到整个功率回路的电阻值，由于回路中电容和其他电路的阻值已知，所以，很容易计算出耦合线圈的寄生电阻值。

通过式（11-2）可以得到谐振回路中线圈的 Q_{coil} 值。

$$Q_{coil} = \frac{X_{lcoil}}{R_{lcoil}} \tag{11-2}$$

用测得的 Q_{coil} 值与 Rx 发送的 Q 参考值比较，从而判断有没有异物。

2）基于功率损耗方法检测充电表面异物

在功率传输过程中，发射器发射功率与接收器接收功率的差为功率损耗，如图 11-25 所示。当有金属异物存在时，异物会吸收一定的能量，从而使得传输中的功率损耗增加。在收到接收器发回的接收功率包后，发射器系统计算传输功率损耗值，当损耗值超过阈值时，表示有异物存在，系统会启动保护，防止高温出现。

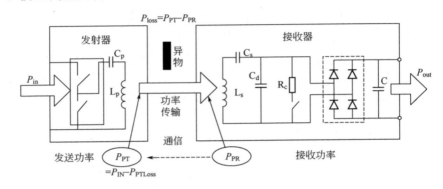

图 11-25 功率损耗示意图

BPP 接收器功率损耗计算如式（11-3）所示，P_{PR} 为接收器接收功率，通过数据包发送给发射器，P_{PT} 为发射器发射功率。发射器发射功率可以通过式（11-4）计算得到，P_{IN} 是发射器输入功率，通过采样输入电压和输入电流计算得到。P_{PTLoss} 是发射器内部损耗，可以通过线圈电流计算得到。

$$P_{loss} = P_{PT} - P_{PR} \tag{11-3}$$

$$P_{PT} = P_{IN} - P_{PTLoss} \tag{11-4}$$

由于以上计算为绝对值比较，所以，发射器和接收器的功率信息必须与标准的发射器和接收器做校准，不然不同的发射器和接收器在工作时会有偏差，由于 EPP 设备传输功率较大，所以，又增加了在线校准阶段。因为 Q 值检测可以保证系统开始充电时没有异物，所以，可以把此时计算出来的功率损耗认为是系统偏差，并把它们校准为 0。式（11-5）～式（11-7）是 Qi 标准规格书中的计算方式，P_{PT}^{cal} 是校准后的发射功率，在 Calibration 阶段，计算出 Light Load（轻载）和 Connected Load（重载）下发射器的传输损耗功率，并把它们校准为 0，这样可以得到式（11-6）中的系数 a 和 b。

$$P_{loss} = P_{PT}^{cal} - P_{PR} \tag{11-5}$$

$$P_{\mathrm{PT}}^{\mathrm{cal}} = aP_{\mathrm{PT}} + b \tag{11-6}$$

$$P_{\mathrm{PT}} = P_{\mathrm{IN}} - P_{\mathrm{PTLoss}} \tag{11-7}$$

11.4　无线充电典型应用

■ 11.4.1　消费及工业类无线充电发射器

无线充电技术使充电器摆脱了线路的限制，实现了电器和电源完全隔离，在安全性、灵活性等方面比传统充电器更有优势。在科学技术飞速发展的今天，无线充电可广泛应用于不同的领域，显示出了广阔的发展前景。

1. 系统需求

不同的应用场合，系统参数会有较大的差异，要求更灵活的无线充电发射器方案设计。

- 快充支持：有些应用场合要求无线充电支持市场上的快充协议（如 Apple 快充或三星快充等），系统的设计方案要据此进行相应更新。

- 不同的应用场景有不同的输入/输出电压及功率的要求，需要根据具体的应用要求灵活变更设计。

- 有些应用场景需要能够支持较远距离的充电（如大于 10mm），此规格需要特殊设计才能满足。

- 低功耗要求，特别是在待机状态，尽量减少系统的功率损耗。

- 更低的 BOM 成本，特别是在消费领域，因为竞争的压力要求系统应用方案在保证安全性和可靠性的前提下尽量降低成本。

- 环境可靠性要求：不同的国家或区域有不同的环境可靠性要求（如对消费类产品要满足 3C、FCC、EN 等要求）。

2. 恩智浦半导体无线充电方案介绍

针对消费类和工业类应用，恩智浦半导体提供多种有竞争力的无线充电方案供客户灵活选择。

1）恩智浦半导体调频 5W 无线充电方案

此方案支持 Qi 标准的 BPP 最新规格，选用 Qi 标准的 A11 拓扑，额定输入电压为 5V，运用频率和占空比控制实现输出功率调节。恩智浦半导体的 WCT1000CFM 微控制器可以支持此规格的所有性能，基于软件平台可以快速通过 Qi 标准的认证，并支持 UART，IIC 通信及 FreeMASTER 在线调试。在恩智浦半导体的官方网站搜索 WCT1000CFM，可以下载完整的设计文档和软件包。

2）恩智浦半导体调频 5W 多线圈无线充电方案

此方案支持 Qi 标准的 BPP 最新规格，选用 Qi 标准 A28 拓扑，额定输入电压为 5V，运用频率和占空比控制实现输出功率调节，该方案选用恩智浦半导体 WCT1101CLH 微控制器，支持 UART 通信及 FreeMASTER 在线调试，Tx 的多线圈设计可以优化有效充电面积，显著改善用户体验，提升充电自由度。在恩智浦半导体的官方网站搜索 WCT1101CLH，可以下载完整的设计文档和软件包。

3）恩智浦半导体调频 15W 单线圈无线充电方案

此方案支持 Qi 标准的 BPP 和 EPP 最新规格，选用 Qi 标准的 MP-A4 拓扑，额定输入电压为 12V，运用频率、占空比控制，以及半桥和全桥拓扑切换实现输出功率调节。该方案选用恩智浦半导体 WCT1011CFM 微控制器，支持 UART 通信及 FreeMASTER 在线调试。在恩智浦半导体的官方网站搜索 WCT1011CFM，可以下载完整的设计文档和软件包。

4）恩智浦半导体调频 15W 多线圈无线充电方案

此方案支持 Qi 标准的 BPP 和 EPP 最新规格，选用 Qi 标准 MP-A8 拓扑，额定输入电压为 12V，运用频率、占空比控制，以及半桥和全桥拓扑切换实现输出功率调节。该方案选用恩智浦半导体 WCT1111CLH 微控制器，支持

UART 通信及 FreeMASTER 在线调试，Tx 的多线圈设计可以优化有效充电面积，显著改善用户体验，提供充电自由度。在恩智浦半导体的官方网站搜索 WCT1111CLH，可以下载完整的设计文档和软件包。

5）恩智浦半导体定频 15W 单线圈无线充电方案

此方案支持 Qi 标准的 BPP 和 EPP 最新规格，选用 Qi 标准 MP-A11 拓扑，额定输入电压为 18V，运用中间母线电压控制实现输出功率调节，工作频率固定，可有效改善系统的 EMC 表现和对充电设备的干扰。该方案选用恩智浦半导体 WCT101×（WCT1011VLH 或 WCT1013VLH）微控制器，支持 UART 通信及 FreeMASTER 在线调试。在恩智浦半导体的官方网站搜索 WCT1011VLH 或 WCT1013VLH，可以下载完整的设计文档和软件包。

■ 11.4.2 车载无线充电发射器

1. 系统需求

相对消费类无线充电系统，车载无线充电因其特殊的应用场景，对系统设计有更多要求。

- 对于汽车 12V 供电系统，考虑电池电压波动，无线充电发射端的输入电压为 8～16V。

- 车载低功耗要求：支持待机模式，静态电流小，如小于 0.1mA。

- 工作温度要求：-40℃～+85℃。

- 系统通信要求：CAN 和 LIN 通信。

- 更高的可靠性要求：考虑汽车电子更为严苛的应用环境，一般要求制造商通过 ISO16949：2002 的质量体系认证，相关的分立器件要求通过 AECQ 认证。

- 更严酷的环境可靠性要求：常用的车辆环境可靠性测试要求如下。

— ISO-7637：道路车辆——由传导和耦合引起的电骚扰。

— ISO-10605：道路车辆——静电放电测试方法。

— ISO-11452：道路车辆——电子器件抗窄带辐射骚扰测试方法。

— ISO-16750：道路车辆——电气和电子设备的环境条件和实验。

各汽车企业对电子零部件的要求都很高，一般都有自己的企业标准，与国际标准或者协会标准等通用型标准相比，实验项目大同小异，但是严酷等级会比通用型的标准更高一些，另外，企业标准也往往有一些独特的试验项目。

● NFC 功能或其他安全功能要求：支持 NFC 检测 NFC 标签等，防止无线充电过程中的损坏。

2. 恩智浦半导体车载无线充电方案

恩智浦半导体作为车载无线充电方案的先行者与领导者，给客户提供了基于 Qi 协议的 5W 和 15W 车载无线充电系统解决方案。

1）恩智浦半导体 5W 无线充电方案

此方案支持 Qi 标准的 BPP 最新规格，并兼容 PMA 协议，选用 Qi 标准 A13 拓扑，运用电压控制实现输出功率调节，有效改善系统 EMC 表现。该方案选用恩智浦半导体 WCT1001A/WCT1003A 微控制器（WCT1003A 微控制器具有更大的 Flash 存储空间，可以支持 NFC 功能），支持 UART、CAN 通信及 FreeMASTER 在线调试，支持车载电池电压范围充电。

2）恩智浦半导体 15W 无线充电方案

此方案支持 Qi 标准的 BPP 和 EPP 最新规格，选用 Qi 标准 MP-A9 或 MP-A6 拓扑，运用电压控制实现输出功率调节（支持数字控制的 BUCK-BOOST 解决方案，有效降低 BOM 成本），可以实现更好的系统 EMC 表现。该方案选用恩智浦半导体 WCT1011AVLH/WCT1013AVLH 微控制器（WCT1013AVLH 微控制器具有更大的 Flash 存储空间，可以支持 NFC 功能），支持 UART、CAN 通信，支持 UART Bootloader 在线更新程序及 FreeMASTER 在线调试。

11.4.3　恩智浦半导体无线充电发射器主要模块

下面以恩智浦半导体消费类定频 15W 单线圈无线充电方案及车载 15W 多线圈无线充电方案为例，介绍无线充电发射器的硬件和系统设计。

1. 调压控制电路

在应用方案中，我们根据不同的输入电压范围，选用不同的第一级电压变换器来实现系统母线的调压控制。

对于输入电压较高且变换范围较小的应用场合，可以使用降压变换器来实现系统的调压控制，同时 WCT 微控制器集成了数字降压变换器的控制算法，这样客户可以省去模拟的降压控制器，降低 BOM 成本。图 11-26 和图 11-27 所示分别为消费类 15W 单线圈无线充电系统和车载 15W 多线圈无线充电系统的框图。

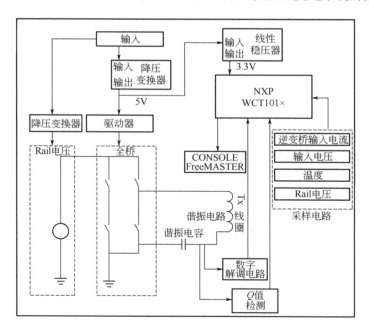

图 11-26　消费类 15W 单线圈无线充电系统框图

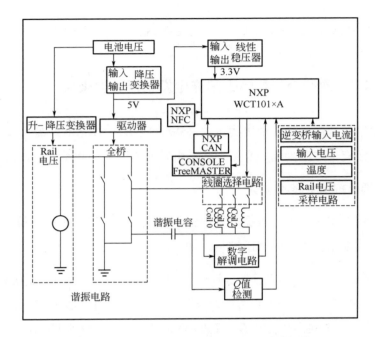

图 11-27　车载 15W 多线圈无线充电系统框图

对于输入电压较低或变化范围较宽的应用场合（如车载应用），可以使用升-降压变换器来实现系统的调压控制，同时 WCT 微控制器集成了数字升-降压变换器的控制算法，这样客户可以省去模拟的升-降压控制器，降低 BOM 成本。图 11-28 所示为升-降压变换器的主电路和开关状态。

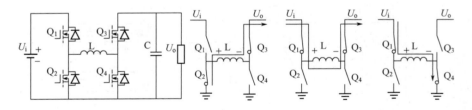

图 11-28　升-降压变换器主电路及开关状态

2. 逆变电路

逆变电路通常为一个半桥或全桥电路，用来驱动发射器的 LC 谐振电路，如前所述，主要通过改变 PWM 的工作频率和占空比来调整 LC 谐振电路的工作状态，从而实现功率的传输和控制。图 11-29 所示为典型无线充电电路的全桥逆变电路。

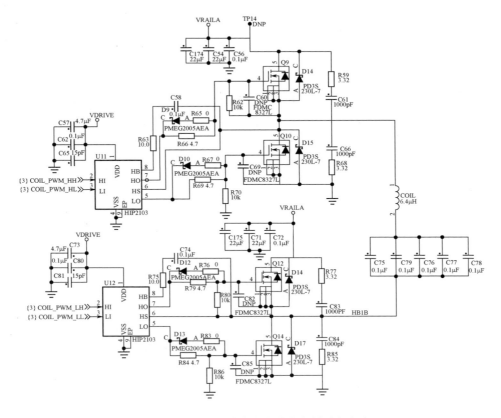

图 11-29　典型无线充电电路的全桥逆变电路

驱动芯片可以是单 PWM 输入的或双 PWM 输入的，其中车载无线充电发射器建议使用双 PWM 输入的驱动芯片，这种设置可以更方便地调整死区，以满足车载系统严格的 EMC 要求。

为了实现系统高效率和参数的一致性，关键器件谐振电容需要使用 5% 100V/C0G 的电容，这样可以提高系统效率，并能准确地实现系统的 FOD 性能。线圈的屏蔽层厚度应为 1mm 左右，品质因数一般为 100 左右或更高。

3. 辅助电源

根据系统设计，无线充电发射器需要通过输入电源产生辅助电源给 MOSFET 驱动器供电，以及通过 3.3V 电源给 WCT 微控制器和周边辅助电路供电。方案中输入电源经过 BUCK 变换器得到 5V 电源，给 MOSFET 驱动器供电。5V 电源经过 LDO 产生 3.3V 电源，给 WCT 微控制器及周边辅助电路供电，BUCK 变换器的负载电流能力大于 300mA；LDO 的负载电流能力大于 150mA，PSRR 值大于 50DB（1kHz），输出电压精度为 1%，这样可以保证系统有比较准确的模拟电源基准，可以准确测量发射器的各种模拟量。

4. 信号采样

系统需要采样发射板上的一些模拟信号用于系统的参量计算及保护。通过热敏电阻实时采样充电板的温度，以为系统提供及时的温度保护。采样输入的电压，以提供系统的过/欠压保护。采样 BUCK 输出的 Rail 电压，用于计算系统功率及 Rail 过压保护。采样逆变桥的输入电流，用于系统功率计算及逆变器过流保护。

为了保证 ADC 采样精度，ADC 的参考电压需要保证足够的精度（建议 1%），ADC 可以使用 V_{DDA} 作为参考电压，也可以使用外部参考电压 V_{REF}，如果使用外部参考电压，为了保证采样精度，外部参考电压建议大于 3V 并小于 V_{DDA}。考虑系统对检测精度及响应速度的要求，WCT 微控制器集成了 12 位快速循环结构 ADC。图 11-30 所示为 WCT 微控制器的 ADC 输入电路。

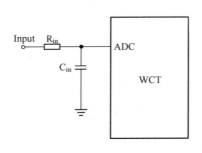

图 11-30　WCT 微控制器 ADC 输入电路

为了得到更低的成本及更好的 ADC 表现，表 11-6 列出了 ADC 具体设计时的建议。

表 11-6　ADC 设计要点

设计考虑	优　点
RC 滤波限制输入电流小于 3mA	可以去掉钳位电路
输入电阻要远远小于 ADC 输入等效电阻（20～50kΩ）	可以去掉外部的跟随器
输入滤波电容不小于 1nF	输入较小时，太小的电容会影响采样准确性
设计滤波电路参数得到合适的截止频率	可以得到较理想的滤波效果

5. ASK 解调电路

如前所述，接收器通过 ASK 载波实现与发射器的通信，发射器需要解调接收器的通信信号，并及时做出相应的响应。恩智浦半导体的无线充电发射器参考设计中，WCT 微控制器集成了数字解调技术，可以以更低的成本实现更好的解调效果。

发射器设计中，谐振电容的电压（或发射器线圈电流）经过 RC 阻抗分压网络在 ADC 端口得到合适的直流叠加交流的电压信号，ADC 采样该信号之后，经过一定的算法可以解调出对应的接收器调制信号。图 11-31 所示为数字解调电路和调制图。

在 DDM RC 分压网络中，根据戴维南定律，可以计算额定工作频率下 LC 谐振电压在 ADC 端口产生的电压（交流信号），同时 VCC 通过电阻分压在 ADC 端口得到直流分压，这样谐振电压产生的交流信号叠加在直流电压上，ADC 通过同步 PWM 采样得到波形的电压值，经过一定的滤波和解调算法，可以得到准确的接收器调制信号。根据 ASK 产生的最小跳变信号，具体设计时可以选择合适的 DDM RC 分压网络参数，针对不同的谐振网络与工作频率，DDM RC 分压网络参数可能需要微调。另外，逆变桥的拓扑结构（半桥或全桥）也会引起 ADC 采样信号的差异，设计电路参数时需注意。

在 DDM RC 分压网络中，GAIN_SWITCH 信号可以用于切换 DDM RC 分压网络的增益。使能 GAIN_SWITCH 信号后，DDM RC 分压网络的阻抗随之改变，从而可以测量更大的线圈谐振电压，增加系统的负载能力。图 11-32

所示为使能 GAIN_SWITCH 的典型信号波形。

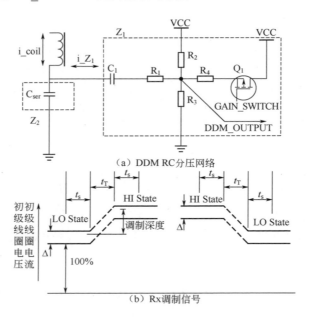

（a）DDM RC分压网络

（b）Rx调制信号

图 11-31　数字解调电路图和调制图

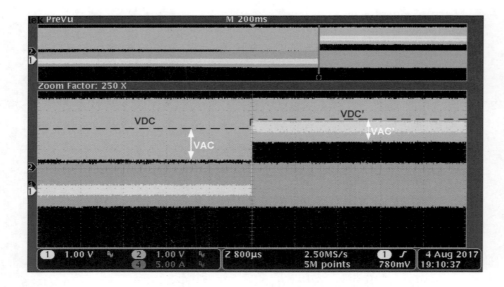

图 11-32　使能 GAIN_SWITCH 的典型信号波形

6. 低功耗设计

恩智浦半导体的无线充电方案内置低功耗设计，可显著降低系统待机功耗。首先通过模拟 Ping 用很少的脉冲来侦测谐振腔的参数变化，如果有参数变化，如接收器放置到线圈上等，再启动 Qi 标准的数字 Ping 时序。同时，在 Ping 的间隔内，发射器进入低功耗模式，WCT 微控制器通过关闭芯片内部的一些模块，以及控制关断芯片外部的一些电路，实现系统的低功耗设计。图 11-33 所示为系统模拟 Ping 和数字 Ping 的典型时序图。

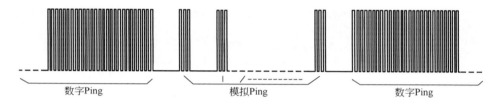

图 11-33   系统模拟 Ping 和数字 Ping 的典型时序图

7. 线圈选择电路

无线充电的多线圈设计可以显著增加发射器的充电面积，增强用户体检。对于多线圈设计，我们使用线圈选择电路来选择合适的发射器线圈给接收器充电（最多只有一个线圈在工作）。接收器会轮流给每个线圈施加 Ping 信号，用于检测是否有接收器或金属异物放置在发射器的充电线圈上。图 11-34 所示为 3 线圈系统的一种选择逻辑图。

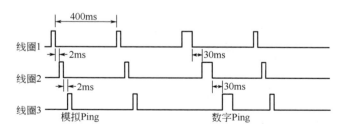

图 11-34   3 线圈系统选择逻辑图

8. 通信接口与在线调试

WCT 微控制器集成了 CAN/LIN/IIC/SCI/SPI 通信接口,便于客户的系统设计与调试。恩智浦半导体提供 FreeMASTER 图形界面调试工具,客户根据需要可以使用 OSJTAG 或者 SCI 来连接 FreeMASTER,以便进行在线调试、系统校准及更新参数。同时 WCT 微控制器支持 Bootloader 在线下载程序,便于产品的优化升级。图 11-35 所示为 NXP 典型无线充电系统的参数设置校准界面。

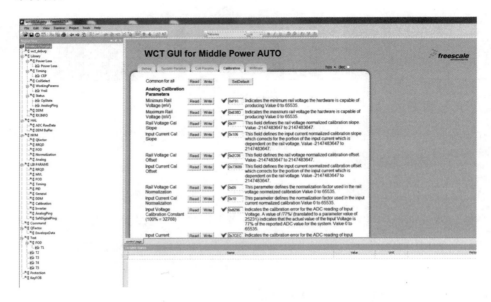

图 11-35 NXP 典型无线充电系统的参数设置校准界面

11.4.4 恩智浦半导体无线充电接收器简介

恩智浦半导体无线充电接收器方案支持 Qi 标准的 EPP 最新规格,额定输出功率为 15W,默认输出电压为 5V(可根据客户需求调节输出电压,可支持 QC 快充输出和联发科 Pump Express/Pump Express Plus 快充)。该方案选用恩智浦半导体 WPR1516 微控制器,支持 IDE(包括 IAR、Keil MDK 或 CodeWarrior)及 FreeMASTER 调试,并集成了接收器母线电压、输出电压和输出电流等硬件及软件保护，保证客户可以安全放心地使用该方案。图 11-36 所示为恩智浦半导体 EPP Rx 实现框图。

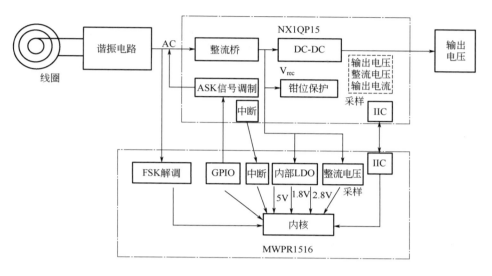

图 11-36　恩智浦半导体 EPP Rx 实现框图

1．无线接收控制器

恩智浦半导体无线充电接收器方案使用恩智浦半导体 WPR15×× 系列控制器，该系列控制器基于 ARM Cortex M0+ 内核设计，并集成了恩智浦半导体的高压技术，专为无线充电接收器应用研制。表 11-7 所示为 WPR15×× 控制器的特点。

表 11-7　WPR15××控制器的特点

特　　性	优　　点
内部集成 LDO，工作范围：3.5～20V	便于支持不同的 Tx 设计及不同工作条件
ARM Cortex-M0+内核的内存集成电路	提供通用生态系统，便于客户差异化设计
基于 WPC 规格定义系统架构	兼容任何"Qi"认证的无线充电发射器
独特的 FSK 和 CNC 模型	便于无线充电双向通信的开发
12 位 ADC 和 PGA	便于实现系统功率检测与计算
USB/Adapter 切换	优先线充以减小损耗

特 性	优 点
IIC 和 UART	支持接收器与用于安全或内容交付的主应用 程序处理器之间的通信

2. 无线充电接收器功率模块 NX1QP15

NX1QP15 是恩智浦半导体专为无线充电设计的 15W 通用设计接收器前端控制器，芯片兼容 Qi 标准无线充电协议，集成了高压高效率的整流器、LDO 及直流-直流变换器，具有多通道的 12 位 ADC、数字控制负载调制器、4 个通用 GPIO 口及一个快速 IIC 总线通信接口。

3. QC2.0/3.0 快充

以 QC 快充为例，接收器可通过以下设置来支持 QC2.0/3.0 快充。

● 接收器上电，开通 MOSFET Q11，使 USB D+ 和 D- 短接。

● 接收器上的 MCU WPR1516 检测 D+ 信号，如果 D+ 电压大于 0.325V 并持续最少 1.25s，则断开 D+ 和 D- 的连接，进入 QC2.0/3.0 模式。

● 可携式设备识别高压接收器为有效设备，变换 USB D+ 和 D- 电压以要求 Rx 输出要求的电压。

● MCU WPR1516 根据 QC 协议识别 D+ 和 D- 信号并控制输出连续的直流电压。

图 11-37 所示为 QC2.0/3.0 的快充协议和硬件电路。

4. 接收器谐振电路

接收器谐振电路是由接收器线圈和两个谐振电容构成的双谐振电路，第一个谐振电容 C_s 与 L_s 组成功率传输谐振电路，第二个谐振电容 C_d 使能谐振检测方法，具体参数设计可参考 Qi 标准规格书。图 11-38 所示为 Rx 的双谐振电路和谐振点计算。

D+	D−	Power Supply Output	Note
0.6V	0.6V	12V	Class A
3.3V	0.6V	9V	Class A
0.6V	3.3V	Continuous Mode	Class A/B with ±0.2 V step size
3.3V	3.3V	20V	Class B
0.6V	GND	5V	Default mode

（a）QC2.0/3.0的快充协议

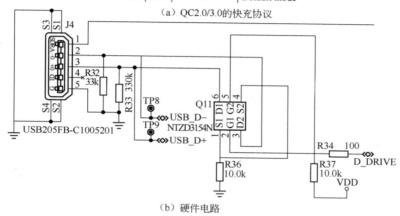

（b）硬件电路

图 11-37　QC2.0/3.0 的快充协议和硬件电路

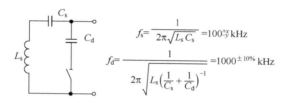

$$f_s = \frac{1}{2\pi\sqrt{L_s C_s}} = 100^{+9}_{-5}\,\text{kHz}$$

$$f_d = \frac{1}{2\pi\sqrt{L_s\left(\frac{1}{C_s}+\frac{1}{C_d}\right)^{-1}}} = 1000 \pm 10\%\,\text{kHz}$$

图 11-38　Rx 双谐振电路和谐振点计算

■ 11.4.5　系统主要性能指标

1. 系统效率

目前无线充电系统的典型效率（5V 输出）可以达到 70%以上，具体的效率数据与系统参数、发射器及接收器的具体设计都有关系。对于高压输出的 Rx（9V 或 12V 输出），系统效率可以提高到 80%以上。

图 11-39 所示为恩智浦半导体发射器——MP-A9 评估板和接收器——

WPR1500-BUCK（5V/3A）评估板的效率测试曲线。

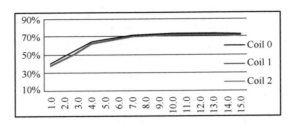

图 11-39　MP-A9 评估板和 WPR1500-BUCK 评估板的效率测试曲线

2．系统的有效充电面积

　　恩智浦半导体多线圈方案使用多线圈设计，可以显著增加发射器的充电面积，增强用户体检。图 11-40 所示为 MP-A9 评估板和恩智浦半导体 WPR1500-BUCK 带 15W 负载条件下的有效充电面积。

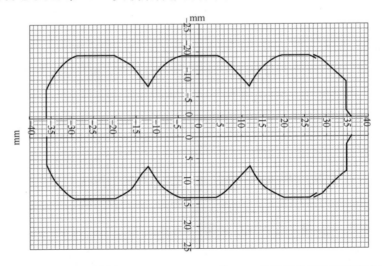

图 11-40　MP-A9 评估板和 WPR1500-BUCK 带 15W 负载条件下的有效充电面积

3．无线充电设计注意要点

1）电路设计建议

● 辅助源：建议使用精度较高且具有较高电源抑制比的 LDO 产生 VDD，VDDA 通过磁珠连接到 VDD。

- ADC 采样参考电压可配置为 VDDA，或者使用外部的 VREF，如果使用外部的 VREF，VREFH 和 VREFL 需要成对使用，为了保证采样精度，VREF 需要大于 3.0V、小于 VDDA，并且建议精度为 1%或更高。

- 无线充电板的发热部件，如功率管和充电线圈，可能需要额外的散热设计，如散热器或风扇。

- 系统机构设计不能对无线线圈的磁场分布有较大的影响，否则会影响系统 Q 值、FOD 及充电效率。

2）Layout 布局

- 电容的位置。解耦合旁路电路靠近芯片放置，就近接到芯片的电源引脚和接地引脚，变换器的输入和输出滤波电容需要放置在功率流入和流出的路径上，电容引脚走线尽量短。

- 功率地和控制地分开。板上的控制地可以铺地，功率地建议按照功率要求单独走地线，功率地和控制地可在滤波电容处单点接地，另外，输入 EMC 滤波电路下不要铺地。

- 最小化变换器及逆变器谐振电路的功率环路，以提高系统效率及优化 EMC 表现。另外，信号走线应尽量避开变换器及谐振电路的高频功率走线。

- 信号检测电路的滤波电容应靠近 WCT 芯片引脚放置，电流采样走线需直接接到检测电阻的两端，并差分走线。

- 驱动电路尽量靠近功率管放置，吸收电路靠近功率管的引脚放置。

11.5 小结

综上所述，无线充电技术将为人们的生活带来越来越多的便利，特别是在便携设备越来越流行的今天，我们将看到各种无线充电技术的快速发展。恩智浦半导体也将在此领域继续进行深入研究并开发相应的方案和产品，特别是在感应式无线充电细分市场，恩智浦半导体将推出分享模式的无线充电（一台发射器可以同时为多台设备充电）、发射端的输入电源标准化，以及利用 Adaptor 的直充特性来实现系统的效率和成本优化等方面的更多的优秀方案。

恩智浦半导体的 WCT 系列感应式无线充电微控制器也将迎来更多产品，以适应市场需求，特别是在高集成度、多拓扑支持、多设备充电、更高的设计灵活性等方面做进一步优化。

参考文献

［1］刘志刚，叶斌，梁晖. 电力电子学［M］. 北京：清华大学出版社，北京交通大学出版社，2004.

［2］钱照明，张军明，盛况. 电力电子器件及其应用的现状和发展［J］. 中国电机工程学报，2014，34（29）：5149-5161.

［3］徐德鸿，马皓，汪槱生. 电力电子技术［M］. 北京：科学出版社，2007.

［4］Van W J D. Power electronics technology at the dawn of a new century-past achievements and future expectations［C］. International Power Electronics and Motion Control Conference, 2000: 9-20.

［5］中国宽禁带功率半导体及应用产业联盟，中国 IGBT 技术创新与产业联盟，中国电器工业协会电力电子分会，等. 电力电子器件产业发展蓝皮书（2016—2020 年）［EB/OL］. http://blog.sina.com.cn/s/blog_49b559340102x5l8.html. 2017.

［6］王兆安，曲学基. 我国电力电子技术的新进展——访王兆安理事长［J］. 电源技术应用，2010（6）.

［7］王琦，陈小虎，吴正伟. 电力电子技术在风力发电系统中的应用综述［J］. 南京师范大学学报（工程技术版），2005，5（4）：7-10，45.

［8］张文亮，汤广福，查鲲鹏. 先进电力电子技术在只能电网中的应用［J］. 中国电机工程学报，2010，30（4）：1-7.

［9］Qiu Y F，Dai C B，Jin R. Impact of power electronic device development on power grids［C］. Proceedings of the 2016 28th international symposium on power semiconductor devices and ICs(ISPSD)，2016，9-14.

［10］McGranaghan. The Economics of voltage sag ride-through capabilities ［R］. California: EPRI, 2005.

［11］陈晓红. 决策支持系统理论和应用［M］. 北京：清华大学出版社，2000.

［12］钟庆昌. 虚拟同步机与自主电力系统［J］. 电机工程学报，2017，37（2）：336-348.

［13］李亮. 电力电子技术发展趋势［EB/OL］. 电气自动化技术网，http://www.dqjsw.com.cn/xinwen/shichangdongtai/11658 5.html，2012.11.

［14］徐德鸿. 电力电子技术 2030 展望［R］. 2015.

［15］宗升，何湘宁，吴建德. 基于电力电子变换的电能路由器研究现状与发展［J］. 电机工程学报，2015，35（18）：4559-4570.

［16］Erickson R W，Maksimovic D. Fundamentals of Power Electronics［M］. New York: Springer US, 2001.

［17］德州仪器. TMS320F2837xD Dual-Core Delfino™ Microcontrollers Data Sheet［DB/OL］. http://www.ti.com/lit/ds/ symlink/ tms320f28377d.pdf，2017.7.

［18］意法半导体. STM32H753xI Data Sheet Rev.3［DB/OL］. http://www.st.com/content/ccc/resource/technical/document/datasheet/ group3/01/21/00/39/12/c9/4c/f1/DM00388325/files/DM00388325.pdf/jcr:content/translations/en.DM00388325.pdf，2017.10.

［19］瑞萨半导体. RZ/T1 Data Sheet Rev.1.40［DB/OL］. https://www.renesas.com/en-in/doc/products/mpumcu/doc/rz/ r01ds0228ej0140-rzt1.pdf，2018.1.

［20］恩智浦半导体. MC9S08PT60 Series Data Sheet Rev.5［DB/OL］. https://www.nxp.com/docs/en/data-sheet/MC9S08PT60.pdf，2015.6.

［21］恩智浦半导体. MC9S08SU16 Data Sheet Rev.2［DB/OL］. https://www.nxp.com/docs/en/data-sheet/MC9S08SU16DS.pdf，2016.11.

［22］恩智浦半导体. MKE06 Sub-Family Data Sheet Rev.3［DB/OL］. https://www.nxp.com/docs/zh/data-sheet/ MKE06P80M48SF0.pdf，2014.5.

［23］恩智浦半导体．KE1xZ Series Data Sheet Rev.2［DB/OL］．https://www.nxp.com/docs/
en/data-sheet/KE1xZP100M72SF0.pdf，2016.9.

［24］恩智浦半导体．KV1x Series Data Sheet Rev.4［DB/OL］．https://www.nxp.com/docs/
en/data-sheet/KV11P64M75.pdf，2017.5.

［25］恩智浦半导体．MC56F827xx Data Sheet Rev.3.0［DB/OL］．https://www.nxp.com/docs/
en/data-sheet/MC56F827XXDS.pdf，2016.9.

［26］恩智浦半导体．KV3x Series Data Sheet Rev.7［DB/OL］．https://www.nxp.com/docs/en/
data-sheet/KV31P100M100SF9.pdf，2016.2.

［27］恩智浦半导体．MC56F847xx Data Sheet Rev.3.1［DB/OL］．https://www.nxp.com/docs/
en/data-sheet/MC56F847XX.pdf，2014.6.

［28］恩智浦半导体．KV4x Series Data Sheet Rev.3［DB/OL］．https://www.nxp.com/docs/
en/data-sheet/KV4XP100M168.pdf，2016.6.

［29］恩智浦半导体．KE1xF Series Data Sheet Rev.2［DB/OL］．https://www.nxp.com/docs/
en/data-sheet/KE1xFP100M168SF0.pdf，2016.9.

［30］恩智浦半导体．KV5x Series Data Sheet Rev.4［DB/OL］．https://www.nxp.com/docs
/en/data-sheet/KV5XP144M240.pdf，2016.6.

［31］恩智浦半导体．IMXRT1050 Data Sheet Rev.0［DB/OL］．https://www.nxp.com/docs/
en/data-sheet/IMXRT1050IEC.pdf，2017.10.

［32］马达控制 MCU 在变，你也要跟着变！［EB/OL］．《智能工业特刊》之" i 创新 "栏
目，电子发烧友网，http://www.elecfans.com/emb/danpianji/20131012329269.html，2013.9.

［33］程乾生．数字信号处理［M］．北京：北京大学出版社，2003.

［34］苗永强．矢量控制系统的模块化标幺化设计方法研究［D］．天津：天津大学，2009.

［35］吴继华，王诚．设计与验证 Verilog HDL［M］．北京：人民邮电出版社，2006.

［36］Kim S，Ha J I，Sul S K．PWM switching frequency signal injection sensorless method in

IPMSM［J］. IEEE Transactions on Industry Application, 2012, 48 (5): 1576-1587.

［37］Jang J H，Ha J I，Ohto M，et al. Analysis of permanent-magnet machine for sensorless control based on high-frequency signal injection［J］. IEEE Transactions on Industry Application, 2004, 40 (6): 1595-1604.

［38］Foo G, Rahman M F. Sensorless direct torque and flux-controlled IPM synchronous motor drive at very low speed without signal injection［J］. IEEE Trans. Ind. Electron. , 2010, 57 (1): 395-403.

［39］恩智浦半导体. Advanced Motor Control Library 4.2, AMCLIB User's Guide［DB/OL］. https://www.nxp.com/products/ processors-and-microcontrollers/arm-based-processors-and-mcus/kinetis-cortex-m-mcus/v-seriesreal-time-ctlm0-plus-m4-m7/real-time-control-embedded-software-motor-control-and-power-conversion-libraries:RTCESL?tab=Documentation_Tab.

［40］恩智浦半导体. DRM110，Sensorless PMSM Control for an H-axis Washing Machine Drive［DB/OL］. http://cache.freescale.com/ files/microcontrollers/doc/ref_manual/DRM110.pdf，2010.2.

［41］恩智浦半导体. DRM109，Sensorless PMSM Vector Control［DB/OL］. https://www.nxp.com/docs/en/reference-manual/ DRM109.pdf，2009.4.

［42］恩智浦半导体. DRM152，基于 MC56F84789 DSC 单芯片同时控制一个单相 PFC 和两个无位置传感器的三相永磁同步电机的空调系统［DB/OL］. http://www.nxpic.org/document/detail/index/id-12653，2014.4.

［43］陈伯时. 电力拖动自动控制系统［M］. 北京：机械工业出版社，2001.

［44］王成元，夏加宽，孙宜标. 现代电机控制技术［M］. 北京：机械工业出版社，2010.

［45］Taniguchi S, Mochiduki S, Yamakawa T, et al. Starting Procedure of Rotation Sensor-less PMSM in the Rotating Conditions［J］. IEEE IAS Transaction on Industry Application, 2009, 45(1): 194-202.

［46］王雷. 无刷直流电动机调速系统的研究［D］. 杭州：浙江大学，2008.

［47］张相军，陈伯时. 无刷直流电机控制系统中 PWM 调制方式对换相转矩脉动的影响［J］. 电机与控制学报，2003，7（2）：87-91.

［48］郑吉，王学普. 无刷直流电机控制技术综述［J］. 微特电机，2002，30（3）：11-13.

［49］Fitzgerald A E, KingsLey C, Umans S D. Electric Machinery［M］. New York: McGraw-Hill, 2002.

［50］Miller T J E. Switched Reluctance Motors and Their Control［M］. Oxford UK, 1992.

［51］Bateman C J, Mecrow B C, Clothier A C, et al. Sensorless Operation of an Ultra-High-Speed Switched Reluctance Machine［J］. IEEE Transactions on Industry Application, 2010, 46 (6): 2329-2337.

［52］恩智浦半导体. AN1912, 3-Phase SR Motor Control with Hall Sensors Using a 56F80x, 56F8100 or 56F8300 Device［DB/OL］. https://www.nxp.com/docs/en/application-note/AN1912.pdf，2005.9.

［53］恩智浦半导体. AN1932, 3-Phase Switched Reluctance (SR) Sensorless Motor Control Using a 56F80x, 56F8100 or 56F8300 Device［DB/OL］. https://www.nxp.com/docs/en/application-note/AN1932.pdf，2005.2.

［54］恩智浦半导体. AN1937, 3-Phase Switched Reluctance Motor Control with Encoder Using DSP56F80x［DB/OL］. https://www.nxp.com/docs/en/application-note/AN1937.pdf，2005.2.

［55］恩智浦半导体. DRM100 designer reference manual［DB/OL］. https://www.nxp.com/docs/en/reference-manual/DRM100.pdf，2008.6.

［56］恩智浦半导体. DRM150，Sensorless ACIM Field-Oriented Control［DB/OL］. https://www.nxp.com/webapp/sps/download /preDownload. jsp?render=true，2017.1.

［57］恩智浦半导体. AN3476，Washing Machine Three-Phase AC-Induction Direct Vector Control［DB/OL］. https://www.nxp.com/ docs/en/application-note/AN3476.pdf，2007.8.

［58］Acarnley P P．Stepping motors: a guide to theory and practice［M］．Iet, 2002.

［59］史敬灼，徐殿国，王培宗．混合式步进电动机伺服系统研究［J］．电工技术学报，2006，21（4）：72-78.

［60］史敬灼，徐殿国，王培宗．二相混合式步进电动机矢量控制伺服系统［J］．电机与控制学报，2000，4（3）：135-140.

［61］周扬忠，胡育文．交流电动机直接转矩控制［M］．北京：机械工业出版社，2010.

［62］柳绪丹．高效率高功率密度 AC/DC 变换器研究［D］．杭州：浙江大学，2011.

［63］Huber L, Jang Y, Jovanovic M M．Performance evaluation of bridgeless PFC boost rectifiers［J］．IEEE Transactions on Power Electronics, 2008, 23(3): 1381-1390.

［64］Huliehel F A, Lee F C, Cho B H．Small-signal modeling of the single-phase boost high power factor converter with constant frequency control［C］．InPower Electronics Specialists Conference, 1992．PESC'92 Record.，23rd Annual IEEE 1992 Jun 29: 475-482.

［65］唐威．APFC 数字控制技术的研究［D］．成都：西南交通大学，2008.

［66］Transphorm 半导体．TDPS500E2C1Totem Pole PFC Evaluation Board［DB/OL］．http://www.transphormusa.com/wpcontent/uploads/ 2016/08/TDPS500E2C1_appnote.Pdf，2014.2.

［67］Sun B．如何为图腾柱 PFC 减少 AC 过零点上的电流尖峰［J］．德州仪器：模拟应用期刊，2015（4）.

［68］恩智浦半导体．MC56F827xx reference manual［DB/OL］．https://www.nxp.com/docs/en/reference-manual /MC56F827XXRM.pdf，2013.10.

［69］恩智浦半导体．DRM172, LLC Resonant Converter Design Using MC56F82748［DB/OL］．https://www.nxp.com/docs/en /reference-manual/DRM172.pdf，2016.8.

［70］恩智浦半导体．DRM174, Totem-Pole Bridgeless PFC Design Using MC56F82748［DB/OL］．

https://www.nxp.com/docs/en /reference-manual/DRM174.pdf，2016.11.

［71］恩智浦半导体. DRM119, LLC Resonant AC/DC Switched-Mode Power Supply using the MC56F8013 and MC56F8257［DB/OL］. https://www.nxp.com/docs/en/reference-manual/DRM119.pdf.

［72］王兆安，刘进军. 电力电子技术［M］. 北京：机械工业出版社，2009.

［73］潘海燕，贺超，蒋友明，等. 高效的 LLC 谐振变换器变模式控制策略［J］. 电力自动化设备，2015，35（1）：71-78.

［74］刘桂花. 无桥 PFC 拓扑结构及控制策略研究［D］. 哈尔滨：哈尔滨工业大学，2009.

［75］Wireless Power Consortium specification V1.2.3［EB/OL］. https://www.wireless powerconsortium.com/developers /specification.html.

［76］恩智浦半导体. MWCT1000CFM Data Sheet［DB/OL］. https://www.nxp.com/docs/en/data-sheet/MWCT1000DS.pdf，2014.2.

［77］恩智浦半导体. MWCT1111DS Data Sheet［DB/OL］. https://www.nxp.com/docs/en/data-sheet/MWCT1111DS.pdf，2016.9.

［78］恩智浦半导体. WCT1101DS Data Sheet［DB/OL］. https://www.nxp.com/docs/en/data-sheet/WCT1101DS.pdf，2014.2.

［79］恩智浦半导体. WCT1011DS Data Sheet［DB/OL］. https://www.nxp.com/docs/en/data-sheet/WCT1011DS.pdf，2016.9.

［80］恩智浦半导体. WCT101xDS Data Sheet［DB/OL］. https://www.nxp.com/docs/en/data-sheet/WCT101XDS.pdf，2017.5.

［81］恩智浦半导体. MWCT1003 reference manual［DB/OL］. http://cache.freescale.com/files/32bit/doc/ref_manual/ MWCT1003RM.pdf?fpsp=1，2016.9.

［82］恩智浦半导体. MWCT10x3A reference manual［DB/OL］. https://www.nxp.com/docs/en/reference-manual/ MWCT10x3ARM.pdf，2016.9.

［83］恩智浦半导体. WCT1000 A11 reference design system user's guide ［DB/OL］. https://www.nxp.com/docs/en/user-guide/WCT1000SYSUG.pdf，2014.9.

［84］恩智浦半导体. WCT1101 A28 reference design system user's guide ［DB/OL］. https://www.nxp.com/docs/en/user-guide/WCT1101SYSUG.pdf，2014.12.

［85］恩智浦半导体. WCT1012 15W Single Coil TX V3.0 reference design system user's guide ［DB/OL］. https://www.nxp.com/docs /en/ user-guide/WCT1012V30SYSUG.pdf，2015.9.

［86］恩智浦半导体. WCT1001A/WCT1003A Automotive A13 wireless charging application user's guide ［DB/OL］. https://www.nxp.com/docs/en/user-guide/WCT100XAWCAUG.pdf，2014.6.

［87］恩智浦半导体. WCT1011A/WCT1013A Automotive MP-A9 V3.1 wireless charging application user's guide ［DB/OL］. https://www.nxp.com/docs/en/user-guide/WCT101XAV31AUG.pdf，2017.10.

反侵权盗版声明

电子工业出版社依法对本作品享有专有出版权。任何未经权利人书面许可、复制、销售或通过信息网络传播本作品的行为，歪曲、篡改、剽窃本作品的行为，均违反《中华人民共和国著作权法》，其行为人应承担相应的民事责任和行政责任，构成犯罪的，将被依法追究刑事责任。

为了维护市场秩序，保护权利人的合法权益，我社将依法查处和打击侵权盗版的单位和个人。欢迎社会各界人士积极举报侵权盗版行为，本社将奖励举报有功人员，并保证举报人的信息不被泄露。

举报电话：（010）88254396；（010）88258888

传　　真：（010）88254397

E-mail： dbqq@phei.com.cn

通信地址：北京市万寿路 173 信箱

　　　　　电子工业出版社总编办公室

邮　　编：100036